안경사를 위한

물리광학

Physical Optics

김영철 지음

북스힐

머리말

안경광학과에서는 기하광학, 물리광학, 그리고 안경광학 과목을 이수한다. 안경광학은 실무 내용을 담고 있고, 기하광학과 물리광학은 이론 과목이다. 기하광학은 결상, 처방, 렌즈와 관련된 내용을 포함하고 있어, 실무와 연관 지을 수 있는 내용을 담고 있다. 하지만 물리광학은 빛의 전파와 분해능 등의 일부 내용을 제외하면 순수 이론에 가까운 과목이다. 이런 이유로 학생들이 물리광학을 학습할 때, 더욱 어려움을 호소한다.

본인은 학생들이 두려움을 덜어내고 물리광학 학습에 도움이 되기를 바라는 마음으로 이 책을 쓰기 시작했다. 이를 위해 내용을 보조 설명할 수 있는 그림을 선택하는데, 많은 시간을 할애했고, 다루는 현상에 대한 원리를 설명하고자 노력했다.

물리광학은 근본적으로 어렵고 복잡한 수식이 많이 등장한다. 책에는 유도 과정과 계산 과정을 가능한 범위에서 누락 없이 기술하였다. 하지만 수식의 전개는 논리적 과정으로 보는 것만으로 충분하다. 이 책의 본질은 파동성 관점에서 빛의 성질을 탐구하는 것이다. 본문에 등장하는 많은 수식은 빛의 성질을 이해하려는 과정에서의 도구일 뿐이다. 따라서 수식은 중요치 않다. 그 결과가 말해주는 의미를 이해하는 데 집중해 주기를 바란다.

2023년 8월

김영철

<제목 차례>

Appendix

연습문제 풀이 및 해답

CHAPTER

01

파동 (Wave)

1. 진동과 파동
2. 파동의 발생
3. 파동의 전파
4. 파동의 구분
5. 횡파와 종파
6. 정상파와 진행파
7. 평면파와 구면파
8. 펄스와 사인파

파동은 평형 상태로부터의 주기적인 변화가 발생하여 주변 공간으로 퍼져나가는 현상이다. 파동의 주기적인 변화는 공간과 시간에 따른 변화를 의미 한다. 공간적인 주기성은 파장으로, 시간적인 주기성은 진동수로 정의할 수 있다. 공간과 시간의 변화를 수학적으로 표현한 것을 파동 방정식이라고 하고, 그 해를 파동 함수라고 한다. 파동 함수을 알면 그 파동에 대한 모든 정보를 얻을 수 있다.

1.1 진동과 파동

진동은 물체나 시스템이 일정한 주기로 반복되는 현상을 말한다. 일반적으로 진동은 일정한 주기와 진폭을 가진다. 진폭은 진동의 높낮이를 나타내며, 평형점과 최고점과 그리고 평형점과 최저점의 간격을 말한다. 진동 주기는 1회 반복 시간을 의미한다. 그림 (1.1)은 스프링에 매달린 물체의 진동을 보여준다. 스프링의 양 끝이 지지대와 물체에 고정되어 있으므로 같은 자리에서 진동할 뿐 진동이 주변으로 퍼져 나가지 못한다. 따라서 주변으로의 에너지 전달이 없다. 진동으로 물체 M의 운동 에너지와 스프링의 퍼텐셜 에너지가 서로 주기적으로 변환된다.

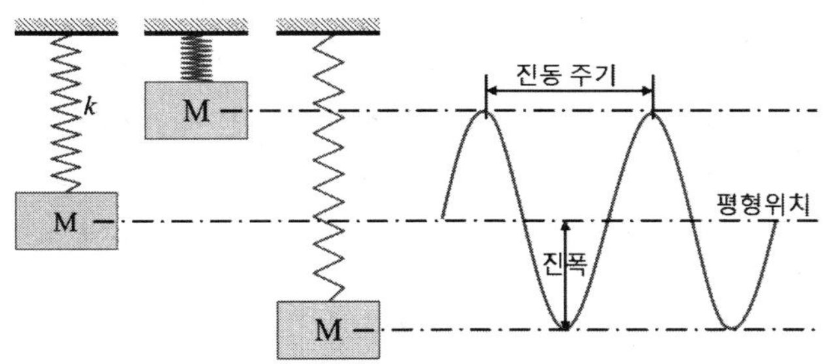

그림 1.1 스프링 단진동

파 또는 **파동**은 진동의 전파를 의미하는 것으로, 한 지점에서 주변의 다른 지점으로 에너지를 전달하면서 매질이나 공간을 통해 진동을 전파하는 현상이다. 매질에서 파동의 전파는 파동의 속도, 진폭 및 주파수를 결정하는 매질의 탄성에 의해 영향을 받는다. 파동은 전파하기 위해 매질이 필요한 역학적 파동과 매질 없이도 전파될 수 있는 전자기파로 분류할 수 있다.

그림 (1.2)는 역학적 파동의 일종인 물결파이다. 한 지점에 파동이 발생하면 진동이 주변으로 퍼져 나간다. 물을 구성하는 입자들의 진동은 에너지를 가지고 있고, 진동이 퍼져 나가면 주변으로 에너지 전달이 일어난다.

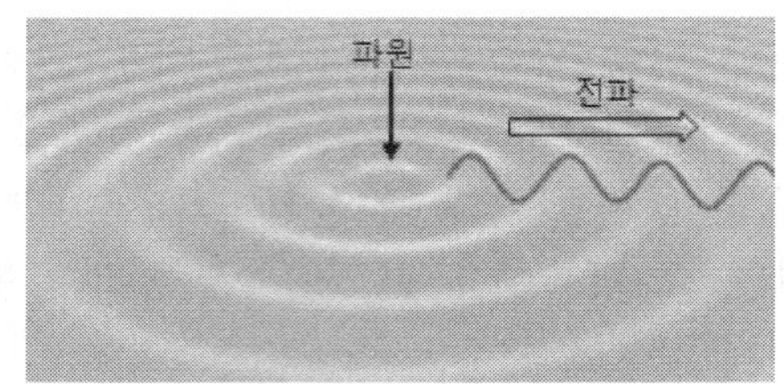

그림 1.2 물결 파동

역학적 파동이 매질을 통해 전파되면 파원으로부터 먼 거리에 있는 매질의 입자가 영향을 받아 진동하게 된다. 따라서 입자의 움직임을 통해 파동의 에너지를 한 지점에서 다른 지점으로 전달하는 것이다. 매질을 통한 파동의 전파 속도는 밀도, 탄성 및 점도와 같은 매질의 특성에 따라 다르다.

특히 매질의 탄성은 파동 전파에 중요한 역할을 한다. 탄성이란 외력에 의해 물질에 변형이 발생하면 원래 모양으로 되돌아가려는 성질을 말한다. 파동이 매질을 통과하는 동안 매질을 구성하는 입자가 평형점으로부터 위치 변화가 생겨서 매질 내 밀도가 높은 영역과 낮은 영역이 발생한다.

매질의 탄성이 높으면 파동에 의한 변형이 원래 상태로 빠르게 복원될 수 있으므로 파동이 매질을 통한 전파 속도가 빠르다. 반대로 매질의 탄성이 낮으면 입자가 원래 상태로 돌아가는 데 시간이 더 오래 걸리므로 파동 전파 속도가 느리다.

매질의 탄성은 파동의 진폭과 주파수에도 영향을 미친다. 탄성이 큰 매질은 더 높은 진폭과 더 높은 주파수의 진동을 감당할 수 있다. 따라서 더 큰 에너지와 더 짧은 파장을 가진 파동을 전파할 수 있다.

그림 (1.3)은 파동의 전파를 보여준다. 파동은 주기적으로 마루와 골을 형성한다. 점선의 파동이 시간이 흐른 후 실선으로 이동한다. 따라서 파동은 왼쪽에서 오른쪽으로 v_w의 속도로 전파된다. 매질을 구성하는 입자들은 전파 방향과 수직 방향으로 속력 v_t로 흔들린다. 따라서 파동의 전파는 입자들이 직접 펴져 나가는 것이 아니라 상호작용하고 있는 인접한 입자들의 진동을 유발하는 방법으로 진행된다.

파동은 매질이나 **장**(예컨대 전기**장**, 자기**장**)에서 다양한 유형의 교란[1)]으로 발생한다.

---

1) 매질의 평형 상태를 깨뜨리는 외부의 작용

매질의 교란은 외부로부터의 물리적 힘이 작용하여 매질 또는 장의 특성 변화로 인해 발생할 수 있다. 예를 들어, 역학적인 파동인 물결파는 에너지를 가진 돌맹이가 수면에 힘을 가해 교란을 일으킴으로써 발성한다. 음파는 공기 분자의 밀도 변화로 발생하는 반면, 수면파는 물 분자의 진동으로 생성된다. 지진은 지각 변동이나 지구 내부의 압력 변화로 지진파가 발생하여 지각을 통해 전파한다.

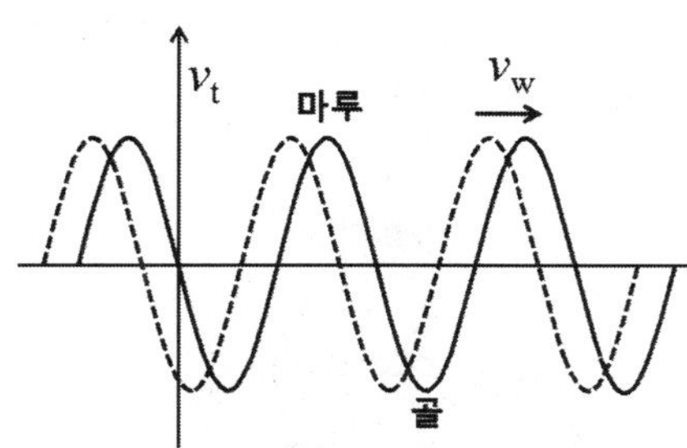

그림 1.3 파동의 전파

빛과 자외선, 적외선을 포함하는 전자기파는 전기장과 자기장의 진동으로 생성된다. 이러한 '**장**'은 가속 전하, 진동 전류 또는 원자의 변화와 같은 다양한 원인으로 생성될 수 있다. 원자의 상태 변화를 설명하는 것과 같은 양자적 파동은 매질의 물리적 교란이 아니라 외부와의 에너지과 연관된 입자 자체의 근본적인 확률적 현상으로 생성된다.

1.2 파동의 발생

파동은 에너지를 전달하기 때문에 파동을 발생시키기 위해서는 에너지가 필요하다. 외부로부터 에너지가 공급되면 매질 내부의 변화가 발생하고 매질 구성 입자들 사이에 서로 힘을 가함으로써 파동이 발생한다. 파동을 생성하는 방법에 따라 파동의 모양, 주파수, 진폭, 에너지 전달률 등의 속성이 달라질 수 있다.

1.2.1 역학적 파동의 발생

역학적 파동이 발생하여 주변으로 퍼져 나가기 위해서는 매질의 탄성이 필요하다. 매질을 구성하는 입자들 사이 상호 작용의 강도가 탄성과 관련 있다. 외부 자극으로 매질의 특정 부분에 변형이 생기면 탄성에 의해 원래의 모양으로 돌아가려는 복원력이 작용한다. 이 힘은 주변 입자와의 상호 작용하는 것으로, 힘을 받은 입자의 반작용이 주변의 변형을 유발한다. 이 변형이 결국 넓은 공간으로 퍼져 나감으로써 에너지가 전달 된다.

수면 위로 부는 바람, 배의 움직임, 물체를 물에 떨어뜨리는 등의 외부 자극으로 그림 (1.4)와 같이 물결파가 생성될 수 있다. 자극의 강도와 방법은 파장, 진폭 및 주파수를 포함한 파동의 특성에 영향을 준다.

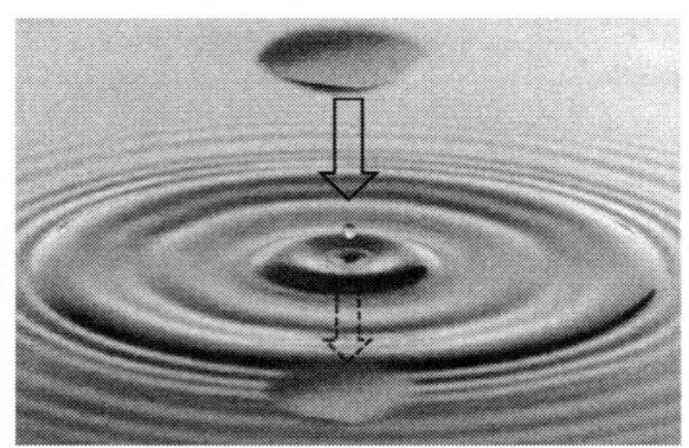

그림 1.4 물결파의 발생

성대, 악기 또는 스피커와 같은 물체를 진동시키면 음파가 발생한다. 그림 (1.5)는 스피커에 의한 음파의 발생을 보여준다. 코일에 전류를 흘려주면 코일 주변에 자기장이 발생하고, 자석에 의한 자기장과의 작용으로 끌림과 밀치는 힘이 생긴다. 이로 인하여 스피커가 진동하면, 스피커 주변의 공기 분자들의 밀도 변화를 유발하여 음파가 발생한다. 즉 스피커나 사람 목청의 진동이 주변의 공기 입자들의 움직임을 유발하고, 공기들 사이의 상호 작용으로 음파가 주변으로 퍼져 나간다.

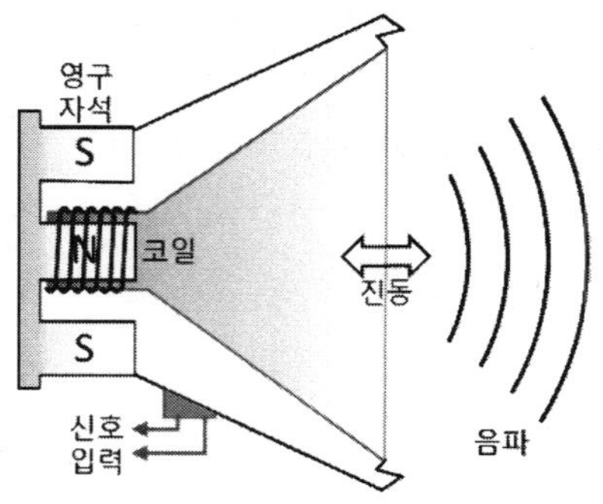

그림 1.5 음파의 발생

사람은 청각을 통하여 음파를 인식한다. 그림 (1.6)은 음파를 인지할 수 있는 청각 기관인 사람 귀의 구조이다. 음파가 발생하여 사람 귀의 도달하면, 가장 바깥쪽에 있는 귓바퀴에 의해 모아진 음파는 외이를 통해 귀 내부로 전달되어 고막을 진동시킨다. 고막의 진동은 추골, 침골, 등골 등 3개의 뼈로 된 청소골을 통해 달팽이관으로 전달되는데 청소골은 고막의 진동을 약 30배로 증폭시킨다. 청소골에서 증폭된 신호는 달팽이관에서 전기적 자극으로 바뀐 후 청신경을 통해 뇌로 전달되어 소리를 인식하게 된다.

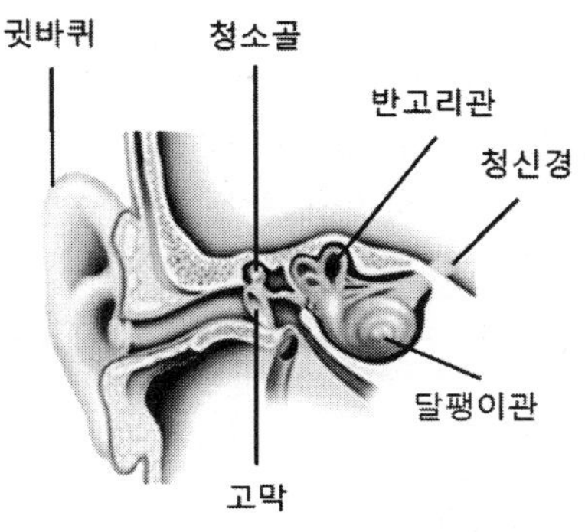

그림 1.6 사람 귀 구조

1.2.2 전자기파의 발생

전자기파는 안테나에서 전류를 진동시킴으로써 발생한다. 진동의 주기는 전자기파의 주파수를 결정하고 진폭은 전류의 강도로 연결된다. 또한 열 방출(백열등), 방전(형광등), 유도 방출(레이저) 등 다양한 방법으로 전자기파를 발생시킬 수 있다.

그림 (1.7)은 (-)전하를 가진 전자를 주기적으로 움직여서 전자기파를 발생시키는 장치 개념도이다. 전자기파도 에너지를 가지기 때문에 전자기파를 발생시키기 위하여 필수적으로 외부에서 에너지를 공급해야 한다. RLC 진동자 (저항 R, 코일 L, 축전기 C) 회로에 에너지가 공급되어 전류의 방향을 주기적으로 바꾼다. 주 코일 내부에 자기장의 변화가 발생하고 인접한 코일에 유도 전류가 흐른다. 유도 전류가 흐르는 방향도 주기적으로 변하여 안테나 내부의 전자 흔들림으로 인한 전자기파가 발생한다. 빛(가시광선)은 전자기파의 일종이므로 빛도 같은 원리로 발생한다.

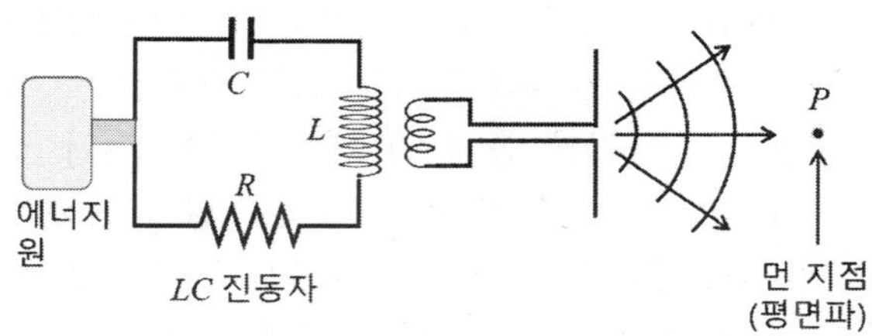

그림 1.7 전자기파 발생

광원에서 발생 된 가시광선을 통하여 물체를 인식할 수 있다. 그림 (1.8)은 빛을 인식할 수 있는 시각 기관인 사람 눈 구조이다. 가시광선이 물체에서 산란되어 사람 눈으로 들어온 빛은 각막과 수정체를 거치면서 망막에 도달한다. 망막에는 시신경이 모여 있는데, 빛이 간상체(밝기 인식)와 추상체 (색 인식)에 흡수되어 자극되면 미세 전류가 발생한다. 전류는 시신경을 따라 뇌로 전달되어 시각 정보를 인식한다.

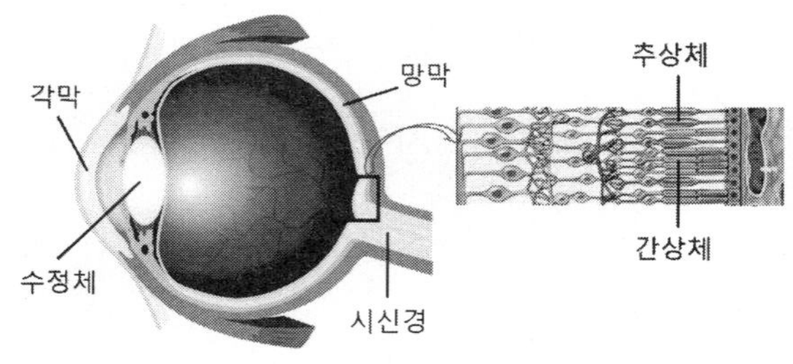

그림 1.8 사람 눈 구조

1.2.3 함수 발생기

디지털 시스템을 이용하여 다양한 파형을 생성할 수 있다. 함수 발생기 (Function Generator)는 다양한 모양(파형)의 파를 발생시켜 시간에 대한 그래프로 나타내는 전자 장치이다. 그림 (1.9)는 함수 발생기로 그림 (1.10)과 같이 사인파(sine)를 포함하여 펄스인 사각파(square), 톱니파(sawtooth) 등 다양한 함수를 발생시킬 수 있다.

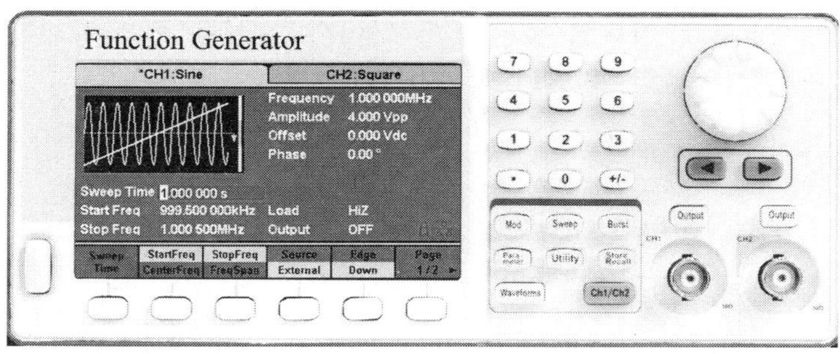

그림 1.9 함수 발생기

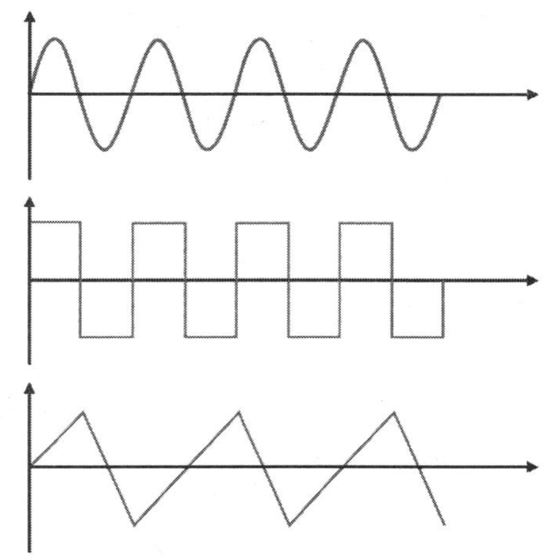

그림 1.10 함수 발생기에 의한
다양한 파형

1.3 파동의 전파

파동의 전파란 진동이 주변으로 퍼져 나가 에너지 전달이 일어나는 것을 이미 한다. 파동은 매질의 밀도, 진동하는 물체의 높낮이, 파동을 구성하는 물리량의 세기 등이 주기적으로 변하는 것이다. 따라서 파동이 주변으로 퍼져 나가기 위해서는 파동을 구성하는 물리량의 변화가 점차 파원으로부터 먼 곳으로 확대되어야 한다.

그림 (1.11)은 파동을 나타내는 물리량의 높낮이 변화를 나타낸 것이다. 매질 내 입자들의 상호 작용으로 파동의 높은 곳은 낮아지고, 낮은 곳은 높아진다. 이 변화는 주변의 변화를 유발하고, 변화의 범위가 확대된다.

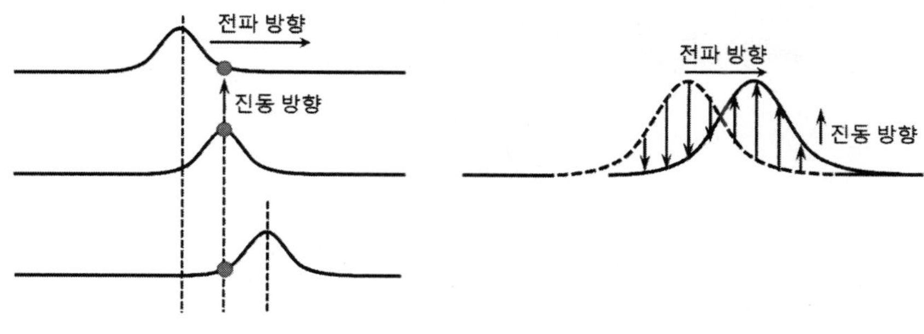

그림 1.11 파동의 전파

1.3.1 역학적 파동의 전파

역학적인 파동이 전파되기 위해서는 매질이 필요하다. 음파의 경우 고체, 액체, 기체 모두 매질이 될 수 있다. 매질 내부의 원자나 분자들의 상태(진동 속력, 밀도 등)가 구간별로 변화가 발생하고, 그 변형이 주변으로 퍼져 나감으로써 음파가 전파된다.

수면파는 물을 매질을 삼아 물 표면을 따라 전파된다. 매질의 교란으로 파동이 발생하면 주변으로 전파되는데, 매질의 특성이 전파 속도에 영향을 준다. 그림 (1.12)는 수면의 전파 원리를 보여준다. 매질의 교란으로 변형이 생기면, 매질의 탄성에 의해 복원력이 발생한다. 수면파의 경우 탄성은 물을 구성하는 물 분자들 사이에 작용하는 정전기력에 의해 발생한다. 평형 상태보다 낮은 곳에 있는 분자는 위로 힘을 받고, 높은 곳에 있는 분자는 아래로 힘을 받는다. 상호 간에 작용하는 힘은 작용과 반작용 원리에 따른다.

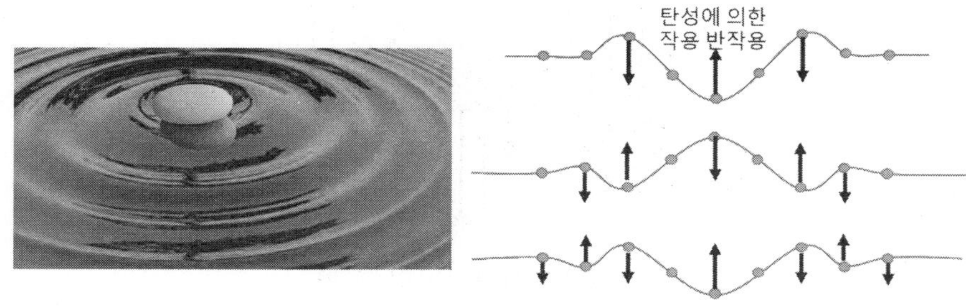

그림 1.12 수면파의 전파

1.3.2 전자기파의 전파

전자기파는 매질 없이도 빈 공간으로 전파될 수 있다. 전자기파의 전기장과 자기장의 진동 방향은 서로 수직이고, 또한 전파 방향에 수직이다. 전기장과 자기장의 세기가 주기적으로 변한다. 1861년 맥스웰(James Clerk Maxwell; 1831~1879, 아일랜드)은 각각 독립적으로 다루어져 오던 전기와 자기의 법칙들을 종합하여 맥스웰 방정식[2])을 체계화하였다. 맥스웰 방정식에 의하면 전기장의 변화가 자기장을 유발하고, 반대로 자기장의 변화가 전기장을 발생 시킨다.

그림 (1.13)는 z방향으로 전파되는 전자기파를 나타낸 것이다. 자기장과 전기장은 각각 x방향과 y방향으로 진동한다. 전기장 세기가 변화 $\Delta\vec{E}$가 발생하면 자기장이 유도 된다(암페어 법칙). 역으로 자기장 세기의 변화 $\Delta\vec{B}$가 전기장을 유도한다(페러데이 법칙). 전기장과 자기장은 서로 영향을 주어 변화를 발생시킴으로써 공간으로 전파된다.

---

2) 맥스웰 방정식(Maxwell's equations)은 전하, 전류에 의해 전기장과 자기장이 어떻게 생성되는지 설명한다. 1861년과 1862년에 Lorentz 힘 법칙을 포함하는 방정식의 초기 형태를 발표한 물리학자이자 수학자인 James Clerk Maxwell의 이름을 따서 명명되었다. 맥스웰 방정식은 빛(가시광선) 역시 전자기파의 일부임을 보여준다. 4개의 방정식은 가우스 법칙, 가우스 자기 법칙, 패러데이 전자기 유도 법칙, 앙페르 회로 법칙으로 불린다.

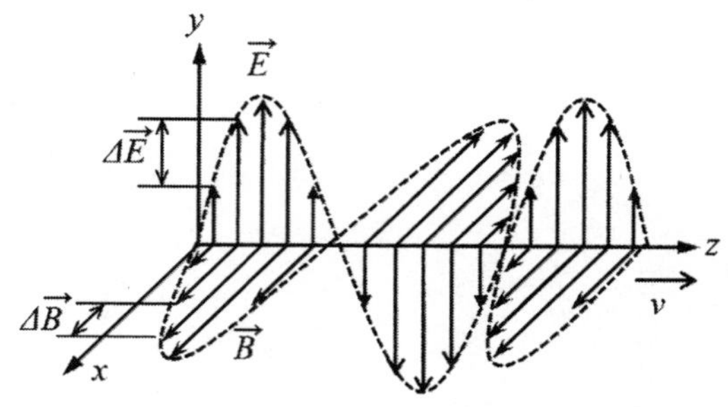

그림 1.13 전자기파의 전파

1.4 파동의 구분

파동의 발생 원인이 다양하고, 전파되는 매질 또한 매우 다양하다. 파동을 여러가지 방법으로 구분하는 것은, 파동을 정확하게 이해하는 데 도움이 되기 때문이다. 이번 절에서는 몇 가지 구분에 대하여 설명하고자 한다.

1.4.1 역학적인 파동

전파하기 위해 매질이 필요한 파동이 역학적 파동이다. 즉, 고체, 액체 및 기체와 같은 물질이 있어야만 전파될 수 있는 파동이다. 역학적 파동은 매질 내 입자의 진동을 통해 에너지를 전달한다. 파동을 전달하는 매질에 힘을 가해지면 매질의 구조, 모양, 길이 등이 변하여 역학적 파동이 발생된다. 역학적 파동의 예로는 음파, 물결파 및 지진파가 있다.

역학적인 파동은 그림 (1.14)와 같이 종종 스프링으로 설명된다. 스프링에 주기적으로 힘을 가하면 압축된 부분과 이완된 부분이 발생하여 스프링의 밀도가 위치에 따라 차이를 보인다. 시간이 지남에 따라 공간상의 각 지점에서 밀도가 변한다.

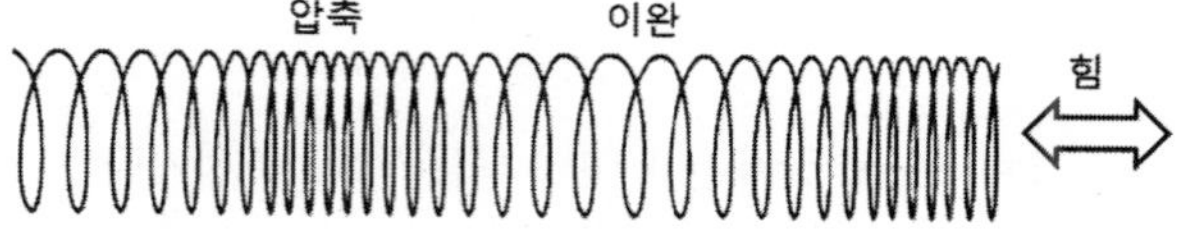

그림 1.14 스프링 파동

1.4.2 전자기파

전자기파는 전기장과 자기장이 주기적으로 진동하면서 공간으로 전파해 가는 파동이다. 역학적 파동과 달리 전자기파는 전파하는 데 매질이 필요하지 않으며 진공을 통해 이동할 수 있다. 물론 유리, 물과 같은 광학적으로 투명한 매질을 통과할 수 있다. 그림 (1.15)에 표현된 전자기파는 라디오파, 마이크로파, 적외선, 가시광선, 자외선, X-선 및 감마선을 모두 포함하는 것으로 파장에 따라서 구분한다.

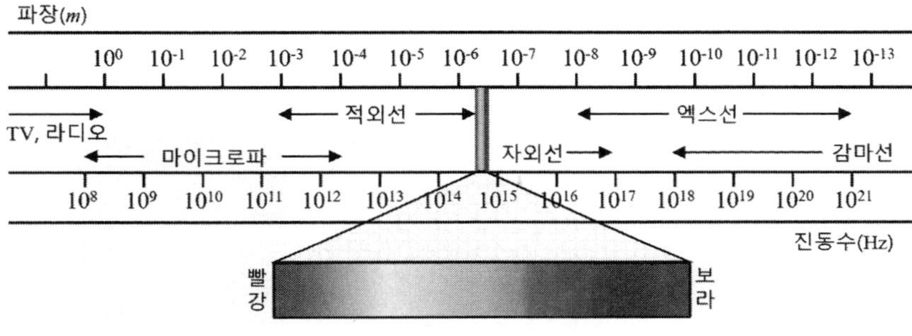

그림 1.15 전자기 스펙트럼

전자기파는 원자의 에너지 궤도 전이와 전하를 띤 입자들의 진동으로 발생한다. 원자의 궤도 전이에 의한 전자기파 발생은 이 책의 마지막 장에서 설명하기로 한다.

전자기파는 공기나 유리와 같은 매질 속으로도 전달되지만 진공을 통과하기도 한다. 아인슈타인(Albert Einstein; 1879~1955, 독일)이 1905년에 발표한 특수상대성 이론에 따르면 진공 중에서의 전자기파의 속력은 등속 운동하는 좌표계에 상관없이 항상 일정하고 그 값은 $c = 299{,}792{,}458\ m/s$이다.

1.4.3 물질파

물질파는 전자, 양성자 및 원자와 같은 물질 입자가 입자성 뿐만 아니라 파동성을 갖는 것을 의미한다. 1924년 루이 드 브로이(Louis de Broglie; 1892~1987, 프랑스)에 의해 처음 제안되었다. 물질파는 입자로서의 운동량과 파동으로서의 파장을 가진다. 물질파의 파장, 드 브로이 파장 λ는

$$\lambda = h/p \qquad (1.1)$$

으로 주어진다. 여기서 h는 플랑크 상수로 $6.626 \times 10^{-34} J \cdot s$이고, p는 입자의 운동량이다.

그림 (1.16)은 전자의 회절 실험 개념도와 회절 무늬를 보여준다. 회절은 파동의 특성이다. 따라서 전자는 질량($m_e = 9.109 \times 10^{-31}\ kg$)을 가진 물질이지만 파동성을 동시에 가지는 것을 의미한다. 그 결과로 파동의 특성인 회절 현상을 보여준다. 전자와 같이 질량이 매우 작은 물질일수록 파동성이 명백히 나타나고, 질량이 클수록 파동성은 약해진다.

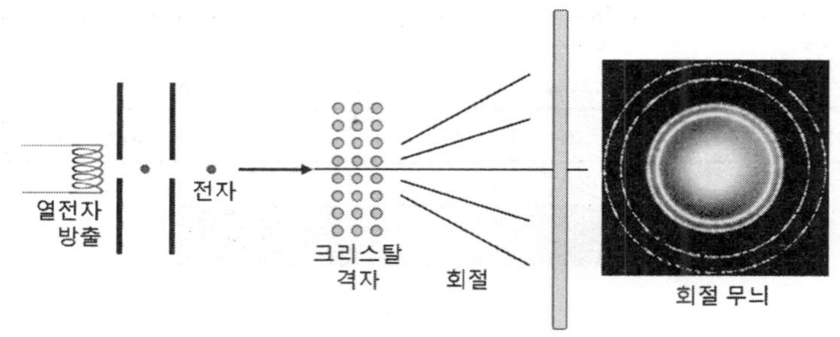

그림 1.16 전자의 물질파

1.5 횡파와 종파

1.5.1 횡파

횡파는 매질 또는 매질을 구성하는 입자가 전파 방향에 수직으로 진동하는 파동이다. 횡파의 대표적인 예는 전자기파이고, 현에 생성된 파동도 횡파의 일종이다.

횡파는 매질을 구성하는 입자가 에너지 전달 방향에 수직으로 진동한다. 그림 (1.17)은 횡파로 전파 방향과 수직으로 진동하는 입자를 나타낸 것이다. 진동으로 마루와 골이 주기적으로 발생하는데, 마루와 마루, 골과 골 사이 거리를 파장이라고 한다. 또 평형 위치에서 마루 또는 골까지의 높이를 진폭이라고 한다.

횡파는 파동의 파장 λ, 주파수 f 및 속도 v와 관련된 파동 방정식을 만족한다. 파동의 속도는 밀도, 탄성과 같은 파동이 통과하는 매질의 특성에 의해 결정된다.

대표적인 횡파로 전자기파를 들 수 있다. 전자기파를 구성하는 전기장과 자기장은 전파 방향에 수직으로 진동한다. 지진 및 기타 지질학적 사건에 의해 생성되는 지진파의 S파[3]도 횡파이다. S파가 발생하여 전파될 때 지면은 파동의 전파 방향에 수직으로 흔들린다.

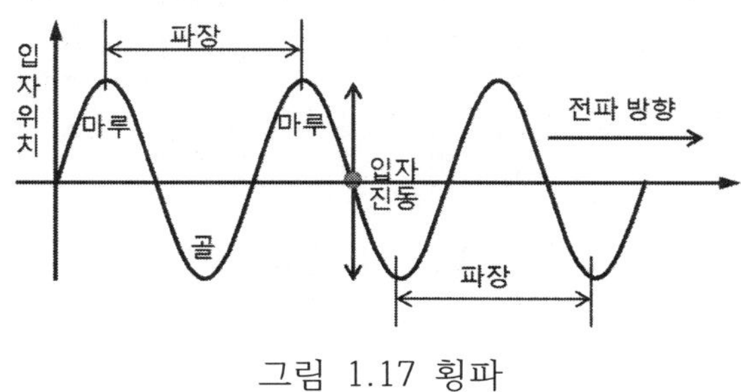

그림 1.17 횡파

1.5.2 종파

종파는 매질의 입자가 파동의 전파 방향과 평행하게 진동하는 파동이다. 종파의 대표적인 예로는 음파인데, 매질을 구성하는 입자가 소리 진행 방향의 앞뒤로 진동한다. 또 다른 예는 지진에 의해 생성되어 지구 내부를 통과하는 지진파의 P파이다. 그림 (1.18)은 종파의 일종인 음파를 나타낸 것이다.

종파는 매질(또는 매질을 구성하는 입자)의 밀도가 높음과 낮음이 반복적으로 변하면서 매질을 통과한다. 종파는 파장, 주파수 및 진폭을 포함하여 몇 가지 중요한 특성을 가진다. 파장은 파동의 위상이 같은 두 지점 사이의 거리이다. 주파수는 단위 시간 동안 주어진 지점을 통과하는 파동의 수이며 일반적으로 헤르츠(Hz)로 측정된다. 진폭은 밀도와 같은 물리량의 최대 변화량이다.

종파의 고유한 특성 중 하나는 고체, 액체 및 기체를 통과할 수 있다는 것이다. 이는 매질의 입자가 파동과 같은 방향으로 앞뒤로 진동할 수 있기 때문이다. 그러나 종파가 매체를 통과하는 속도는 매체의 밀도 및 탄성과 같은 요인에 따라 달라질 수 있다. 음파의 전파 속도는 온도에 따라 달라진다. 공기 온도에 따라 공기를 구

3) 지진파는 P파와 S로 구분된다. P파는 종파이며 압력파의 성질을 가진다. P파는 가장 빠르게 전파하여 지진 관측소에 제일 먼저 도달하는 파동이기 때문에 영어로 첫 번째라는 뜻을 가진 '**Primary**'가 붙여져 P파가 되었다. S파는 횡파이며, 전파 방향에 수직인 방향으로 지반을 변위시킨다

성하는 입자의 움직이는 속도가 변하여 입자들 사이의 상호 작용 빈도수가 달라지기 때문이다.

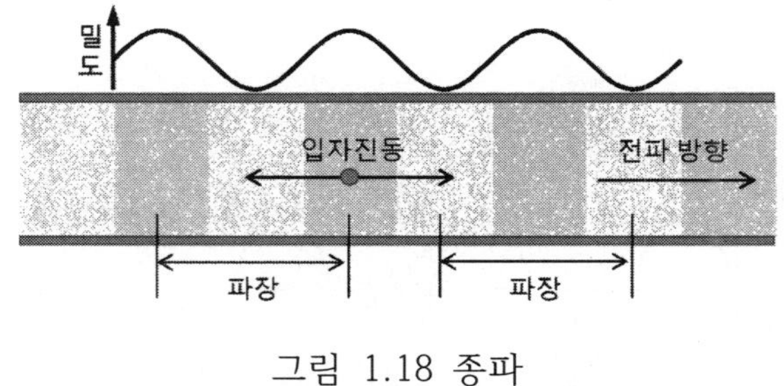

그림 1.18 종파

1.6 정상파와 진행파

1.6.1 진행파

진행파는 한 장소에서 다른 장소로 매질을 통해 전파되어 에너지를 전달하는 파동이다. 진행파의 예로는 막힘이 없는 공간에 발생한 음파, 전자기파 및 물결파가 있다. 아래 그림 (1.19a)는 성덕대왕(~647 신라) 신종(일명 에밀레종)에서 음파가 발생하여 막힘 없이 전파되는 진행파, 그림 (1.19.b)를 보여준다. 타종하면 종소리는 막힘없이 퍼져 나가서 멀리 있는 곳까지 전파된다. 태양 빛도 우주로 퍼져 나가기 때문에 진행파이다. 아주 넓은 호수에 발생한 물결파도 진행파로 볼 수 있다.

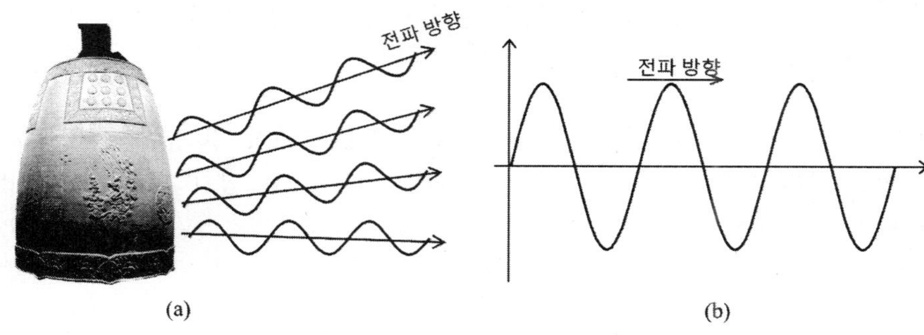

그림 1.19 성덕대왕 신종과 진행파

1.6.2 정상파

정상파는 공간에서는 정지해 있는 것처럼 보이지만 시간이 지남에 따라 진폭이 진동하는 파동이다. 정상파는 진행파와 반사파가 중첩되어 나타나는 현상이다. 보강 간섭과 상쇄 간섭으로 마디(진폭이 0인 지점)과 배(진폭이 최대인 지점)가 주기적으로 생긴다. 기타 줄에 발생한 파는 정상파이다. 양 끝이 막혀 있는 기타 줄은, 밖으로 진동이 전파되지 못한다. 그림 (1.20a)는 줄의 양쪽에 연결된 모터가 줄을 주기적으로 진동시켜서 파동을 발생시키는 것을 보여준다. 줄에 발생한 파동은 그림 (1.20b)와 같이 줄 내부에만 존재한다.

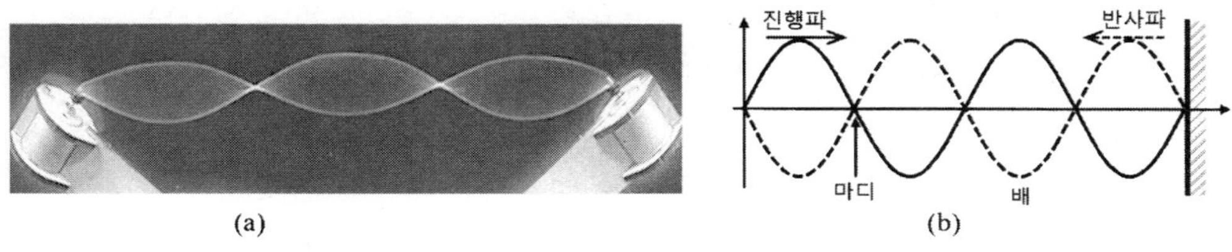

그림 1.20 (a) 모터에 의한 발생한 정상파 (b) 정상파의 마디와 배

1.7 평면파와 구면파

평면파는 전파 방향에 수직한 평면상의 모든 점에서 파동의 위상이 동일하고, 구면파는 점 파원을 중심으로 하는 구면상의 모든 점에서 위상이 동일하다.

평면파와 구면파는 서로 다른 응용 분야에서 사용되는 고유한 속성을 가진다. 구면파는 작은 파원(점 파원)에서 모든 방향으로 퍼져 나가는 파이다. 파원으로부터 관측점까지의 거리가 멀어지면 구면의 곡률이 작아져서 평면으로 근사할 수 있다. 완전한 평면파는 존재하지 않지만, 국소 영역에서 평면파로 근사할 수 있는 조건을 만족하면 평면파로 취급할 수 있다.

구면파의 진폭은 파원으로부터 멀어질수록 감소하지만 평면파의 진폭은 일정하다. 이는 구면파가 전파되면서 퍼지기 때문에 세기가 약해지는 반면, 평면파는 퍼짐 없이 전파하는 것이 특징이다.

1.7.1 구면파

아주 작은 파원은 점 파원으로 취급된다. 파원 자체의 크기로 점 파원을 정의하는 것은 아니고 비교되는 거리에 비하여 파원의 크기를 무시할 수 있다면 점 파원이라고 할 수 있다. 예를 들어, 대표적인 자연 광원인 태양의 직경은 $1,392,000\,km$로 지구 크기의 약 109배로 매우 크다. 태양과 지구 사이 거리는 $149,600,000\,km$로 태양 직격의 약 107배이다. 따라서 지구에서 보는 태양은 상황에 따라 점 광원(점 파원)으로 취급할 수 있으며, 지구에 도달하는 태양 광선은 평행광선으로 취급할 수 있다.

구면파는 점 파원에서 모든 방향으로 전파되며, 파원을 중심으로 하는 모든 구면상에서 동일한 위상을 갖는다. 수학적으로 구면파는

$$y = \frac{A}{r} e^{i(kr - \omega t)} \quad (1.1)$$

4)

으로 나타낼 수 있다. 여기서 r은 파원으로부터의 거리, A/r는 파동의 진폭, k(파장과 관련됨)는 파수, ω(주기와 관련됨)는 각 진동수이다. 점 파원에서 거리 r만큼 떨어진 위치에서 파동의 세기는 $I = (A/r)^2$로 파원에서 멀어질수록 세기가 약해진다. 예를 들어 음파를 발생시키는 작은 스피커로부터 멀어질수록 소리가 약하게 들리는 이유이다. 같은 이유로 태양으로부터 먼 행성은 공전 궤도가 커서, 행성에 도달하는 단위 면적당 태양 빛의 세기는 지구에서 측정되는 값보다 작다.

그림 (1.21)은 점 파원에서 모든 방향으로 방출되는 파동을 나타낸 것이다. 파원으로부터 거리가 멀어질수록 동심원으로 하는 구의 표면적은 점점 커진다. 같은 시간 동안 파원에서 방출되는 에너지가 일정한 경우, 모든 파면을 통과하는 에너지의 양도 일정하다. 따라서 파원에서 먼 지점에서 단위 면적을 통과하는 에너지의 양은 줄어든다.

호이겐스 원리에 의해 구면파의 파면 상의 모든 점이 새로운 점 파원 역할을 하며, 모든 점 파원은 구면파를 방출하는 것으로 해석할 수 있다. 새로운 점 파원에서 방출된 파동이 모여 새로운 구면파를 형성하면서 공간을 퍼져나간다. 또한, 파면 상의 모든 점에서 광선과 파면은 항상 수직하다.

---

4) e^{ikr}은 복수 함수로 $e^{ikr} = \cos kr + i \sin kr$이고, i는 허수로 $i^2 = -1$이다.

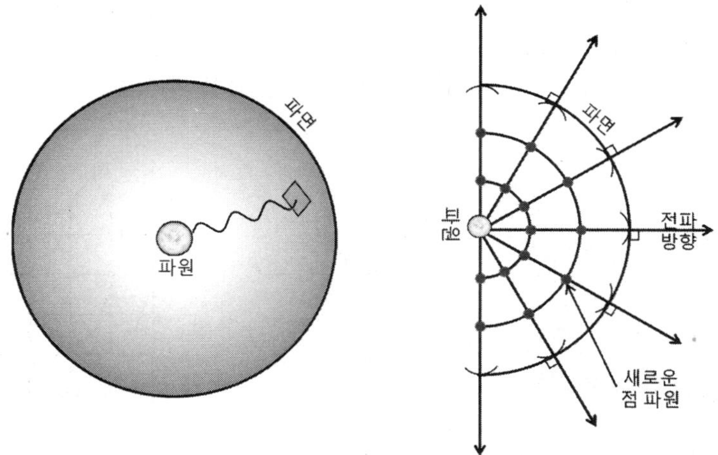

그림 1.21 점 파원에서 발생한 구면파의 파면과 전파 방향

1.7.2 평면파

평면파를 발생하는 파원에서 방출된 빛은 모두 같은 방향으로 전파되고, 전파 방향에 수직인 모든 평면에서 동일한 위상을 갖는다. 평면파는 수학적으로 나타내면

$$y = Ae^{i(kr - \omega t)} \tag{1.2}$$

여기서 A는 파동의 진폭, k는 파수, ω는 각 진동수, r은 파원으로부터의 거리이다. 평면파의 특징은 전파되는 위치 r에 관계없이 세기가 줄어들지 않고 같은 값 $I = A^2$을 유지한다는 것이다. 즉 파원으로부터 먼 곳에서도 단위 면적당 에너지가 감소하지 않는다. 이상적인 평면파가 발생하기 위해서는 파동의 에너지가 무한히 커야 한다. 따라서 완전한 평면파는 존재할 수 없다. 다만 평편한 모니터나 스마트폰과 같은 평면 발광체로부터 가까운 지점에서는 평면파의 특징을 갖는다.

모든 광원으로부터 아주 먼 지점에서, 거리에 비하여 작은 영역에서 측정된 파동은 평면파에 가깝다. 예를 들어 태양과 지구 사이 거리는 대략 1억 5천만 킬로미터로 매우 멀어서 지구에 도달하는 태양광은 통상적으로 평면파로 취급한다.

그림 (1.22)는 평면 디스플레이 장치로부터 빛이 방출되면, 파원과 가까운 지점에서는 위상이 같은 점들이 이루는 면, 즉 파면이 평면을 이룬다. 호이겐스 원리로부터 파면 상의 모든 점은 새로운 점 파원이 되고, 점 파원들로부터 방출된 파동이 모여 새로운 평면을 형성한다. 파면과 전파 방향은 항상 수직하다.

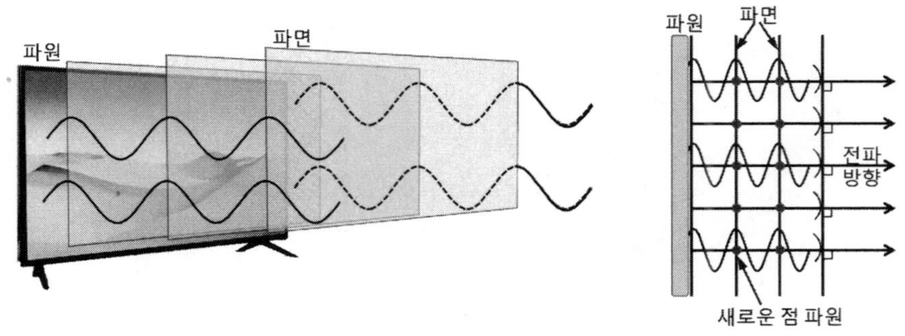

그림 1.22 평면파의 발생와 전파

1.8 펄스와 사인파

펄스와 사인파는 물리, 전자 및 신호 처리를 비롯한 다양한 분야에서 흔히 볼 수 있는 두 가지 유형의 파형이다. 펄스와 사인파는 다양한 측면에서 비교할 수 있다.

펄스는 일반적으로 진폭의 변화가 불 규칙적인 파동을 일컫는다. 또한, 짧은 시간 동안 에너지를 집중적으로 방출하거나, 진폭 또는 세가 분포가 사각형, 톱니 모양의 파동 역시 펄스의 일종으로 볼 수 있다. 반면 사인파는 부드럽고 연속적이며 반복적인 파형으로 진폭을 사인 함수로 나타낼 수 있는 파동이다.

펄스는 일시적인 사건 또는 특정 신호 전송을 나타내기 때문에 일반적으로 주파수를 특정할 수 없다. 목적에 따라 불규칙하게 또는 특정 시간 간격으로 발생시킨다. 반면 사인파는 주파수가 잘 정의된 파동이다. 펄스는 종종 비주기적이므로 시간에 따라 규칙적인 패턴으로 반복되지 않는다. 독립적 단일 사건 또는 불규칙적인 사건들의 집합으로 볼 수 있다. 사인파는 주기적이어서 일정한 시간 간격으로 똑같은 진동이 반복된다. 펄스는 일반적으로 사건이 진행되는 동안 신호의 크기 또는 강도를 나타내는 다양한 진폭을 가진다. 따라서 진폭은 매번 변할 수 있다. 사인파는 연속되는 진동에서 진폭이 일정하게 유지된다.

그림 (1.23)은 펄스와 사인파 진폭의 변화를 나타낸 것이다. 펄스의 예로 시간에 따른 심전도 그래프이다. 심전도 그래프는 불규칙적인 파형이 섞여 있는데, 일정 기간으로 구분하면 비슷한 파형이 반복된다. 일정 기간으로 구분하여도 불규칙하다면 건강에 문제가 있는 것으로 판정될 수 있다.

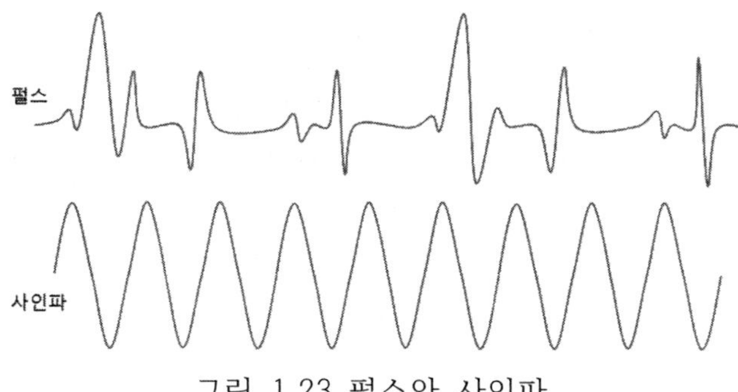

그림 1.23 펄스와 사인파

요약

1.1 진동은 물체나 시스템이 일정한 주기로 반복되는 현상이고, 파동은 에너지를 전달하면서 매질이나 공간을 통해 진동을 전파하는 현상

1.2 외부로부터 에너지 공급으로 매질 구성 입자들 사이 상호 힘이 작용하여 파동 발생

1.3 파동 구성 요소들의 상호 작용 또는 파동을 전파하는 매질의 탄성에 의해 주변으로 전파하여 에너지 전달

1.4 파동은 역학적 파동, 전자기파, 물질파로 구분

1.5 횡파는 진행 방향으로 수직 방향으로 진동, 종파는 진행 방향과 같은 방향으로 진동

1.6 진동이 일정 공간 내에서 국소적이면 정상파, 진동이 주변으로 퍼져나가면 진행파

1.7 파면은 파원에서 방출되는 파의 위상이 이루는 면이고, 파면의 모양에 따라 평면파와 구면파로 구분

1.8 사인파의 파형은 규칙적이면서 연속적이고, 펄스의 파형은 불규칙적

연습문제

[1.1] 진동과 파동의 차이점은?

답] 진동은 에너지 전달이 없고, 파동은 에너지를 전달 한다.

[1.2] 역학적 에너지가 발생하는 원인은?

답] 매질의 교란

[1.3] 역학적 파동이 전파될 수 있는 이유는?

답] 매질의 탄성

[1.4] 전자기파가 진공 중에서도 전파될 수 있는 이유는?

답] 전자기파를 구성하는 전기장과 자기장의 상호 작용

[1.5] 횡파와 종파의 차이점은?

답] 매질 또는 에너지를 전달하는 입 등의 진동 방향이 파동의 전파 방향과 일치하면 종파이고, 횡파는 수직하다.

[1.6] 파동이 전파할 때 전달되는 것은?

답] 에너지

[1.7] 파면과 파동의 전파 방향이 이루는 각은?

답] 90°

CHAPTER

02

파동 함수 (Wave Function)

1. 단순 조화 진동
2. 파동 방정식
3. 파동 함수
4. 파동의 에너지와 세기
5. 관악기
6. 현악기
7. 도플러 효과

파동 함수란 시간과 공간의 각 점에서의 진동하는 물체의 운동 상태를 기술하는 수학적 표현이다. 파동 함수를 알면, 파동에 대한 모든 정보를 얻을 수 있다. 예컨대, 파동의 진폭, 주기, 주파수, 전파 속력, 그리고 위상에 대한 정보를 알 수 있다. 따라서 파동 함수는 파동에 대한 정보를 모두 포함하도록 표현해야 한다.

2.1 단순 조화 진동

단순조화진동(simple harmonic oscillation)은 사인 함수로 설명할 수 있는 운동으로, 물체가 고정된 점을 중심으로 앞뒤로 움직이는 주기적 운동을 일컫는다. 자연에서 일어나는 많은 현상을 단순조화진동으로 설명할 수 있다. 따라서 단순조화진동을 이해하는 것은 매우 중요하다. 특히 전자기파와 같은 주기적 변화와 관계된 대부분의 현상은 단순조화진동과 연관 지어 그 특징을 분석할 수 있다.

단순조화진동에서 물체의 움직임은 진폭, 주기, 주파수 및 위상으로 특징지어진다. 진폭 A는 평형 위치에서 물체의 최대 변위이고, 주기 T는 물체가 한 번의 주기 운동을 완료하는 데 걸리는 시간이다. 주파수 f는 단위 시간당 진동수이며, 위상 ϕ은 물체의 초기 위치에 해당하는 각도이다. 위상은 각도로 표현되며 단위로 라디안(rad; radian) 또는 도(°; degree)를 사용한다.

단순조화진동은 앞·뒤로 흔들리는 스프링 운동이나 진자 운동과 같은 많은 물리적 현상에서 나타난다. 주기적으로 반복운동하는 시스템에서 물체의 운동은 평형 위치로 되돌아가도록 작용하는 복원력에 의해 발생한다. 복원력의 크기는 평형 위치에서 물체의 변위에 비례하며 항상 변위와 반대 방향으로 작용한다. 그림 (2.1)은 스프링과 줄에 매달린 진자의 단순조화진동을 보여준다.

단순 조화 진동에서 물체의 움직임을 설명하는 방정식인 후크(Robert Hooke; 1635~1703, 영국)의 법칙은

$$F = -kx \tag{2.1}$$

이다. 여기서 F는 복원력이고, k는 스프링 상수(스프링 강성의 척도)이다. x는 평형 위치에서 물체의 변위이다.

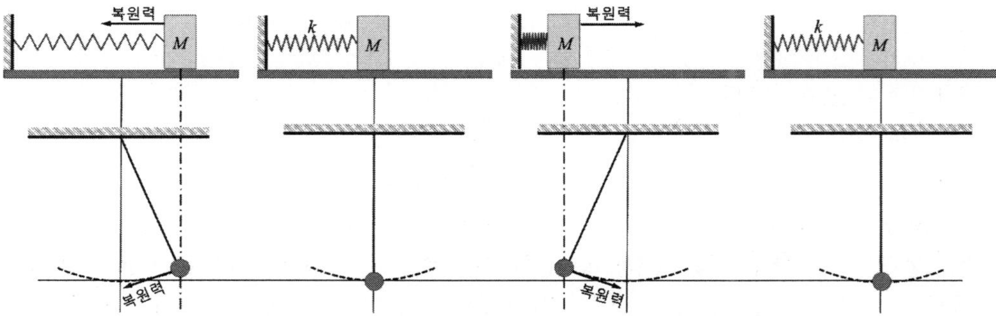

그림 2.1 스프링과 진자의 단순조화진동

단순 조화 진동으로 발생한 파동이 주변으로 퍼져 나갈 때, 파동 함수는 위치 x와 시간 t의 함수이다. 예를 들어 물결파는 위·아래(y-방향)로 높낮이가 변하는 파동이 수평(x-방향)으로 퍼져나간다. 따라서 파동의 높낮이 y는

$$y = \psi(x,t) \tag{2.2}$$

로 표현할 수 있다. 이 함수를 이동 속도 v를 도입하여 차원[5]을 맞춰 다시 쓰면

$$y = \psi(x - vt) \tag{2.3}$$

가 된다. 식 (2.3)의 괄호 안에 있는 속도 v의 $(-)$ 부호는 파동이 $+x$ 방향으로 진행하는 것을 의미하고, $(+)$인 경우 $-x$ 방향으로 진행하는 파를 의미한다.

5) 여기서 차원은 공간(1차원, 2차원, 3차원)의 차원이 아닌, 물리량의 차원이다. 물리량의 차원은 3가지로 질량의 차원 M, 시간의 차원 T, 길이의 차원 L이다. 나머지 물리량이 차원은 이 3가지 차원의 조합이다.

파동이 주기적으로 진동하므로, 한 파장 λ 거리를 이동하면, 이에 해당하는 위상 변화는 2π이다. 따라서 공간상 임의의 거리 x 이동했을 때의 위상 변화 θ는 비례식

$$\lambda : 2\pi = x : \theta \tag{2.4}$$

을 이용하여 계산한다. 비례식 (2.4)를 위상 θ로 정리하면

$$\theta = \frac{2\pi}{\lambda} x \tag{2.5}$$

이다. 파동 함수의 우변의 괄호 안을 각도의 차원이 되도록 y를 다시 쓰면

$$y = \psi[\frac{2\pi}{\lambda}(x - vt)] \tag{2.6}$$

가 된다. 단순조화진동의 경우 파동 함수 $\psi(x,t)$는 사인 함수로 표현되므로

$$y(x,t) = A\sin\frac{2\pi}{\lambda}(x - vt) \tag{2.7}$$

또는

$$y(x,t) = A\sin(kx - \omega t) \tag{2.8}$$

이다. 여기서 $k = 2\pi/\lambda$와 $\omega = v/k$를 이용하였다. $y(x,t)$는 시각 t에서 물체의 변위, A는 진동의 진폭, ω는 각진동수이다. 파동의 초기 위상각이 ϕ인 경우, 파동

함수의 일반적인 표현은

$$y(x,t) = A\sin(kx - \omega t + \phi) \tag{2.9}$$

식 (2.9)의 괄호 안에 있는 값 kx, ωt, 그리고 ϕ는 모두 각도이므로, 단위는 라디안(rad; radian)이다.

그림 (2.2)는 단순조화진동 하는 스프링 진자의 위치를 나타낸 것이다. 물체 M은 스프링 상수가 k인 스프링에 매달려서 복원력에 의해 주기적으로 움직인다. 물체와 바닥 사이에 마찰이 없다면 물체는 계속하여 진폭의 변화 없이 진동할 것이다. 진자의 위치 변화(그래프)가 식 (2.9)에 표현된 사인 함수 모양이 되는 것을 볼 수 있다. 그래프에서 T는 주기이다.

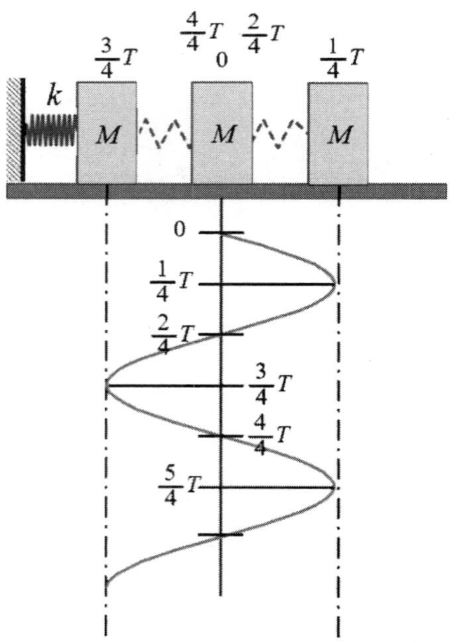

그림 2.2 스프링 진자의 위치변화

[예제 2.1]

조화파의 파동 함수가 $y = 20\sin(0.4x - 3t)$ 이다. 이 파동의 진폭, 파수, 파장, 각진동수, 진동수, 주기, 전파 속도는? (길이의 단위는 모두 밀리미터 (mm) 이고 시간의 단위는 초 (s)이다.)

풀이: 조화파의 파동 함수가 $y(x,t) = A\sin(kx - \omega t)$로 주어졌을 때, A는 진폭, k는 파수, ω는 각진동수 이다.

(진폭) $A = 20\,mm = 0.02\,m$

(파수) $k = 0.4\ rad/mm$

(파장) $\lambda = \dfrac{2\pi}{k} = \dfrac{2\pi\ rad}{0.4\ rad/mm} = 15.71\,mm$

(각진동수) $\omega = 3.00\ rad/s$

(진동수) $f = \dfrac{\omega}{2\pi} = \dfrac{3.00\ rad/s}{2\pi\ rad} = 0.47\,s^{-1} = 0.47\,Hz$

(주기) $T = \dfrac{1}{f} = 2.09\,s$

(전파 속도) $v = \dfrac{\omega}{k} = \dfrac{\lambda}{T} = \dfrac{15.71\,mm}{2.09\ s} = 7.5\ mm/s$

2.2 파동 방정식

파동 방정식은 파동이 매체를 통해 전파되는 방식을 설명하는 수학 방정식이다. 즉, 시간에 대한 파동의 2차 도함수와 공간에 대한 파동의 2차 도함수의 관계를 나타내는 편미분 방정식이다.

파동 방정식의 일반적인 표현은

$$\frac{\partial^2\psi(x,t)}{\partial t^2} = v^2\frac{\partial^2\psi(x,t)}{\partial x^2} \tag{2.10}$$

여기서 $\psi(x,t)$는 파동의 변위로 위에서 도입된 파동 함수 $y(x,t)$이다. 또 앞에서와같이 t는 시간, x는 위치, v는 파동의 전파 속도이다. 기호 '∂'는 부분 도함수를 나타내며, 변위 $\psi(x,t)$의 변수 중 하나에 대한 함수의 변화율을 의미한다.

파동 방정식은 전자기파, 음파, 수면파를 포함한 다양한 유형의 파동을 설명하는데 사용할 수 있다. 파동의 속도 v는 밀도 및 탄성과 같은 파동이 전파되는 매질의 특성에 따라 달라진다. 진공 중을 전파해 가는 전자기파의 경우 속도는 우리가 잘 알고 있는 빛의 속도 $c = 2.99 \times 10^8 m/s$이고, 음파의 전파 속도는 온도에 따라 달라진다.

파동 방정식을 푼다는 것은 방정식에 대한 해를 구함으로써 파동 함수를 찾는다는 것을 의미하는데, 매질의 초기 조건과 경계 조건을 만족하는 함수를 찾는 것이다. 따라서 파동 함수는 시간과 공간에 따른 파동의 거동을 예측할 수 있는 정보를 담고 있다.

2.3 파동 함수

파동 방정식을 만족하는 파동 함수의 일반적인 표현은

$$y(x,t) = A\sin(kx - \omega t + \phi) \tag{2.11}$$

이다. 파동 함수로 기술되는 파동의 변위는 시간의 흐름과 공간의 이동에 따라 주기적으로 변한다. 따라서 파동 함수는 진동하는 물체 또는 매질의 시간과 위치 정보를 내포하고 있다. 또한, 시간과 위치 정보를 연결해주는 전파 속력과 위상에 대한 정보를 포함하고 있다. 그림 (2.3)은 파동 함수, 식 (2.11)을 미분하여 얻은 입자/매질의 횡 방향(y-방향) 속도와 가속도를 나타낸 것이다.

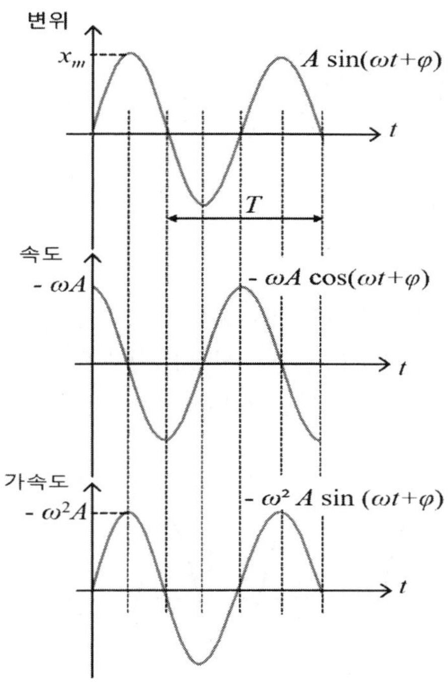

그림 2.3 조화파의 변위, 속도, 가속도

[예제 2.2]

진동수가 $f = 25\,Hz$이고, 파장은 $\lambda = 1.2\,m$인 파동이 있다. 파동의 진폭은 $A = 0.4\,m$이고, 초기 위상이 $\phi = \pi/2\,rad$인 파동 함수는?

풀이: 파동 함수를 표현하기 위하여 파수 k와 각진동수 ω를 구하자.

(파수) $k = \dfrac{2\pi}{\lambda} = \dfrac{2\pi\,rad}{1.2\,m} = 1.67\pi\,rad/m = 5.23\,rad/m$

(각진동수) $\omega = 2\pi f = 50\pi\ rad/s = 157\,rad/s$

이 값을 식 (2.11)에 대입하면, 파동 함수는

$$y(x,t) = A\sin(kx - \omega t + \phi)$$
$$= 0.4\sin(5.23x - 157t + \pi/2)\ (m)$$

2.3.1 주기와 진동수

그림 (2.4)는 시간 공간에서 파동 함수를 그린 것이다. 즉, 수평축은 시간 t이고 수직축은 변위 y이다. 파동은 한 주기마다 진동을 반복하므로 주기 T는 마루-마루, 골-골 사이를 포함한 위상이 같은 점들 사이의 시간 간격이다.

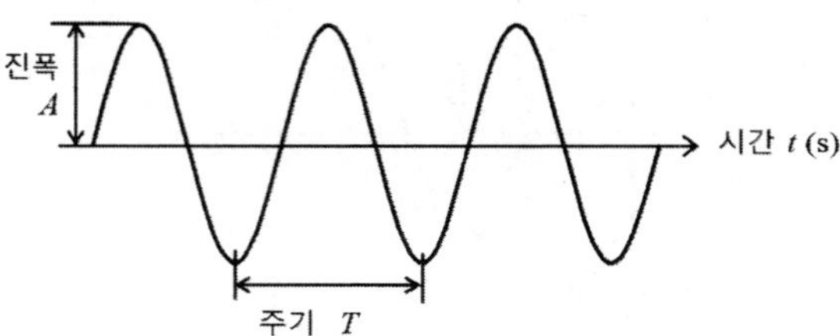

그림 2.4 시간 흐름에 따른 파동의 전파

주기는 파동이 한 번 진동하는데 드는 시간을 의미한다. 따라서 주기의 단위는 시간 초(s)이다. 주기는 해당 파동의 시간에 대한 정보를 준다. 진동수 f는 초당 진동 횟수이다. 진동 횟수는 단위 없는 상수이므로 진동수도 시간과 마찬가지로 파동의 시간에 따른 정보를 가지고 있다. 따라서 주기와 진동수는 서로 연관 관계가 있다.

진동수 f가 초당 회전수이므로, 한 번 회전하는 걸리는 시간 즉, 주기 T는 진동수와 역수 관계에 있다. 즉,

$$f = \frac{1}{T} \tag{2.12}$$

[예제 2.3]

등속 원운동하는 물체의 진동수는 초당 4회이다. 주기는?

풀이: 진동수와 주기 관계 식 (2.12)로부터, 주기는 진동수의 역수이다. 따라서

$$T = \frac{1}{f}$$

$$= \frac{1}{4\,s^{-1}} = 0.25\,s$$

진동수의 단위는 시간의 역수 s^{-1}이고 이를 헤르츠[6] (Hz)라고 부른다. 각진동수 ω는 진동수 f에 $2\pi\ rad$를 곱한 것으로 정의되어, 따라서 주기와의 관계는

$$\omega = 2\pi f = \frac{2\pi}{T} \tag{2.13}$$

이다. 이 관계식은 파동 함수로부터 유도할 수 있다. 파동 함수는 한 주기마다 반복되어야 하므로, 그림 (2.5)와 같이 한 주기가 지난 후 변위 y값이 같다. 따라서

$$y(0,t) = y(0,t+T) \tag{2.14}$$

관계가 만족된다.

6) 진동수의 단위 헤르츠(Hz)는 전자기학 분야에서 큰 업적을 남긴 독일 물리학자 하인리히 루돌프 헤르츠(Heinrich Rudolf Hertz; 1857~1894)의 이름에서 따온 것이다.

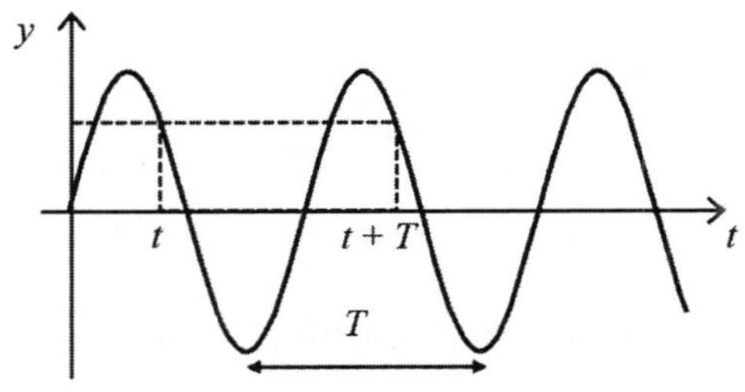

그림 2.5 파동의 시간에 따른 주기성

시각 t와 $t+T$에서의 파동 함수를 표현하면

$$y(0,t) = A\sin(-wt) \tag{2.15}$$

$$y(0,t+T) = A\sin(0,\ -w(t+T)) \tag{2.16}$$

여기서 고정된 지점에서 시간에 따른 파동의 변화를 관찰하는 것이기 때문에 위치 x는 상수이고, 간단하게 표현하기 위하여 0으로 두었다. 식 (2.14)를 적용하면

$$\begin{aligned} A\sin(-\omega t) &= A\sin(-w(t+T)) \\ &= A\sin(-wt - wT) \end{aligned} \tag{2.17}$$

이다. 좌변과 우변이 같아야 하므로 우변 괄호 안 두 번째 값은 $\omega T = 2\pi$이어야 한다. 즉 진동은 2π마다 반복되기 때문이다. 따라서

$$\omega = \frac{2\pi}{T} = 2\pi f \tag{2.18}$$

로 식 (2.13)과 같은 결과를 얻는다.

[예제 2.4]

스프링에 매달려 있는 물체가 초당 5회 진동한다. 각진동수는?

풀이: 진동수가 $f=5\,Hz$이므로 각진동수는

$\omega = 2\pi f$

$\quad = 2\pi \times (5\ Hz)\ = 10\pi\ Hz\ = 31.4\,Hz$

2.3.2 파장과 파수

그림 (2.6)은 위치 공간에서 파동 함수를 그린 것이다. 수평축은 위치 x이고 수직축은 변위 y이다. 파동은 한 파장마다 진동을 반복하므로 파장 λ는 마루-마루, 골-골 사이 거리이다. 또한, 임의의 위상 각이 반복되는 거리가 파장이다.

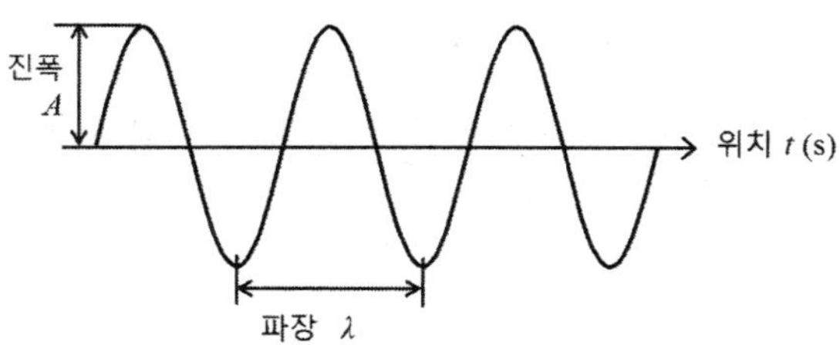

그림 2.6 파동의 공간적 전파

파장은 파동이 한 번 진동할 때 진행하는 거리이다. 따라서 파장의 단위는 길이의 단위 미터(m)이다. 파장은 파동의 공간에 대한 정보를 준다. 파수 k는 미터당 파의 개수이다. 파수도 파장과 마찬가지로 파동에 대한 공간의 정보를 가지고 있다. 따라서 파장과 파수는 서로 관계가 있다.

파수 k가 1 미터 안에 들어가는 파장의 개수이므로, 파장과 역수 관계에 있다. 또 파동 함수 표현에서 사인 함수의 괄호 안은 모두 위상 각도의 차원이어야 한다.

따라서 kx는 위치 x가 파장 λ만큼 이동할 때마다, 파동의 반복 주기가 $2\pi\ rad$이어야 하므로

$$k\lambda = 2\pi$$

$$k = \frac{2\pi}{\lambda} \tag{2.19}$$

로 표현된다.

이 관계식은 파동 함수로부터 유도할 수 있다. 파동 함수는 한 파장마다 반복되어야 하므로, 그림 (2.7)과 같이 공간상에서 한 파장 전파한 후 변위 y값이 같다. 따라서

$$y(x,0) = y(x+\lambda,0) \tag{2.20}$$

관계를 만족한다. 여기서 특정 시각에 공간상 파동의 변화를 관찰하는 것이기 때문에 시각 t는 상수이고, 여기서는 0으로 설정하였다.

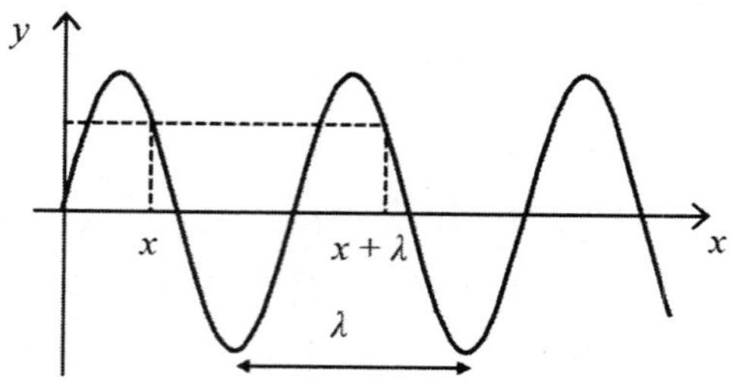

그림 2.7 파동의 공간상 주기성

각각의 위치에 대하여 파동 함수를 표현하면

$$y(x,0) = A\sin(kx) \tag{2.21}$$

$$y(x+\lambda, 0) = A\sin(k(x+\lambda)) \tag{2.22}$$

이다. 식 (2.20)을 적용하면

$$\begin{aligned} A\sin(kx) &= A\sin(k(x+\lambda)) \\ &= A\sin(kx+k\lambda) \end{aligned} \tag{2.23}$$

이다. 좌변과 우변이 같으므로 우변 괄호 안 두 번째 값은 $k\lambda = 2\pi$이어야 한다. 따라서

$$k = \frac{2\pi}{\lambda} \tag{2.24}$$

관계를 얻을 수 있다.

2.3.3 전파 속도

파동은 주변으로 전파되어 에너지가 전달된다. 전파 속도는 매질의 종류와 상태에 따라 달라진다. 예를 들어 역학적인 파동의 경우, 매질의 밀도, 온도, 탄성에 따라 전파 속도가 다르다. 음파의 경우 온도에 따라 공기 중에서 퍼져 나가는 속도가 다르다. 전자기파는 매질 없이도 전파될 수 있고, 진공 중에서는 늘 일정한 속도 $c = 2.99 \times 10^8\ m/s$로 전파한다. 그리고 전자기파가 통과하는 매질의 굴절률에 따라 진행 속도가 다르다.

파동의 전파 속도를 알기 위해서는 파동의 한 점을 추적하여 시간에 따른 이동 거리를 파악하면 된다. 그림 (2.8)은 일정 시간 동안 마루가 Δx만큼 이동한 것을 나타낸다.

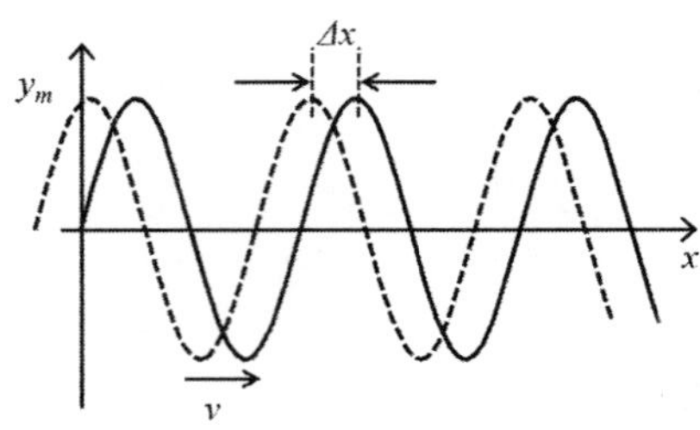

그림 2.8 파동의 전파 속도

그림에서 한 점(마루)의 위치 변화를 추적한 것이므로 원래의 파동과 잔파된 파동의 위상이 일정해야 한다. 따라서 파동 함수

$$y(x,t) = A\sin(kx - \omega t) \tag{2.25}$$

의 위상이 일정하므로, 괄호 안의 값 $(kx - \omega t)$은 변하지 않는 상수이다. 즉

$$kx - \omega t = C \tag{2.26}$$

여기서 C는 상수이다. 따라서 식 (2.26)의 각 항을 x와 t로 편미분하면

$$k\,dx - \omega\,dt = 0 \tag{2.27}$$

이다. C는 상수이므로 미분하면 0이다. 이 식을 정리하면

$$\frac{dx}{dt}=\frac{\omega}{k} \tag{2.28}$$

식 (2.28)에서 dx/dt는 속도 v이므로

$$v=\frac{dx}{dt}=\frac{\omega}{k} \tag{2.29}$$

가 된다. 앞에서 언급한 바와 같이 w와 k는 각각 파동의 시간과 공간의 정보를 주는 값이다. 따라서 이 두 값의 관계, 즉 시간과 공간을 연결해주는 값은 속도 v이다. 위 식을 파장과 주기로 표현하면

$$v=\frac{\omega}{k}=\frac{2\pi/T}{2\pi/\lambda}=\frac{\lambda}{T}=\lambda f \tag{2.30}$$

가 된다. 이 관계식은 파동 방정식의 미분 관계식 (2.10)을 사용하여, 파동 함수를 시간 t와 위치 x를 각각 2번 미분하여 같은 결과를 얻을 수 있다.[7)]

---

7) 파동 함수 $y=A\sin(kx-wt)$의 시간에 대한 미분과 공간에 대한 미분은 각각
$$\frac{\partial^2 y}{\partial t^2}=-\omega^2 A\sin(kx-\omega t),\qquad \frac{\partial^2 y}{\partial x^2}=-k^2 A\sin(kx-\omega t)$$
이다. 이 두 식의 비는
$$\frac{\partial^2 y}{\partial t^2}=\frac{\omega^2}{k^2}\frac{\partial^2 y}{\partial x^2}$$
이 식을 파동 방정식
$$\frac{\partial^2 y}{\partial t^2}=v^2\frac{\partial^2 y}{\partial x^2}$$
과 비교하면 파동의 속도는 $v=\omega/k$임을 알 수 있다.

[예제 2.5]

그림은 x방향으로 진행하는 파동을 나타낸다. 초기 $t_0 = 0$일 때, 점선 위치에 있던 파동이 0.01초 후에 실선 위치로 이동하였다. 이 파동의 파장, 주기, 진동수, 그리고 전파 속도를 구하여라.

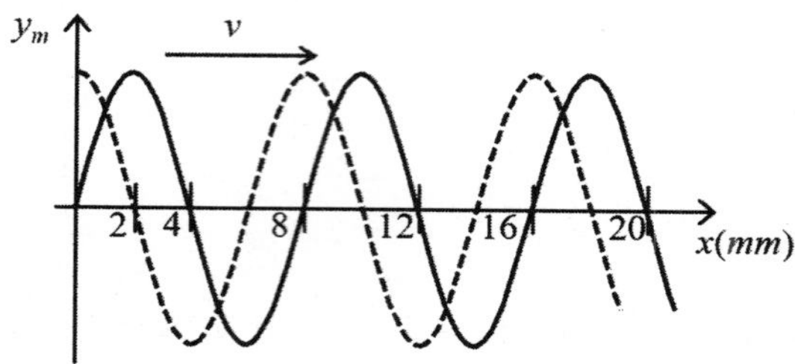

풀이: (파장) 실선으로 그려진 파동 그래프로 보면 파장은 $\lambda = 8\,mm$이다.

(주기) 점선과 실선의 차이는 1/4주기이다. 따라서 1/4주기가 0.01초이므로 주기는 $T = 0.04\,s$이다.

(진동수) 진동수는 주기의 역수이므로 $f = 1/0.04\,s = 25\,Hz$이다.

(속도) 파동이 0.01초 동안 $2\,mm$ 이동하였으므로 속도는

$$v = \frac{\Delta x}{\Delta t} = \frac{2\,mm}{0.01\,s} = \frac{0.002\,m}{0.01\,s} = 0.2\,m/s$$이다.

2.3.4 위상

그림 (2.9)의 점선에 해당하는 파동 함수는

$$y(x,t) = y_m \sin(kx - \omega t) \tag{2.31}$$

이라고 하자. 파동이 전파되면 위치 변화에 따라 위상 변화가 발생한다. 전파가 진행된 파동의 함수(실선)는

$$y(x,t) = y_m \sin(kx - \omega t + \phi) \tag{2.32}$$

이다. 위치 변화 Δx에 대한 위상 변화 ϕ 관계는 비례식

$$\lambda : 2\pi = \Delta x : \phi \tag{2.33}$$

으로 얻을 수 있다. 여기서 한 파장 λ에 해당하는 위상은 2π 라디안이다. 위 식을 위상으로 정리하면

$$\begin{aligned} \phi &= \frac{2\pi}{\lambda}\Delta x \\ &= k\Delta x \end{aligned} \tag{2.34}$$

이다. 즉 위치 변화 Δx와 파수 k의 곱이 위상 변화량이다.

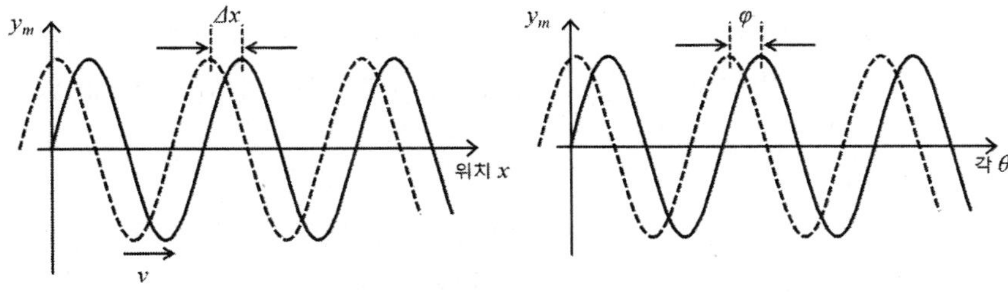

그림 2.9 위치 변화와 위상 변화 관계

[예제 2.6]

파장이 $\lambda = 640\,nm$인 빛이 $160\,nm$ 이동하였다면, 위상 변화는? 또 위상차가 75 ° 이면, 위치 변화는?

풀이: 위상차는

$$\phi = \frac{2\pi}{\lambda}\Delta x$$

$$= \frac{2\pi\ rad}{640\ nm} \times 160\ nm$$

$$= 1.57\ rad$$

위치 변화는

$$\Delta x = \frac{\lambda}{2\pi}\phi$$

$$= \frac{640\ nm}{2\pi\ rad}(75^{\circ} \times \frac{\pi\ rad}{180^{\circ}})$$

$$= 133.3\ nm$$

2.3.5 반사에 의한 위상 변화

파동이 매질의 경계면에서 반사에 의해 위상 변화를 겪을 수 있다. 투과되는 파동은 위상 변화가 없다. 반면 반사되는 파동은 상황에 따라 위상 변화가 있을 수도 있다.

역학적 파동의 경우, 질량 밀도가 낮은 매질을 **소한 매질**이라고 하고, 밀도가 높은 매질을 **밀한 매질**이라고 한다. 줄을 따라 전파되는 파동의 속력은 장력에 비례하고 줄의 밀도에 반비례한다. 따라서 줄에 작용하는 장력이 일정한 경우, 소한 매질에서의 파동의 전파 속력이 빠르고, 밀한 매질에서의 전파 속력이 느리다. 밀한 매질은 단위 길이당 질량이 커서 질량 밀도가 높기 때문이다.

그림 (2.10)의 질량 밀도가 다른 두 매질의 경계에서 반사된 파동과 투과한 파동의 위상을 표시한 것이다. 소한 매질에서 전파되던 파동이 밀한 매질의 경계에서 반사될 때는 작용-반작용에 의해 180° ($\pi\ rad$)위상 변화가 발생한다. 반면에 밀한 매질에서 전파되던 파동이 소한 매질의 경계에서 반사되더라도 위상 변화는 없다.

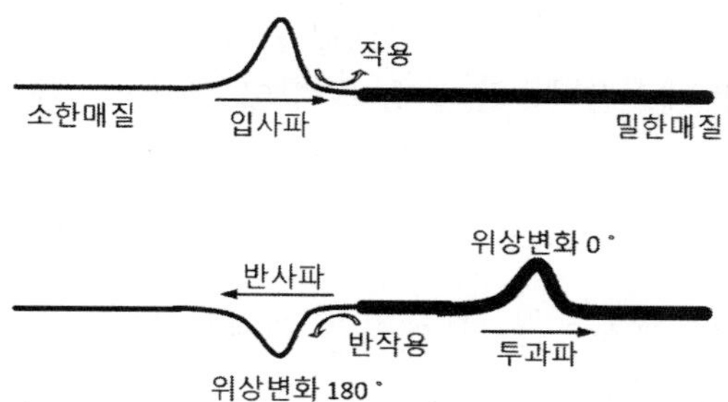

그림 2.10 밀도 변화와 반사파 위상 변화

반사 파동의 위상 변화는 고정단과 자유단으로 설명하기도 한다. 고정단이란 줄의 끝이 움직이지 못하도록 묶여 있는 상태를 말한다. 반면 자유단은 끝부분이 자유롭게 움직일 수 있는 상태를 말한다. 그림 (2.11)은 고정단 반사와 자유단 반사에 의한 파동의 위상 변화를 나타낸 것이다.

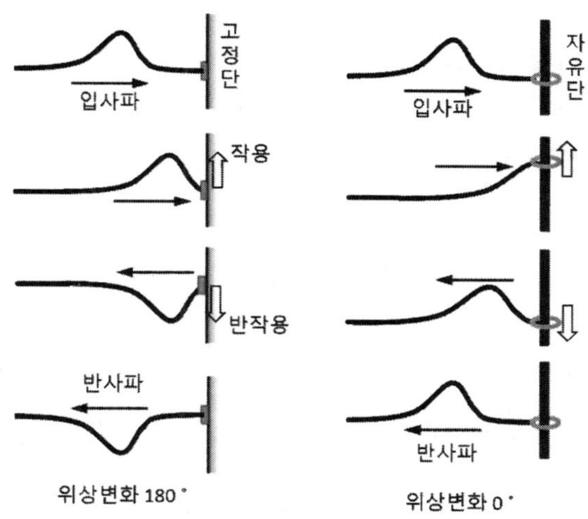

그림 2.11 고정단 반사와 자유단 반사

줄을 따라 이동하는 횡파가 고정단으로 입사하면, 묶여 있는 줄이 벽을 위로 밀어 올리려는 작용이 발생한다. 벽은 움직일 수 없고, 벽이 줄을 반대 방향으로 누르는 반작용이 생긴다. 이 힘으로 파의 방향이 아래쪽으로 변하도록 작용하여 위상이 180° 바뀐다.

반면 줄에 발생한 횡파가 자유단에 도달하면, 고리는 힘을 받아 위 방향으로 자유롭게 올라갔다가 다시 내려간다. 즉 파동 현상이 자연스럽게 연속성을 유지한다. 자유로운 고리는 작용과 반작용이 발생하지 않기 때문에 파의 방향이 바뀌지 않고 반사될 수 있다.

광학적 매질에서는 밀한 매질과 소한 매질은 굴절률이 큰 매질과 작은 매질로 대체되어 설명된다. 또한, 파동는 가시광선을 포함한 전자기파가 된다. 전자기파가 굴절률이 작은 매질(예컨대 공기)에서 전파하다가 굴절률이 큰 매질(예컨대 광학유리 또는 물)의 경계면에 도달하면 일부는 투과되고 일부는 반사된다.

투과와 반사 현상은 전자기파의 전기장/자기장이 매질의 전기장/자기장과 상호 작용에 의한 것이다. 역학적인 매질에서는 역학적인 힘이 작용하여 파동의 변화가 발생하는 것과 비교될 수 있다.

전기장과 자기장은 항상 수직이기 때문에 전자기 현상을 설명할 때는 일반적으로 전기장만 사용한다. 전기장에 의한 현상을 이해하면 많은 경우 자기장에 현상도 같이 설명할 수 있기 때문이다. 반사에 의한 위상 변화 현상도 마찬가지여서 아래 그림 (2.12)는 전기장 $\vec{E}$의 반사에 의한 위상 변화를 나타낸 것이다.

전자기파가 굴절률 n인 입사 매질에서 굴절률 n'인 굴절 매질로 입사하는 경우 위상 변화는 상대굴절률[8]에 따라 다르다. 만일 $n < n'$인 경우, 즉 전자기파가 굴절률이 작은 매질에서 굴절률이 큰 매질로 입사할 때, 투과되는 파는 위상 변화가 없다. 하지만 반사파는 위상 변화가 $180°$이다. 고정단 반사 또는 소한 매질에서 밀한 매질로 입사하다가 반사된 경우와 유사하다. 반면 $n > n'$인 경우, 즉 전자기파가 굴절률이 큰 매질에서 굴절률이 작은 매질로 입사할 때에는 투과되는 파는 물론 반사되는 파 모두 위상 변화가 없다. 이는 자유단 반사 또는 밀한 매질에서 소한 매질로 입사하다 반사된 경우와 유사하다.

8) 일반적으로 표기되는 굴절률은 “절대굴절률” 또는 “굴절률”을 일컫는다. 진공의 굴절률을 1로 하여 절대굴절률은 진공 굴절률의 몇 배인지 나타낸 값이다. 상대굴절률은 서로 다른 물질의 절대굴절률 비이다. 예컨대, 물(절대굴절률 1.33)에 대한 유리(절대굴절률 1.52)의 상대굴절률은 1.52/1.33이다. 진공의 굴절률이 1이므로 다른 물질의 절대굴절률은 진공에 대한 상대굴절률으로 볼 수 있다.

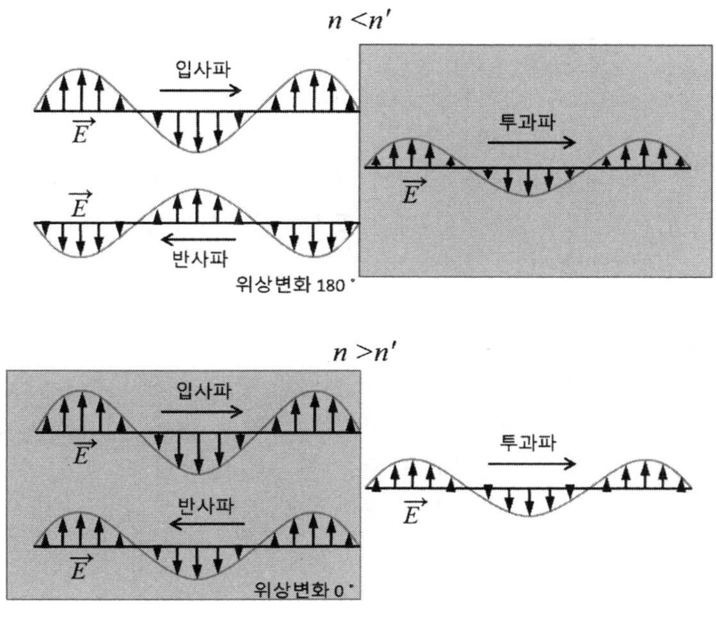

그림 2.12 굴절률 차에 의한 반사파 위상 변화

2.4 파동의 에너지와 세기

파동을 발생시키기 위해서는 매질에 힘을 가해야 한다. 가해진 힘은 매질의 변형을 일으킨다. 이 변형은 힘의 원천으로부터 매질로 에너지가 전달되는 과정으로 볼 수 있다. 매질은 변형 과정 동안 에너지를 축적하여, 매질의 탄성이 에너지를 주변으로 전달한다. 즉 힘이 한 일은 매질의 에너지로 축적되고, 파동을 통해서 주변으로 전달하는 것이다.

파동의 에너지는 파동이 매질을 통해 전파될 때, 파동이 전달하는 에너지의 양을 의미한다. 파동의 에너지는 진폭(파동의 높이)과 진동수(초당 진동수)에 따라 다르다. 파동의 진폭과 진동수가 클수록 더 많은 에너지를 전달한다.

우리가 경험하는 빛이나 음파와 같은 파동은 일반적으로 매우 많은 파가 뭉쳐있는 파동의 다발이다. 각각의 단일 파동에 대한 진동수와 에너지 관계는

$$E = hf \tag{2.35}$$

로 주어진다. 여기서 E는 파동의 에너지, h는 플랑크 상수, f는 파동의 진동수이다. 이 공식은 입자가 파동성을 나타내는 물질파를 설명하는 양자 역학의 파동-입자 이중성에서 얻어진 것이다.

일반적인 파동 다발의 세기는 단위 시간당 단위 면적을 통과하는 에너지의 양을 말한다. 즉, 주어진 시간 동안 주어진 영역에 얼마나 많은 에너지가 파동에 의해 전달되는지 측정된 값이다. 일반적으로 모든 파동은 전파될 때 퍼짐 현상을 동반하기 때문에 파동의 세기는 파원으로부터의 거리에 따라 다르다.

2.4.1 횡파의 에너지

파동의 속력은 진동수와 파장에 의존한다. 또한, 매질을 따라 전파하는 경우 매질의 특성, 질량과 매질의 탄성에 의해 전파 속력이 결정된다. 따라서 시간당 에너지 전달량은 매질의 특성에 의존한다.

줄을 따라 전파되는 횡파의 속력을 유도해 보자. 단위의 차원(물리량의 차원) 분석 방법으로 전파 속력을 유도할 수 있다. 속력의 차원은

$$[v] = LT^{-1} \tag{2.36}$$

이다. 여기서 좌변의 대괄호는 그 물리량이 차원을 의미한다. 속력과 관계된 것은 줄의 팽팽한 정도를 나타내는 장력 F와 줄의 질량 밀도 μ이다. 힘의 일종인 장력의 차원은

$$[F] = MLT^{-2} \tag{2.37}$$

이고, 선 질량 밀도는 단위 길이당 질량이므로, 차원은

$$[\mu] = ML^{-1} \tag{2.38}$$

이다. 속력 v를 장력 F와 질량 밀도 μ의 거듭제곱으로 표현하면

$$v = F^m \mu^n \tag{2.39}$$

이다. 양변의 차원이 같아야 하므로 식 (2.36) ~ (2.38)을 대입하면

$$\begin{aligned} LT^{-1} &= (MLT^{-2})^m (ML^{-1})^n \\ &= M^{m+n} L^{m-n} T^{-2m} \end{aligned} \tag{2.40}$$

이다. 식 (2.40)의 좌변과 우변의 지수 관계

$$\begin{aligned} &m + n = 0 \\ &m - n = 1 \\ &m = 1/2 \end{aligned} \tag{2.41}$$

로부터 $m = 1/2, n = -1/2$를 얻을 수 있다. 따라서 횡파의 전파 속도는

$$v = F^{1/2} \mu^{-1/2}$$

$$= \sqrt{\frac{F}{\mu}} \tag{2.42}$$

가 된다. 따라서 줄을 따라 전파되는 횡파의 속력은 줄이 팽팽할수록 (F가 클수록), 질량 밀도 μ가 작을수록 (매질이 가벼울수록) 빠르다. 기타 줄을 따라 전파되는 파동은 팽팽하게 당겨진 1번 줄에서의 전파 속력이 가장 빠르다.

다른 방법으로도 속력을 유도할 수 있다. 그림 (2.13)에서 보여주는 바와 같이 줄에 파가 발생하였을 때 파동 마루의 정점을 확대하면 원의 일부로 근사할 수 있다. 줄의 마루는 아래로 당겨지는 힘 F에 의해 아래로 내려간다. 힘 F를 수평 방향 성분과 수직 방향 성분으로 나누면, 수평 방향 힘은 상쇄되어 0이 된다. 반면 수직 방향 성분 F_t는

$$F_t = 2(F\sin\theta) \approx 2F\theta$$

$$= \frac{F\,l}{r} \tag{2.43}$$

이 된다. 여기서 각 θ는 작다고 가정하여 근사 $\sin\theta \approx \theta$로 놓았다. 또 호도법

호의 길이 l = 각 θ(라디안) $\times$ 반지름 r

$$\theta = \frac{l}{r} \tag{2.44}$$

를 이용하였다. 질량과 선 질량 밀도 관계 $m = \mu l$와 구심 가속도 $a = v^2/r$를 힘과 가속도 관계 (뉴턴의 제2 법칙) $F = ma$에 적용하면[9)]

---

9) $F_t = ma$에 식 (2.43) 이용하여 정리하면

$$\frac{F\,l}{r} = (\mu l)\left(\frac{v^2}{r}\right)$$

$$\frac{Fl}{r} = (\mu l)(\frac{v^2}{r}) \tag{2.45}$$

이 된다. 이 식을 속력으로 정리하면 위에서와 같은 결과 $v = \sqrt{F/\mu}$를 얻을 수 있다.

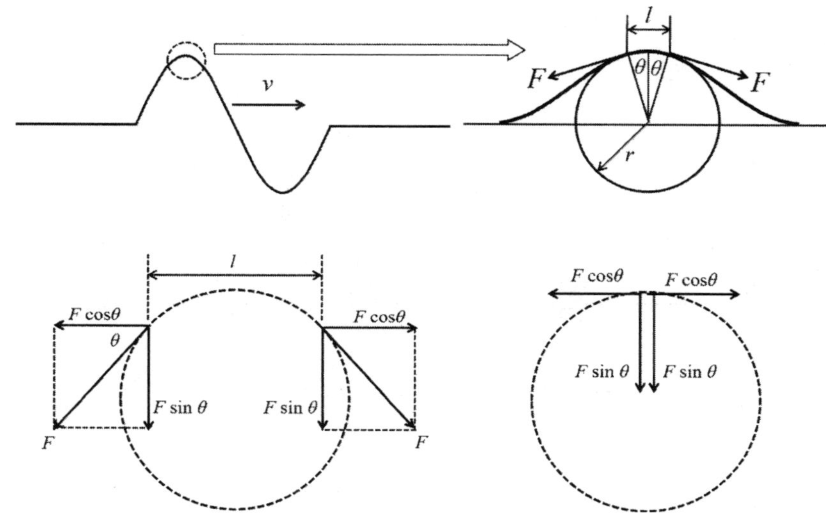

그림 2.13 줄에 발생한 횡파의 전파 속도

[예제 2.7]

팽팽한 줄의 질량 밀도는 $\mu = 500\,g/m$이고, $T = 40\,N$의 장력이 작용하고 있다. 이 줄을 따라 이동하는 파동의 전파 속력은?

풀이: 속력 식 $v = \sqrt{F/\mu}$을 이용하면

$$v = \sqrt{\frac{F}{\mu}} = \sqrt{\frac{40\,N}{0.5\,kg/m}} = 8.94\,m/s$$

횡파의 에너지 전달률은 파동이 통과하는 매질의 특성에 따라 달라진다. 예를 들어 매질의 장력이 증가하면 전파 속력이 커져서 에너지 전송률도 증가한다. 반면에 매체의 선형 밀도가 증가하면 에너지 전달률이 감소한다.

조화파의 에너지 전달률을 유도해 보자. 팽팽하게 당겨진 줄에 발생한 조화파가 전파되면 주변으로 에너지가 공급된다. 그림 (2.14)에서 줄이 진동하면 줄의 각 부분의 미소 구간 dx의 질량, 즉 미소 질량 dm이 진동하므로 운동 에너지 dK가 발생하여 주변으로 전달된다.

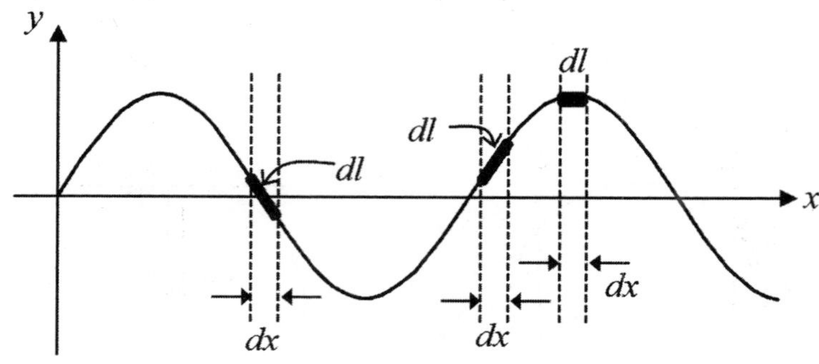

그림 2.14 줄에 발생한 횡파의 미소 길이 변화

미소 질량의 진동에 따른 운동 에너지 전달률은

$$dK = \frac{1}{2} dm \, v_y^2 \tag{2.46}$$

이다. 조화파의 파동 함수는

$$y(x,t) = A \sin(kx - \omega t) \tag{2.47}$$

이다. 따라서 y방향 진동 속력은

$$v_y = dy/dt$$
$$= -\omega A \cos(kx - \omega t) \quad (2.48)$$

이고, 미소 구간 dx의 미소 질량은 $dm = \mu dx$이다.

속력과 미소 질량을 식 (2.46)에 대입하면, 에너지 전달률은

$$dK = \frac{1}{2}(\mu dx)(-\omega A \cos(kx - \omega t))^2 \quad (2.49)$$

이다. 단위 시간당 에너지 전달률 dK/dt는

$$\frac{dK}{dt} = \frac{1}{2}(\mu \frac{dx}{dt})(-\omega A \cos(kx - \omega t))^2$$
$$= \frac{1}{2}(\mu v)(-\omega A \cos(kx - \omega t))^2 \quad (2.50)$$

평균 에너지 전달률 $(dK/dt)_{avg}$는

$$(\frac{dK}{dt})_{avg} = \frac{1}{2}(\mu v)(-\omega A)^2 \langle (\cos(kx - \omega t))^2 \rangle$$ [10]
$$= \frac{1}{2}\mu v \omega^2 A^2 (\frac{1}{2})$$
$$= \frac{1}{4}\mu v \omega^2 A^2 \quad (2.51)$$

---

10) $\langle \cos^2 \omega t \rangle = \frac{1}{T}\int_0^T \cos^2 \omega t \, dt = \frac{1}{T}\int_0^T \frac{1}{2}(\cos 2\omega t + 1)\, dt = \frac{1}{2}$

여기서 공간의 고정된 한 점에서의 시간에 따른 평균 에너지 전달률이므로 위치는 편의를 위하여 $x=0$으로 두었다.

파동의 에너지는 운동 에너지 K와 퍼텐셜 에너지 P의 합이다. 퍼텐셜 에너지는 별도로 유도하지 않더라도 "**에너지 등 분배론**"[11)]으로 운동 에너지와 같음을 알 수 있다. 따라서 평균 에너지 전달률 $(dE/dt)avg$은 운동 에너지 전달률 $(dK/dt)avg$와 퍼텐셜 에너지 전달률 $(dP/dt)avg$의 합이다.

$$(\frac{dE}{dt})_{avg} = (\frac{dK}{dt})_{avg} + (\frac{dP}{dt})_{avg}$$

$$= \frac{1}{2}\mu v \omega^2 A^2 \tag{2.52}$$

μ와 $v(=\sqrt{F/\mu})$는 각각 선 질량 밀도와 전파 속력이다. 이 두 값은 매질의 특성으로 주어지는 값이다. 또 $\omega(=2\pi f)$와 A는 각각 각진동수와 진폭이다. 이 두 값은 파동을 발생시키는 외력에 의해 결정되는 값이다. 결과적으로 에너지 전달률은 내부 요인(μ, v)과 외부 요인(ω, A)의 제곱에 비례한다.

[예제 2.8]

앞 예제에서 줄을 이용하여 진폭 $A=8.00\,mm$, 진동수 $f=120\,Hz$의 사인(sine) 함수 모양의 신호를 보내는 경우, 파동의 평균 에너지 전달률은?

풀이: 에너지 전달식을 이용하면

$$P_{avg} = \frac{1}{2}\mu v \omega^2 A^2$$

---

11) 에너지 등분배법칙(energy equipartition law)은 고전 통계역학에서 중요하게 여겨지는 법칙으로, 열평형 상태에 있는 계의 모든 자유도(가능한 상태 또는 가능한 에너지 유형)에 대해 계가 가질 수 있는 평균 에너지가 같다는 원리이다. 즉 평균 운동 에너지와 평균 퍼텐셜 에너지가 같다.

$$= \frac{1}{2}(0.50\,kg/m)(8.94\,m/s)(2\pi \times 120\,Hz)^2\,(0.008\,m)^2$$

$$= 81.3\,W$$

2.4.2 종파의 에너지

음파는 대표적인 종파이다. 음파가 공기를 통해 전파하는 속도를 유도해 보자. 음파가 발생하면 공기의 밀도가 부분적으로 변한다. 밀도가 높은 곳은, 압력이 높아 주변으로 공기를 밀어내는 방향으로 힘이 작용한다. 반대로 압력이 낮은 곳은 압력이 높은 주변으로부터 힘을 받는다. 그림 (2.15)는 공기 밀도에 따른 공기의 압력 p와 전파 속도 v를 나타낸 것이다.

밀도 차이에 의해 작용하는 힘 F은 압력과 면적의 곱 pA이다. 점선 사각형 부분이 주변으로부터 받는 힘은

$$F = pA - (p + \Delta p)A$$

$$= -\,\Delta p\,A \tag{2.53}$$

이다. 위 식의 두 번째 항의 (-)은 힘이 왼쪽으로 작용하기 때문에 붙여진 것이다. 뉴턴의 법칙에 따라 힘은 질량과 가속도의 곱이다. 가속도 a는

$$a = \frac{\Delta v}{\Delta t} \tag{2.54}$$

이다. 여기서 Δt는 압력에 의해 힘이 작용하는 시간이고, Δv는 압력에 의해 음파 전파 속도 변화량이다. 즉 압력이 작용하여 밀도가 변하는 전파 속도의 변화가 생기는데, 이때의 전파 속력 변화량이다.

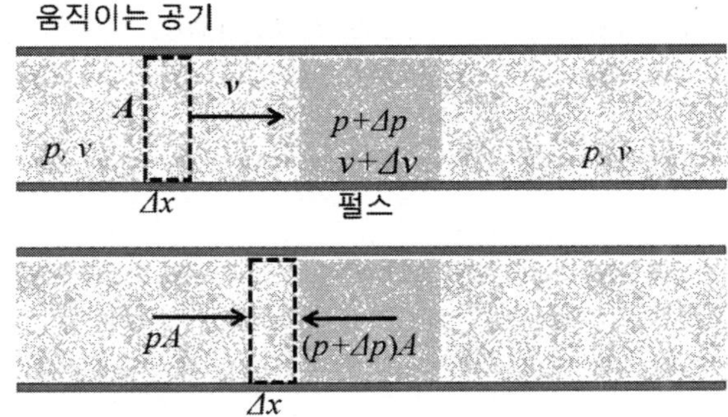

그림 2.15 공기 밀도 차에 의한 압력과 속도

점선 사각형 안에 들어 있는 공기의 질량 Δm은 단위 부피당 질량 밀도 ρ와 부피 ΔV의 곱이다. 또 부피는 면적 A와 간격 Δx의 곱이다. 따라서

$$
\begin{aligned}
\Delta m &= \rho \Delta V \\
&= \rho A \Delta x \\
&= \rho A v \Delta t
\end{aligned}
\qquad (2.55)
$$

식 (2.53)의 힘 F는 a와 Δm의 곱이므로, 식 (2.53)과 (2.54), (2.55)를 이용하면

$$
-\Delta p\ A = (\rho A v \Delta t)(\frac{\Delta v}{\Delta t}) \qquad (2.56)
$$

이 된다. 식 (2.56)의 우변에서 Δt는 소거되고, 양변에 v를 곱하여 정리하면

$$
\rho v^2 = -\frac{\Delta p}{\Delta v / v} \qquad (2.57)
$$

이다. 압축된 펄스의 외부(진한 부분)에 있는 부피가 $V(=Av\Delta t)$인 공기는 펄스 안으로 들어가면서 압력 변화로 압축되어 부피 변화 $\Delta V(=A\Delta v\Delta t)$가 발생한다.

$$\frac{\Delta V}{V}=\frac{A\Delta v\Delta t}{Av\Delta t}=\frac{\Delta v}{v} \tag{2.58}$$

이다. 식 (2.58)을 식(2.57)에 대입하여 정리하면

$$\rho v^2=-\frac{\Delta p}{\Delta V/V} \tag{2.59}$$

여기서 부피 탄성률 B를

$$B=-\frac{\Delta p}{\Delta V/V} \tag{2.60}$$

으로 정의하면, 음파의 전파 속력은

$$v=\sqrt{\frac{B}{\rho}} \tag{2.61}$$

가 된다. 음파의 전파 속력 v는 매질의 밀도 ρ와 부피 탄성률 B로 결정된다. 횡파의 전파 속력은 식(2.42)에서 $v=\sqrt{F/\mu}$와 유사한 형태로 표현된다. 이 속력 식은 음파뿐만 아니라 물과 같은 액체를 통해 전파되는 종파에도 적용될 수 있다.

공기의 경우 음파가 발생하면 위치에 따라 압력 변화가 생겨서 주변으로 퍼져나간다. 또 V와 ΔV는 각각 공간의 부피와 부피 변화량이고, $\Delta V/V$는 압력 변화에 따른 부피 변화율이다. 압력에 의해 공기와 같은 음파 매질의 부피 변화가 발생하는

데, 부피 변화 ΔV는 그 매질의 특성으로 탄성을 의미한다.

표 (2.1)은 기체, 액체, 고체를 매질로 음파의 전파 속력을 정리한 것이다. 기체의 경우, 온도가 높고 기체의 질량이 가벼울수록 음속이 빠르다. 기체보다 액체에서, 액체보다 고체에서 음속이 빠르다. 온도 T에 따른 공기의 음파 전달 속력은

$$v = (331 + 0.6\,T)\ m/s \tag{2.62}$$

이다. 식 (2.62)는 이상 기체[12]를 통과하는 음파의 속력으로 유도할 수 있는데, 유도 과정은 이 책의 내용을 벗어난 것이어서, 여기서는 유도 과정 없이 결과만 썼다.

[예제 2.9]

온도가 20°C 일 때, 공기를 통한 음파 속력은?

풀이: 식 $v = (331 + 0.6\,T)\ m/s$을 이용해 계산한다.

$v = (331 + 0.6\,T)\ m/s$

$\ = (331 + 0.6 \times 20)\ m/s$

$\ = 343\ m/s$

이다. 우리가 알고 있는 공기를 통한 음속이 대략 $340\,m/s$는 이 식으로 계산된 것이다.

12) 이상 기체(ideal gas)는 탄성 충돌 이외의 다른 상호 작용을 하지 않는 점 입자로 이루어진 기체 모형이다. 이상적인 온도와 압력에서 많은 실제 기체들은 이상 기체로 근사할 수 있으며, 높은 온도와 낮은 압력일수록 이상 기체에 더 가깝다.

[예제 2.10]

온도가 20°C이고, 계이름 솔의 3옥타브 진동수는 $f = 196\ Hz$이다. 이 음의 파장은?

풀이: 식 $v = f\lambda$을 이용한다.

$$\lambda = \frac{v}{f}$$

$$= \frac{343\ m\,s^{-1}}{196\,s^{-1}}$$

$$= 1.75\ m$$

[예제 2.11]

음파 탐지기를 이용하여 바다 밑을 탐지한다. 바닷물의 질량 밀도는 $\rho = 1{,}024\ kg/m^3$이고 부피 탄성률은 $B = 2.2 \times 10^9\ Nm^{-2}$이다. 바닷물을 통한 음파의 속력은?

풀이: 식 (2.61)을 이용한다.

$$v = \sqrt{\frac{B}{\rho}}$$

$$= \sqrt{\frac{2.2 \times 10^9\ Nm^{-2}}{1{,}024\,kgm^{-3}}}$$

$$= 1{,}465\ m/s$$

[예제 2.12]

위 예제 [2.11]의 탐지기에서 발사되는 음파의 진동수는 $f = 500\,kHz$이다. 이 음파의 파장은?

풀이: 식 $v = f\lambda$을 이용한다.

$$\lambda = \frac{v}{f}$$

$$= \frac{1465\,m\,s^{-1}}{500 \times 10^3\,s^{-1}}$$

$$= 0.00293\,m$$

파장은 $2.93\,mm$이다.

	매질	음속(m/s)
기체	수소(0°C)	1,285
	헬륨(0°C)	972
	공기(0°C)	331
	공기(20°C)	344
액체	바닷물	1,533
	순수한 물	1,493
	수은	1,450
	메탄올	1,143
고체	다이아몬드	12,000
	철	5,130
	알루미늄	5,100
	구리	3,560
	금	3,240
	납	1,322

표 2.1 여러 물체의 음파 전파 속력

그림 (2.16)은 압력 $p(x,t)$와 공기의 진동 $s(x,t)$을 나타낸 것이다. 여기서 주의해야 할 것은 압력과 진동의 그래프가 횡파와 유사하기 보이지만 공기 분자는 음파의 진행 방향으로 진동한다는 것이다. 그래프는 진행 방향으로의 위치에 따른 압력의 변화량을 나타낸 것으로, 공기 입자가 수직 방향으로 진동하는 것이 아니다.

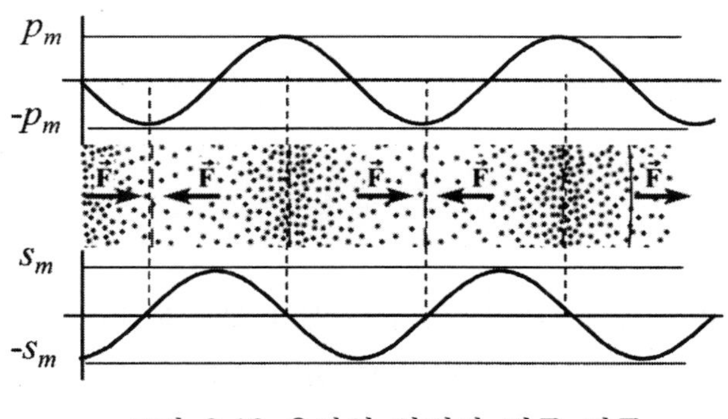

그림 2.16 음파의 압력과 진동 진폭

음파의 진동

$$s(x,t) = s_m \cos(kx - \omega t) \tag{2.63}$$

는 압력의 변화

$$\begin{aligned}\Delta p &= -B\frac{\Delta V}{V} = -B\frac{\partial s}{\partial x} \\ &= Bks_m \sin(kx - \omega t)\end{aligned} \tag{2.64}$$

을 발생시킨다. 여기서 $\Delta V = A\Delta x$, $V = A\Delta x$관계를 이용하였고, A는 단면적이다. 부피 탄성률 $B = \rho v^2$를 대입하여 다시 쓰면

$$\begin{aligned}\Delta p_m &= Bk s_m \\ &= (v^2\rho)k s_m \\ &= v^2\rho(\omega/v) s_m \\ &= v\rho\omega s_m \end{aligned} \qquad (2.65)$$

이 된다.

[예제 2.13]

사람의 귀가 견딜 수 있는 소리의 최대 압력 진폭 Δp_m은 대략 $30\,Pa$이다. 공기의 밀도가 $\rho = 1.20\ km/m^3$, 진동수는 $f = 1200\ Hz$, 속력은 $v = 343\,m/s$일 때, 변위 진폭 s_m은? (여기서 Pa는 압력의 단위 파스칼)

풀이: 식 $\Delta p_m = v\rho\omega s_m$으로부터

$$\begin{aligned} s_m &= \frac{\Delta p_m}{v\rho\omega} \\ &= \frac{\Delta p_m}{v\rho(2\pi f)} \\ &= \frac{30\,Pa}{(343\,m/s)(1.20\ km/m^3)(2\pi)(1200\,Hz)} \\ &= 9.67 \times 10^{-6}\,m = 9.67\,\mu m \end{aligned}$$

파동의 세기 I 는 다음 공식을 사용하여 계산할 수 있다. 그림 (2.17)의 음파의 세기는 단위 면적(A)당 에너지가 전달되는 평균 비율이다. 따라서 식으로 표현하면

$$I = \frac{P}{A} \qquad (2.66)$$

P는 단위 시간당 에너지 전달률 (일률)이다. 작은 음원으로부터 음파가 발생되는 경우, A는 종파가 퍼져 나갈 때 파원으로부터 거리(반경) r에서의 구의 단면적 $A = 4\pi r^2$이다.

파동의 세기 I는

$$I = \frac{1}{2}\rho v \omega^2 s_m^2 \tag{2.67}$$

이다. 식 (2.67)의 유도 과정은 횡파의 에너지 유도 과정과 비슷하지만, 여기에서는 유도 과정 없이 결과만 기술하였다. 유도 과정은 Appendix E에 기술되어 있다.

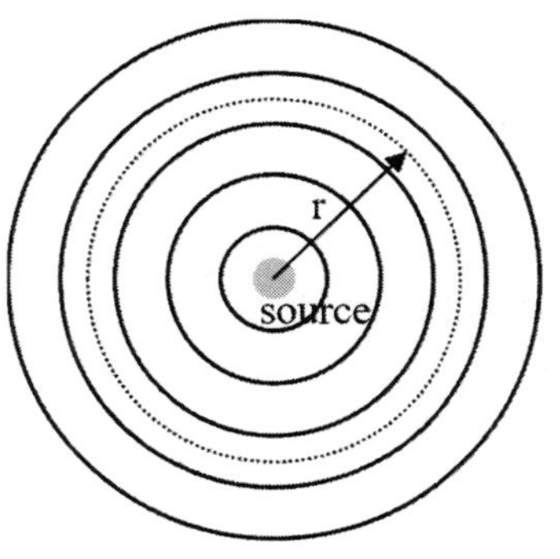

그림 2.17 음파의 세기

음원에서 발생되는 에너지가 일정한 경우, 같은 양의 에너지가 더 넓은 지역에 퍼지기 때문에 파동의 강도는 파원에서 멀어짐에 따라 감소한다.

[예제 2.14]

앰뷸런스가 $20\,mW$의 소리를 내며 도로를 주행한다. 소리가 사방으로 균일하게 퍼진다면, 앰뷸런스로부터 $4m$ 떨어진 곳에 서 있는 사람이 듣는 소리의 세기는?

풀이:

$$I = \frac{P}{A}$$

$$= \frac{P}{4\pi r^2}$$

$$= \frac{20 \times 10^{-3}\ W}{4\pi \times 4^2\ m^2}$$

$$= 9.95 \times 10^{-5}\ W/m^2$$

음파의 세기 단위는 데시벨을 사용한다. 데시벨은 사람이 평균적으로 인지할 수 있는 최솟값과 귀가 견딜 수 있는 최댓값으로 정의한다. 사람이 음파를 감지할 수 있는 최솟값 s'_m과 감내할 수 있는 최댓값 s_m은 각각

$$s'_m \approx 10^{-11}\,m, \quad s_m \approx 10^{-5}\,m \tag{2.68}$$

이다. 최댓값에 대한 최솟값의 비율은

$$s'_m / s_m = 10^{-6} \tag{2.69}$$

세기는 진폭의 제곱이고, 표준 세기 I_0는

$$I_0 = \left(\frac{s'_m}{s_m}\right)^2 = 10^{-12}\ W/m^2 \tag{2.70}$$

이다. 데시벨 β는

$$\beta = 10\log\frac{I}{I_0}\,(dB) \tag{2.71}$$

로 정의된다.

[예제 2.15]

스피커에서 흘러나오는 소리가 20 데시벨이다. 스피커의 볼륨을 조절하여 소리의 세기를 두 배로 높였다면, 몇 데시벨이 되는가?

풀이: 데시벨의 정의 $\beta = 10\log\frac{I}{I_0}\,(dB)$를 이용하여 해결한다. 세기 I로 정리하면

$$\beta = 10\log\frac{I}{I_0}\,(dB)$$

$$\log\frac{I}{I_0} = \frac{\beta}{10}$$

$$I = I_0\exp(\beta/10)$$

처음 20 데시벨의 소리 세기를 I_i, 나중 소리 세기를 I_f라고 하면, $I_f/I_i = 2$이므로

$$\frac{I_f}{I_i} = \frac{I_0\exp(\beta_f/10)}{I_0\exp(\beta_i/10)}$$

$$= \frac{\exp(\beta_f/10)}{\exp(20/10)}$$

$$= \frac{\exp(\beta_f/10)}{\exp(2)} = 2$$

정리하면

$$\frac{\exp(\beta_f/10)}{\exp(2)} = 2$$

$$\exp(\beta_f/10) = 2\exp(2)$$

$$\beta_f = 10\log[2\exp(2)] = 26.9\,dB$$

2.5 관악기

관악기 내부에 공기가 채워져 있고, 음파가 내부에 발생하면 공기의 진동이 발생한다. 내부에 발생한 음파 중에 공명 조건을 만족하는 파동이 크게 들리고 그렇지 못한 음파는 소멸된다. 관악기의 길이에 따라 공명 음이 달라진다. 관악기는 두 가지 유형이 있다. 하나는 관악기의 양쪽이 모두 열려있는 것이고, 다른 하나는 한쪽만 열려있고 다른 한쪽은 막혀 있는 것이다. 막혀 있는 끝에서는 음파의 배, 막혀 있는 끝에는 마디가 형성되는 음이 공명을 일의 킬 수 있다.

2.5.1 양쪽이 열린 관악기

그림 (2.18)은 양쪽 끝이 열린 관악기 내부에 발생한 음파를 보여준다. 악기의 두 끝부분에 배를 형성하여 공명을 일으킨다. 공명 조건을 만족하는 음파의 파장이 여러 개일 수 있다. 파장이 가장 긴 파동을 기본음이라고 한다. 이에 해당하는 진동수를 기본 진동수라 한다.

파장이 가장 긴 첫 번째의 경우 관의 길이 L은 파장 λ의 1/2이다. 즉

$$\lambda = \frac{2L}{1} \tag{2.72}$$

여기서 분모에 있는 1은 다른 파동과 비교 하기 위하여 표시한 것이다. 두 번째와 세 번째 진동의 파장과 길이와의 관계는 각각

$$\lambda = \frac{2L}{2},\ \lambda = \frac{2L}{3},\ .... \tag{2.73}$$

이다. 따라서 공명 조건을 만족하는 파장의 일반항은

$$\lambda_n = \frac{2L}{n},\ (n = 1,2,3,...) \tag{2.74}$$

이다.

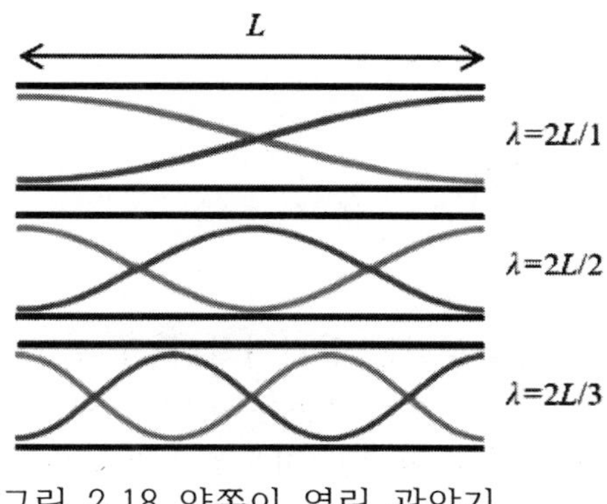

그림 2.18 양쪽이 열린 관악기

공명 주파수는 f는 파장과 $f = v/\lambda$의 관계에 있으므로

$$\begin{aligned} f_n &= \frac{v}{\lambda} \\ &= \frac{nv}{2L} \end{aligned} \tag{2.75}$$

이다. $n = 1$인 경우 f_1을 해당 악기의 기본 진동수라고 한다. 여기서 v는 음파의 전파 속력으로 식 (2.61)에서 $v = \sqrt{B/\rho}$이고, 이 값은 공기의 온도와 관계된 값으로 $v = (331.5 + 0.6\,T)m/s$이다. 여기서 T는 섭씨온도이다.

[예제 2.16]
'미'음(329.63 Hz)를 기본음으로 내는 양쪽이 열린 관악기를 만들려고 하면, 길이를 얼마로 해야 하는가? (공기 중 음파의 속력은 $v = 340.0\,m/s$이다.)

풀이: 식 (2.75)를 이용하여 계산한다.

$$f_n = \frac{nv}{2L}$$

$$f_1 = \frac{v}{2L}$$

$$L = \frac{v}{2f_1}$$

$$= \frac{340\,ms^{-1}}{2 \times 329.63\,s^{-1}}$$

$$= 0.516\,m = 51.6\,cm$$

2.5.2 한쪽만 열린 관악기

한쪽은 열려있고 다른 한쪽은 닫혀있는 관악기의 공명 조건은 앞의 경우와 다르다. 즉 열린 쪽 끝부분은 배가, 닫힌 쪽 끝부분은 마디가 되어야 공명이 발생한다. 그림 (2.19)는 한쪽만 열린 관악기에 발생한 파동을 나타낸다.

관악기의 길이가 L인 경우, 기본 파장과의 관계는

$$\lambda = \frac{4L}{1} \tag{2.76}$$

이다. 여기서도 분모의 1은 공명 조건 만족하는 첫 번째 파동을 의미한다.

두 번째와 세 번째 공명 파장은 각각

$$\lambda = \frac{4L}{3},\ \frac{4L}{5},\ ..... \tag{2.77}$$

따라서 일반항으로 표시하면

$$\lambda_n = \frac{4L}{(2n-1)},\ (n = 1,2,3,...) \tag{2.78}$$

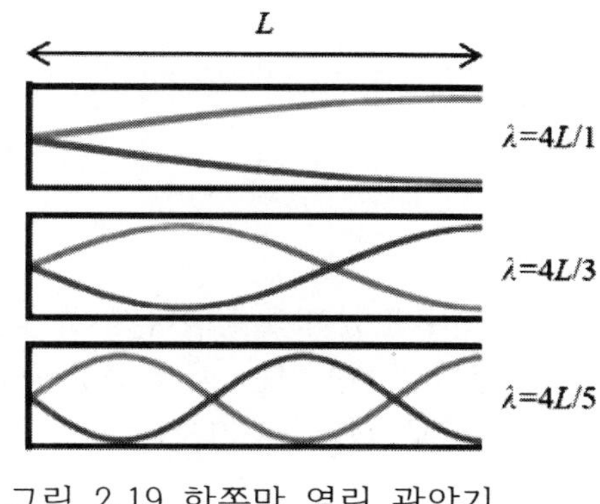

그림 2.19 한쪽만 열린 관악기

한쪽만 열린 관악기의 공명 주파수는

$$\begin{aligned} f_n &= \frac{v}{\lambda_n} \\ &= \frac{(2n-1)}{4L} v \end{aligned} \qquad (2.79)$$

[예제 2.17]
'미'음(329.63 Hz)을 기본음으로 내는 한쪽만 열린 관악기를 만들려고 하면, 길이를 얼마로 해야 하는가? (공기 중 음파의 속력은 $v = 340.0\,m/s$이다.)

풀이: 식 (2.79)를 이용하여 계산한다.

$$f_n = \frac{(2n-1)v}{4L}$$

$$f_1 = \frac{v}{4L}$$

$$\begin{aligned} L &= \frac{v}{4f_1} \\ &= \frac{340\ ms^{-1}}{4 \times 329.63\, s^{-1}} \\ &= 0.258\ m = 25.8\ cm \end{aligned}$$

기본 진동수의 경우 같은 음을 내기 위한 한쪽만 열려있는 관악기의 길이는 양쪽이 열려있는 관악기 길이의 절반이다.

2.6 현악기

기타와 같은 현악기는 양쪽에 마디가 있어야 정상파가 형성된다. 즉 기타 줄에 파동이 발생하면 진행하는 파와 끝에서 반사되는 파가 중첩된다. 중첩과 간섭에 대한 수학적인 접근은 뒤에서 분석하기로 하고, 여기서는 진동수에 대하여 설명하고자 한다.

그림 (2.20)은 현에 발생한 정상파로 기본 진동, 2배, 3배 진동을 나타낸 것이다. 줄의 길이가 L이고, 기본 진동의 경우 파장 λ와 줄의 길이 관계는

$$L = \frac{\lambda}{2} \tag{2.80}$$

이다. 2배 진동과 3배 진동은 각각 $L = 2\lambda/2$, $L = 3\lambda/2$가 되어 일반식은

$$L = \frac{n\lambda}{2},\ (n = 1,2,3,\ldots) \tag{2.81}$$

이다. 파장으로 표현하면

$$\lambda_n = \frac{2}{n}L,\ (n = 1,2,3,\ldots) \tag{2.82}$$

따라서 진동수의 일반항은

$$f_n = \frac{v}{\lambda_n}$$

$$= \frac{nv}{2L}, \quad (n = 1, 2, 3, ...) \tag{2.83}$$

이다. 여기서 줄을 따라 이동하는 파동의 전파 속력은 $v = \sqrt{F/\mu}$ 이다. F는 줄의 장력이고 μ는 줄의 선 질량 밀도이다. 기타의 경우 줄이 팽팽하게 당겨지면 장력 F가 커지고 진동수가 증가하여 고음이 발생한다. 또한, 줄이 굵은 경우 진동수가 작아서 저음이 발생한다. 기타 줄은 각기 질량 밀도가 일정한 값을 갖기 때문에 팽팽한 정도에 따라 음이 달라져서 고유한 음을 내기 위해서는 장력을 변화시켜 공명음이 발생하도록 조율해야 한다.

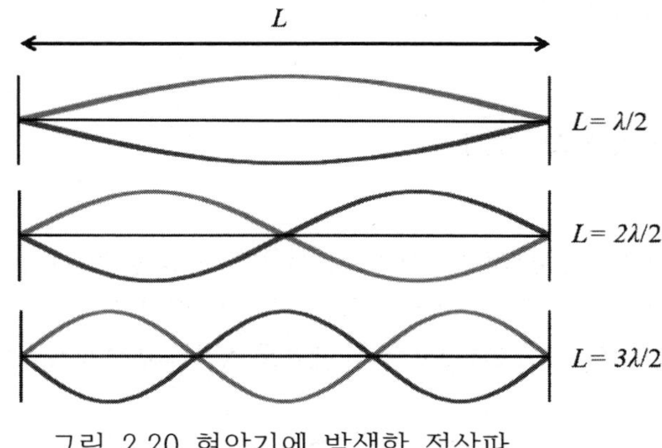

그림 2.20 현악기에 발생한 정상파

[예제 2.18]

기타 5번 줄의 개방현(라, A)의 진동수, 즉 기본 진동수는 $f_1 = 110\ Hz$이다. 기타 줄의 길이는 약 65 cm이다. 기타 줄에 생긴 음파의 전파 속력은?

풀이; 식 (2.83)을 이용하여 계산한다.

$$f_n = \frac{nv}{2L}, \ (n = 1, 2, 3, ...)$$

$$f_1 = \frac{v}{2L}$$

$$v = 2Lf_1$$

$$= 2 \times (0.65\,m)(110\,s^{-1})$$

$$= 143\,m/s$$

2.7 도플러 효과

도플러 효과는 파원 또는 관찰자가 서로 상대적으로 움직일 때, 즉 파원과 관측자 사이 거리가 변할 때 파동의 진동수 다르게 측정되는 현상이다. 이 효과는 1842년에 이 효과를 처음으로 기술한 오스트리아의 물리학자 도플러(Christian Doppler; 1803~1853)의 이름을 따서 명명되었다.

2.7.1 음파의 도플러 효과

그림 (2.21)은 음파를 발생시키는 자동차(음원)와 사람(관측자) 모두 정지해 있는 상황을 나타낸 것이다. 자동차가 발생시키는 음파의 파장은 λ이고 전파 속도는 v이다. 움직임이 없는 사람이 듣는 소리의 파장도 역시 λ이다.

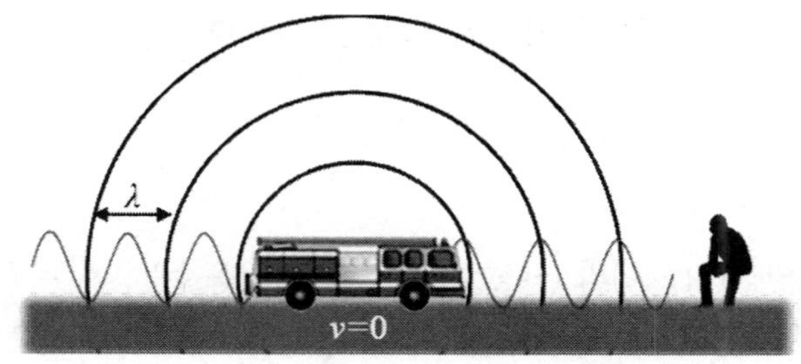

그림 2.21 정지해 있는 음원과 관측자

그림 (2.22)에서와 같이 관찰자는 정지해 있고 음원이 관찰자 쪽으로 가까워지거나 멀어지는 경우를 고려해 보자. 음파의 파장이 λ이고, 전파 속도는 v라고 하자.

음원이 정지 상태에서 음파를 발생시키면 관측자는 음파의 주기 T간격으로 음을 듣는다. 음원이 관찰자 쪽으로 속력 v_s로 이동하면, 음파를 발생하고 다음 음파를 발생하는 주기 T초 동안, 자동차는 v_sT 거리 만큼 관측자에 다가간다. 따라서 관찰자는 파장인 짧아진 음파를 듣게 된다.

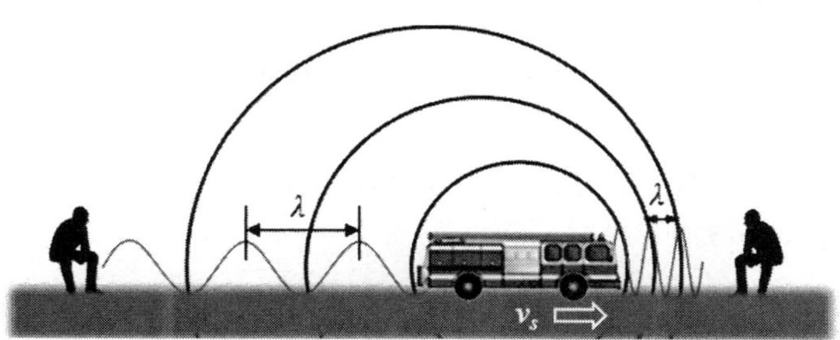

그림 2.22 움직이는 음원과 정지해 있는 관측자

관찰자가 측정한 파장 λ'은

$$\lambda' = \lambda - v_s T \tag{2.84}$$

이다. 파장과 진동수, 그리고 전파 속도와의 관계로부터

$$\lambda = \frac{v}{f} \tag{2.85}$$

$$\lambda' = \frac{v}{f'} \tag{2.86}$$

을 위 식(2.84)에 대입하여 새로운 진동수 f'로 정리하면

$$\frac{v}{f'} = \frac{v}{f} - \frac{v_s}{f} = \frac{v - v_s}{f} \tag{2.87}$$

$$f' = \left(\frac{v}{v - v_s}\right) f \tag{2.88}$$

파동의 진동수가 증가 된 값으로 측정된다. 반면 음원이 관찰자로부터 멀어지면,

음원의 전파 속도는 $(-v_s)$로 대체되고 변화된 진동수는

$$f' = \left(\frac{v}{v-(-v_s)}\right)f$$
$$= \left(\frac{v}{v+v_s}\right)f \tag{2.89}$$

이다. 따라서 관측자가 측정한 진동수는 음원이 발생시키는 진동수보다 작아진다.

음원이 움직여서 발생하는 도플러 효과에 의한 진동수는 식 (2.88)과 (2.89)를 섞어서 일반식으로 표현하면

$$f' = \left(\frac{v}{v \mp v_s}\right)f \tag{2.90}$$

분모의 (-)부호는 음원이 관측자에게 다가갈 때, (+)부호는 멀어질 때 적용한다.

음원은 고정되어 있고 관찰자가 음원에 가까워지거나 멀어지도록 움직이는 경우를 고려해 보자. 관측자가 음원 쪽으로 움직이면, 음을 듣는 시간 간격이 짧아진다. 따라서 소리의 전파 속도가 빠르게 느껴진다. 관찰자가 v_o의 속도록 파원에 다가갈 때, 관찰자에 대한 파동의 상대 속도는

$$v' = v + v_o \tag{2.91}$$

이다. 이 경우 음원은 정지해 있으므로 파장 λ의 변화는 없다. 위 식의 양변을 파장 λ로 나누어 진동수로 표현하면

$$\frac{v'}{\lambda} = \frac{v}{\lambda} + \frac{v_o}{\lambda} \tag{2.92}$$

$$f' = f + \frac{v_o}{\lambda}$$
$$= f + \frac{v_o}{v/f}$$
$$= \left(\frac{v+v_o}{v}\right)f \tag{2.93}$$

이다. 관측자가 음원으로부터 멀어지면 속도는 $-v_0$가 되어, 변화된 진동수는

$$f' = \left(\frac{v - v_o}{v}\right) f \tag{2.94}$$

이다.

관측자가 움직여서 발생하는 도플러 효과는 식 (2.93)과 (2.94)를 섞어서 표현할 수 있다.

$$f' = \left(\frac{v \pm v_o}{v}\right) f \tag{2.95}$$

분자의 (+)부호는 관측자가 음원으로 다가갈 때, (-)부호는 멀어질 때 적용한다.

음원이 이동하는 경우와 동일한 효과가 관찰된다. 관찰자가 음원 방향으로 이동하면 진동수가 증가한 값이 측정된다. 반대로 관찰자가 음원에서 멀어지는 방향으로 이동하면 진동수가 감소한 값이 측정된다. 관측자가 이동하여 나타나는 도플러 효과는 파원이 이동하는 경우와 비슷한 결과가 나타난다.

관찰자와 음원이 모두 이동하여 발생하는 도플러 효과를 하나의 식으로 나타낼 수 있다. 서로 접근하는 방향으로 이동하면 파동의 진동수가 증가한다. 반대로 관찰자와 음원이 서로 멀어지면 파동의 진동수가 감소한다. 식 (2.90)과 (2.95) 혼합하여 얻을 수 있다. 도플러 효과에 대하여 일반화된 공식은

$$f' = f\,\frac{v \pm v_o}{v \mp v_s} \tag{2.96}$$

이다. 여기서 f는 음원에서 방출된 파동의 진동수, f' 관찰자가 측정한 파동의 진동수, v는 파동의 전파 속도이다. v_o는 관측자의 이동 속도이고 v_s는 음원의 이동 속도이다. (+)는 부호는 음원과 관찰자가 서로를 가까워질 때, (−) 부호는 서로 멀어질 때 사용된다.

도플러 효과는 천문학, 레이더 기술 및 의료 영상과 같은 다양한 분야에서 활용된다. 천문학에서 도플러 효과는 별과 은하의 움직임과 특성을 연구하는 데 사용한

다. 레이더 기술에서 도플러 효과는 항공기나 차량과 같은 움직이는 물체의 속도와 방향을 감지하는 데 사용된다. 또는 의료 영상에서 도플러 효과는 혈류를 측정하고 심혈관계의 이상을 감지하는 데 이용된다.

[예제 2.19]
응급 상황이 발생하여 소방차가 사이렌을 울리며 빠른 속도로 지나간다. 소방차는 $300 \sim 750Hz$의 음파를 반복적으로 낸다. 소방차가 $750\,Hz$소리를 내며 시속 $v_s = 80\,km/h$로 달린다고 가정할 때, 도로변에 서서 소방차가 다가오는 것을 서서 지켜보고 있는 사람이 듣는 소방차 사이렌의 진동수는? (공기 중 음파의 전달 속도는 $v = 340\,m/s$이다.)

풀이: 소방차 속도를 SI 단위로 바꾸고, 도플러 효과의 일반화 식 (2.96)를 이용하여 계산한다. 관측자가 서 있기 때문에 $v_o = 0$이다.

$$(\text{소방차 속도})\ 80\,km/h = (80\,km)\frac{1000\,m/km}{3600\,s/h} = 22.2\,m/s$$

$$(\text{진동수})\ f' = f\frac{v \pm v_o}{v \mp v_s}$$
$$= (750\,Hz)\frac{340\,m/s + 0}{340m/s - 22.2\,m/s}$$
$$= 802.4\,Hz$$

진동수가 $750\,Hz$에서 $802\,Hz$로 증가한다.

[예제 2.20]
앞 예제에서 소방차가 멀어지는 것을 서서 보고 있는 사람이 듣는 소방차 사이렌 진동수는?

풀이: 관측자의 속력은 $v_0 = 0$이고, 소방차가 멀어지기 때문에 $v_s = +22.2\,m/s$이다.

$$(\text{진동수})\ f' = f\frac{v \pm v_o}{v \mp v_s}$$
$$= (750\,Hz)\frac{340\,m/s + 0}{340\,m/s + 22.2\,m/s}$$
$$= 704.0\,Hz$$

진동수가 750 Hz에서 704 Hz로 감소한다.

[예제 2.21]
앞 예제에서 소방차 쪽으로 $v_o = 15\ m/s$로 뛰어가는 사람이 듣는 소방차 사이렌 진동수는?

풀이: 관측자의 속력은 $v_0 = +15.0\ m/s$이고, 소방차로 다가가기 때문에 음원의 속력은 $v_s = -22.2\ m/s$이다.

$$\text{(진동수)}\ f' = f\frac{v \pm v_o}{v \mp v_s}$$

$$= (750\ Hz)\frac{340\,m/s + 15.0\,m/s}{340\,m/s - 22.2\ m/s}$$

$$= 837.8\,Hz$$

2.7.2 빛의 도플러 효과

도플러 효과는 전자파에서도 일어난다. 음파는 관측자와의 사이 거리 변화에 따라 소리가 고음 또는 저음으로 들리는데, 전자기파는 파장(색상)이 다르게 관측된다. 관측자와 광원이 가까워지면 광원이 방출하는 빛의 고유진동수보다 커져서 파장이 짧은 보라색 쪽으로 치우친 색으로 보이고, 관측자와 광원이 서로 멀어지면 광원의 고유진동수보다 적은 빨간색 쪽으로 치우친 색으로 보인다. 가까워질 때 파장이 짧아지는 것을 청색 편이, 멀어질 때 파장이 길어지는 것을 적색 편이라고 한다.

그림 (2.23)은 지구에서 별을 관찰하는데, 별이 가까워지거나 멀어짐에 따라 파장의 변화를 보여준다. 별이 발생하는 고유한 빛의 파장이 λ라고 하자. 지구로 다가오면서 빛을 방출하면, 지구에서 관측한 별의 파장 λ'는 빛을 발하는 광원이 움직이는 것이기 때문에, 식(2.88)의 진동수 관계식에서 진동수를 파장으로 변환하면 된다.

$$f' = f\left(\frac{v}{v - v_s}\right) \tag{2.97}$$

에서 속력을 빛의 속력 $v=c$으로 바꾸고, $f=c/\lambda$관계를 이용하면

$$\frac{c}{\lambda'}=\frac{c}{\lambda}\frac{c}{c-v_s} \tag{2.98}$$

$$\lambda'=\lambda\frac{c-v_s}{c} \tag{2.99}$$

이다. 여기서 c는 진공 중 빛의 속력이고, v_s는 별의 이동 속력이다. 파장의 변화 $\Delta\lambda$는

$$\begin{aligned}\Delta\lambda &= \lambda' - \lambda \\ &= \mp\,\lambda\frac{v_s}{c}\end{aligned} \tag{2.100}$$

가 된다. 위 식에서 (-)부호는 별이 다가올 때이고, (+)부호는 별이 멀어질 때 적용된다. 따라서 별이 다가올 때는 파장이 짧아지고, 반대로 멀어질 때는 파장이 길어진다.

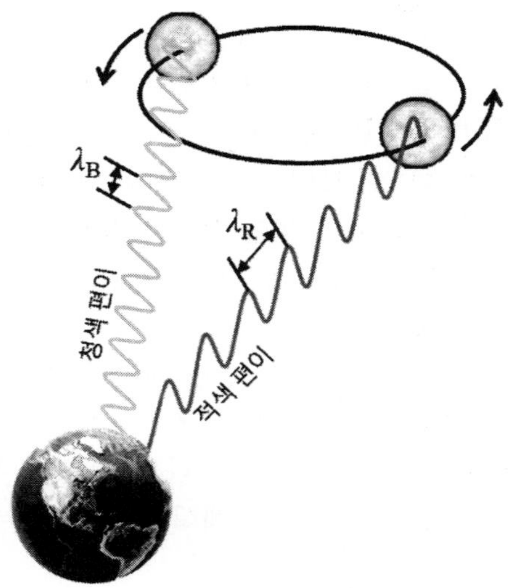

그림 2.23 빛의 도풀러 효과

[예제 2.22]
지구에서 별을 관측하고 있다. 별이 발생하는 빛의 파장이 $580nm$인데, 측정한 파장은 $592nm$이다. 별의 속력은?

풀이: 식 (2.100)을 이용하여 계산한다.

$$\lambda' - \lambda = \mp \lambda \frac{v_s}{c}$$

파장이 길어졌기 때문에 별은 관측자로부터 멀어지고 있다. 멀어지는 속력은

$$\begin{aligned} v_s &= \frac{\lambda' - \lambda}{\lambda} c \\ &= \frac{(592 - 580)}{580} (3 \times 10^8\ m/s) \\ &= 6.21 \times 10^6\ m/s \end{aligned}$$

별은 $6.21 \times 10^6\ m/s$ 속력으로 지구로부터 멀어지고 있다.

요약

2.1 단순조화진동은 훅(Hooke) 법칙 $F=-kx$에 의한 힘 이외에 다른 힘을 받지 않는 진동으로 사인 함수로 설명할 수 있는 운동

2.2 파동 방정식은 시간과 공간에 대한 미분 방정식으로, 파동함수는 파동 방정식을 만족

2.3 단순조화진동에 대한 파동 함수는 $y(x,t) = A\sin(kx - \omega t + \phi)$으로 표현

2.4 횡파의 에너지 $\frac{1}{2}\mu v \omega^2 A^2$

종파의 에너지 $\frac{1}{2}\rho v \omega^2 s_m^2$

2.5 양쪽이 열린 관악기의 공명 진동수 $f_n = \frac{nv}{2L}$

한쪽만 열린 관악기의 공명 진동수 $f_n = \frac{(2n-1)}{4L}v$

2.6 현악기의 공명 진동수 $f_n = \frac{nv}{2L}$

2.7 도플러 효과 $f' = f\frac{v \pm v_o}{v \mp v_s}$

별빛이 도플러 효과 $\frac{c}{\lambda'} = \frac{c}{\lambda}\frac{c}{c - v_s}$

연습문제

[2,1] 두 개의 줄이 매듭으로 묶여 있고 단단한 양 끝 지지대 사이에 팽팽히 당겨져 있다. 줄의 선 밀도는 각각 $\mu_1 = 1.50 \times 10^{-4}\, kg/m$와 $\mu_2 = 2.80 \times 10^{-4}\, kg/m$이다. 줄의 길이는 각각 $L_1 = 3.00\, m$와 $L_2 = 2.00\, m$이고, 줄 1에는 $400\, N$의 장력이 작용하고 있다. 매듭 부위에 파동을 만들어서 양쪽 지지대 쪽으로 줄을 따라 펄스를 보낸다면, 펄스는 어느 지지대에 먼저 먼저 도달하겠는가?

답] 각각 도달 시간은 $t_1 = 1.84\, ms$, $t_2 = 1.67\, ms$ 이므로, 줄 2를 따라 오른쪽 기둥에 근소하게 먼저 도달한다.

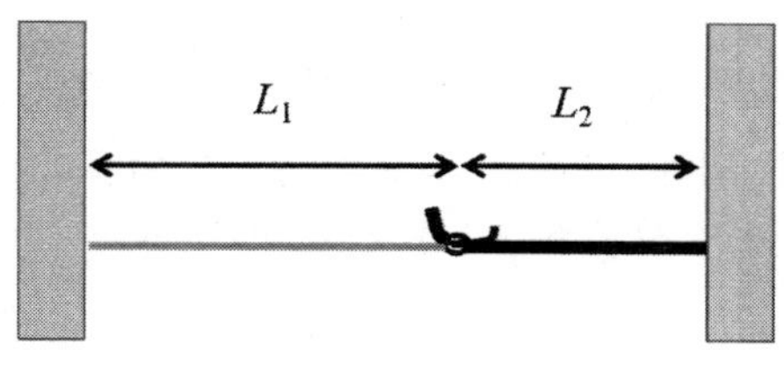

문제 2.1의 그림

[2-2] 작업자가 시끄러운 소리를 줄이려고, 보호 헤드폰을 착용하였더니 소리의 세기가 20 데시벨 감소하였다. 이 경우 처음 소리 세기 I_i와 감소된 세기 I_f의 비율은?

답] 0.0135배

[2-3] 음파의 진동수는 $f = 280\, Hz$이다. 이 음의 파장은? (공기 중 음파의 전파 속력은 $v = 340\, m/s$이다.

답] $\lambda = 1.21\, m$

[2-4] 흐릿 날 천둥과 번개가 발생하였다. 번개가 비치고, 7초 후에 천둥소리가 들렸다면 번개가 천둥과 번개가 발생한 위치에서 관측자까지 거리는? (공기 중 천둥의 전파 속력은 $v_T = 340\, m/s$이고, 빛의 전파 속력은 $v_L = 2.99 \times 10^8\, m/s$이다.)

답] $2,380\, m$

[2.5] 기차가 멀리서 진동수가 $f = 392.0\, Hz$인 기적소리를 울리며 플랫폼으로 다가오고 있다. 정지해 있는 승객에게 들리는 기적소리의 진동수는 $f' = 395\, Hz$인 경우, 기차의 속력은? (공기 중 음속은 $v = 340\, m/s$이다.)

답] $2.58\, m/s$

[2.6] 도플러 효과에 의해 발생하는 맥놀이 현상을 이용하면 혈관 속 혈류 속도를 측정할 수 있다. 진동수 $f_0 = 2\, MHz$인 초음파를 피부 안으로 발사한다. 피부와의 각도가 $\theta = 12^\circ$인 혈관 속에서 혈소판이 속력 v_R로 움직인다. 혈소판에 반사된 초음파는 도플러 효과에 의해 변화된 진동수 f'로 되돌아온다. 초음파 기기는 초기 진동수 f_0와 되돌아오는 진동수 f'가 겹쳐 맥놀이 현상이 발생한다. 맥놀이 주파수는? (혈류의 속도는 $v_C = 30\, cm/s$이고, 피부 속 초음파의 속도는 $v = 1,500\, m/s$이다.)

답] $166.3\, Hz$

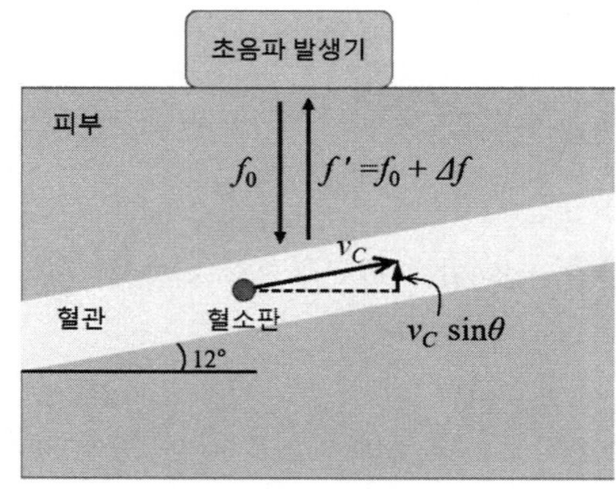

문제 2.6의 그림

CHAPTER

03

파동의 중첩(Superposition of Wave)

1. 중첩
2. 파동의 독립성
3. 정상파
4. 맥놀이
5. 간섭
6. 회절

3.1 중첩

파동의 중첩이란 여러 파동이 동시에 공간상 같은 점에 서로 겹쳐지는 것을 말한다. 물질은 동시에 같은 공간을 점유할 수 없기 때문에 중첩은 파동에서 나타나는 현상이다.

두 개 이상의 파동이 만나 중첩하면 개별 파동의 특성을 반영하는 새로운 파동을 만든다. 이것을 간섭이라 하고, 보강 간섭과 상쇄 간섭이 발생할 수 있다. 두 파동의 위상이 같으면 서로 더해져 진폭이 더 큰 파동이 생성된다. 이것을 보강 간섭이라고 한다. 반면에 두 파동의 위상이 반대이면 서로 상쇄되어 진폭이 줄어들 수 있다. 이것을 상쇄 간섭이라고 한다.

주파수 또는 파장이 각기 다른 파동이 만나면 더 복잡한 패턴이 생성된다. 중첩의 결과는 특성이 다른 개별 파동들의 합이다. 이로 인해 위치에 따라 중첩된 파동의 진폭은 각각 달라져서 복잡한 형태가 된다.

예를 들어 진동수가 약간 다른 두 파동이 만나면 맥놀이 현상이 발생한다. 맥놀이 진동수는 두 주파수 간의 차이다. 중첩의 결과로 생성된 파동은 두 진동수의 평균과 같은 진동수를 가지며 진폭은 시간에 따라 변한다. 파동의 중첩은 다양한 모양의 파동을 생성할 수 있는 복잡한 현상이다.

3.2 파동의 독립성

파동이 중첩되면, 순간적으로 파동의 진폭이 더 커질 수도 있고 작아질 수도 있다. 중첩에 의한 진폭의 변화는 일시적인 현상으로 서로 겹쳐지는 시간이 지나면 각각의 파동은 원래의 특성을 유지한 채 전파된다. 따라서 여러 파동이 중첩되어도 각각의 파동이 각자의 성질을 유지하는 것을 파동의 독립성이라고 한다. 그림 (3.1)은 두 개의 파동이 중첩되어 간섭한 후, 각각의 특성을 유지한 채 진행하는 것을 보여 준다. 위상이 같아서 보강 간섭으로 진폭이 더 커지거나, 위상이 반대여서 상쇄 간섭으로 진폭이 작아지는 모든 경우에 각각의 파동은 원래 자신의 특성을 유지한다.

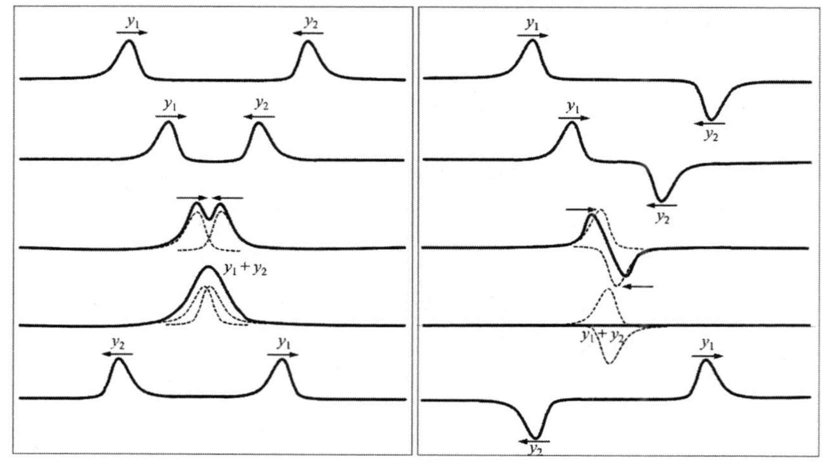

그림 3.1 파동의 중립성

현대 사회에서 통신에 사용되는 광케이블은, 빛을 이용하여 정보를 전달한다. 그림 (3.2)의 광케이블은 투명한 재질의 물체로 만들어진다. 정보를 담은 빛을 광케이블을 이용하여 정보를 전달한다. 광통신은 전기신호를 광신호로 바꿔서 광섬유를 통해 보낸다. 광케이블의 다른 쪽에서 광신호를 받은 광 수신기는 이 신호를 다시 전기신호로 바꾼다. 기존의 구리선으로 전기신호를 보내는 것에 비해서 훨씬 더 많은 양의 정보를 빛의 속도로 더 빠르게 전달할 수 있다. 광케이블을 통과하는 많은 전자기파는 서로의 독립성을 유지하기 때문에 여러 신호는 한꺼번에 전달할 수 있다.

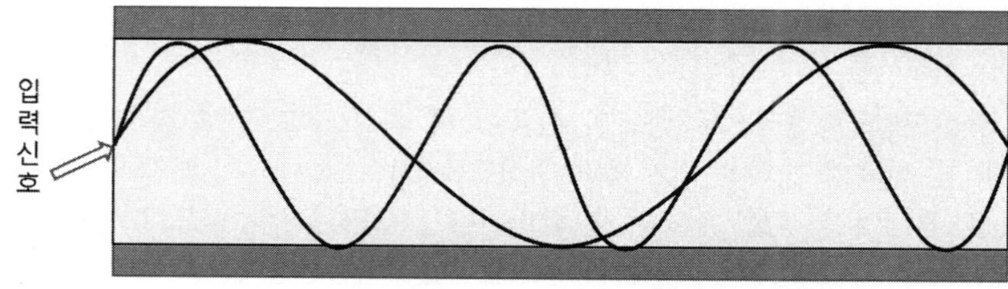

그림 3.2 광케이블을 이용한 정도 전달

3.3 정상파

정상파는 매질의 경계 조건에 의해 특정 위치에 마디와 배가 발생하고, 공간에서 정지해 있는 것처럼 보여서 정상파라고 부른다.

정상파는 진행파 y_1과 반사파 y_2의 중첩으로 발생한다. 두 파는 각각

$$y_1(x,t) = A\sin(kx - \omega t) \tag{3.1}$$

$$y_2(x,t) = A\sin(kx + \omega t) \tag{3.2}$$

으로 표현된다. 여기서 식 (3.1)의 파동 y_1 괄호 안의 부호가 (-)이므로 오른쪽으로 전파하는 진행파이고, 식 (3.2)의 파동 y_2은 왼쪽으로 전파하는 반사파이다. 중첩된 파동은 삼각함수 공식[13]을 이용하여 전개하면

$$\begin{aligned} y &= y_1(x,t) + y_2(x,t) \\ &= A\sin(kx - \omega t) + A\sin(kx + \omega t) \\ &= [2A\cos(\omega t)]\sin(kx) \end{aligned} \tag{3.3}$$

이 된다. 대괄호 안의 $\cos\omega t$는 시간에 따라서 -1과 $+1$ 사이 값이 주기적으로 변하는 값이다. $\sin(kx)$는 kx에 따라 최댓값이 되는 배와 0이 되는 마디를 결정한다. 배의 위치는 $\sin(kx)$의 절댓값이 최대인 지점이다. 즉,

$$\sin(kx) = \pm 1 \tag{3.4}$$

$$\begin{aligned} kx &= \frac{\pi}{2},\ \frac{3\pi}{2},\ \frac{5\pi}{2},\ \cdots \\ &= (n + \frac{1}{2})\pi,\ (n = 0,\ 1,\ 2,\ 3,\ \cdots) \end{aligned} \tag{3.5}$$

이다. 파수 k와 파장 λ의 관계 $k = 2\pi/\lambda$를 이용하면 배의 위치 x는

---

13) $A\sin(\alpha) + A\sin(\beta) = 2A\sin(\frac{\alpha+\beta}{2})\cos(\frac{\alpha-\beta}{2})$

$$x = \frac{\lambda}{4},\ \frac{3\lambda}{4},\ \frac{5\lambda}{4},\ \cdots$$
$$= (n + \frac{1}{2})\frac{\lambda}{2},\ (n = 0,\ 1,\ 2,\ 3,\ \cdots) \tag{3.6}$$

그림 (3.3)에서 보여지는 바와 같이, 배는 반파장 마다 반복된다. 마디의 위치는

$$\sin(kx) = 0 \tag{3.7}$$

$$kx = 0,\ \pi,\ 2\pi,\ \cdots$$
$$= n\pi,\ (n = 0,\ 1,\ 2,\ 3,\ \cdots) \tag{3.8}$$

이다. 마디의 위치를 파장으로 나타내면

$$x = 0,\ \frac{\lambda}{2},\ \frac{2\lambda}{2},\ \frac{3\lambda}{2},\ \cdots$$
$$= n\frac{\lambda}{2},\ (n = 0,\ 1,\ 2,\ 3,\ \cdots) \tag{3.9}$$

배도 역시 반파장 마다 반복된다. 시간에 따라 배의 위치에서는 파동의 진폭이 커졌다가 작아지기가 반복된다. 반면 마디의 위치에서는 항상 0이다.

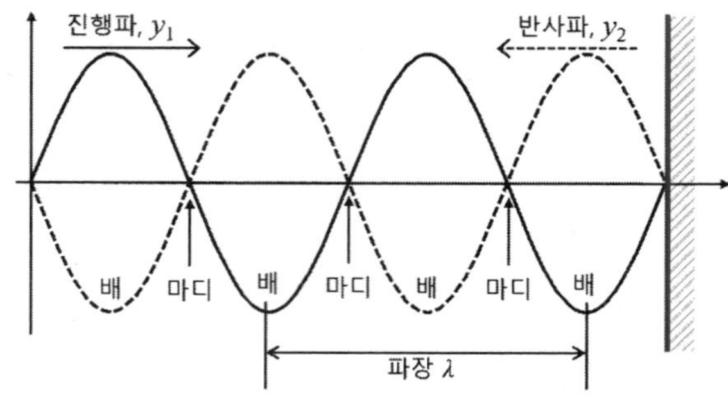

그림 3.3 정상파의 배와 마디

[예제 3.1]
진행하는 파와 되돌아오는 두 파동이 중첩된다. 두 파동은 서로 방향만 다르고 모든 특성은 같다. 파동의 진폭 $A = 0.200\,cm$, 진동수 $f = 100\,Hz$이고 전파 속도는

$500\,m/s$이다. 두 파동이 중첩되어 생성된 정상파를 기술하고, 마디와 배의 위치는?

풀이; 속도와 파장, 진동수 관계로부터 파장을 계산하면

(파장) $\lambda = \dfrac{v}{f} = \dfrac{500\,ms^{-1}}{100\,s^{-1}} = 5\,m$

각진동수와 파동수를 계산하면

(각진동수) $\omega = 2\pi f = (2\pi\,rad) \times (100\,s^{-1}) = 628\,rad/s$

(파수) $k = \dfrac{2\pi}{\lambda} = \dfrac{2\pi\,rad}{5\,m} = 1.26\,rad/m$

이 값들을 이용하여 정상파의 파동 함수를 나타내면

$$
\begin{aligned}
y &= [2A\cos(\omega t)]\sin(kx) \\
&= 2 \times (0.2 \times 10^{-2}\,m)\cos(628t)\sin(1.26x) \\
&= (4.00 \times 10^{-3}\,m)\cos(628t)\sin(1.26x)
\end{aligned}
$$

마디와 배는 반파장 $(\lambda/2 = 0.25m)$마다 반복되므로

(마디) $x = 0,\ 2.50\,m,\ 5.00m, \cdots$

(배) $x = 1.25\,m,\ 3.75,\ 7.25\,m, \cdots$

3.4 맥놀이

진동수가 약간 다른 두 파동이 서로 중첩되어 간섭하면 맥놀이(비트) 효과가 나타난다. 맥놀이는 개별 파동의 보강 간섭과 상쇄 간섭으로 생성되는 결합 파동 진폭이 주기적으로 변화되어 나타나는 현상이다. 맥놀이 진동수 f_{beat}는 두 개별 파동의 주파수 f_1과 f_2 차이이다. 즉

$$f_{beat} = |f_1 - f_2| \tag{3.10}$$

맥놀이 진동수의 단위는 헤르츠(Hz)이다. 맥놀이의 진폭은 두 파동 y_1과 y_2 사이의 진동수 차이, 즉 맥놀이 진동에 의존한다. 진동수가 각각 ω_1과 ω_2인 두 파동이 중첩되면

$$\begin{aligned} y_1 &= A\sin(\omega_1 t) + A\sin(\omega_2 t) \\ &= [2A\cos(\frac{\omega_1 - \omega_2}{2})]\sin(\frac{\omega_1 + \omega_2}{2}) \\ &= [2A\cos\pi(f_1 - f_2)]\sin\pi(f_1 + f_2) \\ &= [2A\cos(\pi f_{beat})]\sin(2\pi f_{av}) \end{aligned} \tag{3.11}$$

이 된다. 대괄호 안에 있는 값이 맥놀이 진폭이다. 여기서 일반적인 파동 함수는 괄호 안에 $(kx - wt)$로 표현되는데, 여기서는 일정한 위치에서 결합 파동이 상태를 관찰하는 것으로, 쉽게 설명하기 위하여 위치를 $x = 0$으로 두었다.

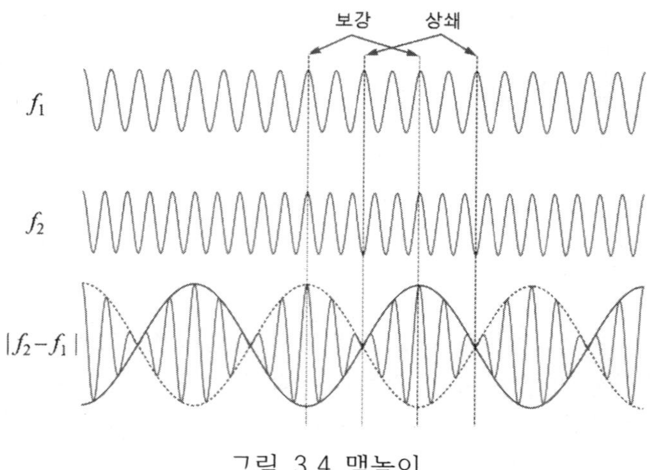

그림 3.4 맥놀이

결합 파동의 진폭은 맥놀이 진동수 f_{beat}의 함수이다. 식 (3.11)에서 맥놀이 진동수 f_{beat}는 두 진동수 차이므로 작은 값이다. 반면 평균 진동수 f_{av}는 상대적으로 큰 값이다. 따라서 진동수가 f_{beat}와 f_{av}이 두 함수의 곱이다. 따라서 맥놀이는 그림 (3.4)와 같이 안에 빠르게 진동하는 함수를 감싸고 있는 느린 진동 함수의 결합 형태이다. 맥놀이 현상으로 평준 진동수에 따라 파동의 진폭이 커졌다가 작아지기를 반복한다. 진동수가 비슷한 두 개의 음파가 중첩하여 맥놀이가 발생하였다면, 커졌다가 작아지기를 반복하는 소리가 들린다.

맥놀이 진동 주기 T_{beat}는 맥놀이 진동수의 역수이다.

$$T_{beat} = \frac{1}{f_{beat}} \tag{3.12}$$

맥놀이 주기 간격으로 맥놀이 현상이 반복된다. 맥놀이 현상은 음악 및 오디오 공학에서 자주 사용된다. 예를 들어, 두 개의 약간 음이 틀어진 기타 줄은 맥놀이를 발생한다. 두 파동 중 하나의 진동수를 변화시켜 맥놀이 현상을 없앨 수 있다. 즉 악기의 음이 맞도록 조율할 수 있다. 예를 들어 기타 줄의 음이 틀어졌다면, 표준음을 발생하는 기기의 파동과 기타의 틀어진 진동수를 내는 파동이 겹쳐 맥놀이가 발생한다. 기타가 정확히 조율되면 맥놀이 현상이 사라진다.

자동차의 속력 측정기도 맥놀이 현상을 이용한다. 속력 측정기에서 전자기파를 발생시키고, 달리는 자동차에서 반사되어 진동수가 약간 달라진 전자기파가 중첩되어 맥놀이를 발생시킨다. 맥놀이 진동수를 측정하면 자동차의 속력을 계산할 수 있다.

그림 (3.5)는 성덕대왕[14] 신종(일명 에밀레종)에서 발생하는 맥놀이 현상을 설명한 것이다. 종을 치면 1000 Hz 이내의 진동수에서만 50여 가지의 낱소리 음파가 발생한다. 음파들이 모여 맥놀이 현상이 발생시키고, 한동안 잠잠하다가 다시 맥놀이 음을 낸다.

---

14)성덕대왕은 고려의 제9대 왕으로 924년부터 927년까지 재위

[예제 3.2]

성덕대왕 신종에서 발생하는 주파수를 분석한 결과 매우 다양한 음이 발생하였다. 그중에는 $f_1 = 346.94\,Hz$, $f_2 = 348.44\,Hz$가 포함되어 있다. 이 두 음이 맥놀이 현상을 유발한다. 두 진동수의 평균 진동수 f_{av}와 맥놀이 진동수 f_{beat}**는?**

풀이: 식 (3.10)과 (3.11)에 정의를 이용하여 계산한다.

(평균 진동수) $f_{av} = \dfrac{f_1 + f_2}{2} = \dfrac{(346.94 + 348.44)Hz}{2} = 347.69\ Hz$

(맥놀이 진동수) $f_{beat} = |f_1 - f_2| = (346.94 - 348.44)Hz = 1.50\ Hz$

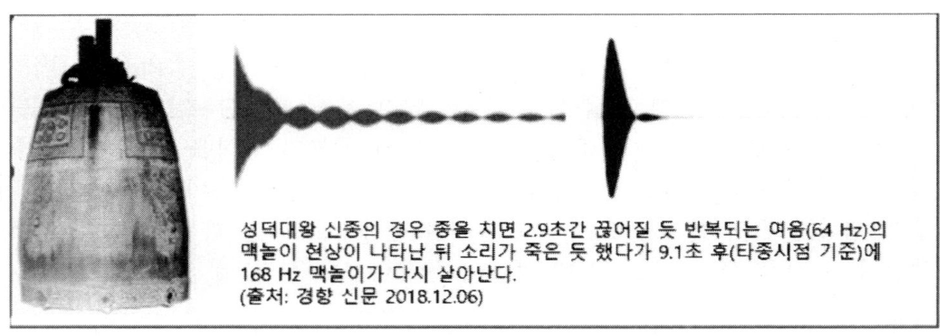

성덕대왕 신종의 경우 종을 치면 2.9초간 끊어질 듯 반복되는 여음(64 Hz)의
맥놀이 현상이 나타난 뒤 소리가 죽은 듯 했다가 9.1초 후(타종시점 기준)에
168 Hz 맥놀이가 다시 살아난다.
(출처: 경향 신문 2018.12.06)

그림 3.5 성덕대왕 신종의 맥놀이 현상

3.5 간섭

파동의 간섭은 두 개 이상의 파동이 상호 작용하여 새로운 파동 패턴이 생길 때 발생하는 현상이다. 파동의 간섭은 두 개 이상의 파동이 공간의 한 지점에서 만나서 ***중첩된 파동은 개별 파동의 합***이라는 **중첩의 원리**로 설명할 수 있다. 이로 인해 파동의 진폭이 커지는 보강 간섭 또는 파동의 진폭이 줄어드는 상쇄 간섭이 발생할 수 있다.

예를 들어 진동수와 진폭이 같은 두 개의 음파가 위상차 없이 만나면 보강 간섭이 발생하여 진폭이 더 큰 음파가 생성된다. 상쇄 간섭은 위상차 180°인 두 음파가 중첩되어 나타난다. 소음 제거 헤드폰은 소음에 대하여 위상차가 180°인 음을 발생시켜 중첩함으로써 소음을 제거하도록 작동한다.

마찬가지로 전자기파의 간섭 예로 이중 슬릿 실험에서 두 슬릿에서 나온 빛의 중첩으로 밝고 어두운 줄무늬 간섭무늬 패턴을 발생시킬 수 있다. 그림 (3.6)은 두 파동의 중첩에 의해 파동의 진폭이 더 커지는 보강 간섭과 완전 상쇄되어 중첩된 파동이 소멸되는 것을 보여준다. 파동이 중첩되어 간섭이 일어나려면, 중첩되는 파동 사이 위상차가 일정하게 유지되어야 한다. 위상이 제각각 다른 파동들은, 중첩되더라도 간섭은 발생하지 않는다.

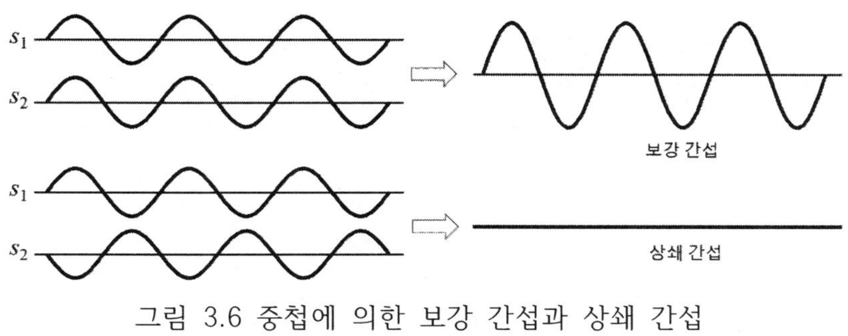

그림 3.6 중첩에 의한 보강 간섭과 상쇄 간섭

3.5.1 전자기파의 간섭

전자기파 간섭은 두 개 이상의 전자기파가 같은 공간에서 중첩될 때 발생하는 현상이다. 간섭이 발생하면 중첩 파동의 진폭, 주파수 또는 위상이 변할 수 있다.

자연 광원, 예컨대 태양, 촛불 등에서 발생 된 빛은 중첩되더라도 간섭하지 않는다. 자연광에는 무수히 많은 빛이 섞여 있어서 연속 스펙트럼을 보이고, 각기 위상이 다르다. 따라서 자연 광원이 많아지면 전체적으로 밝아질 뿐, 보강 간섭과 상쇄 간섭에 의한 무늬가 나타나지 않는다. 이런 이유로 자연광은 "**간섭성이 없다**", 또는 “간섭성이 약하다”라고 말한다. 반면 레이저 빛은 위상이 일정한 빛만 섞여 있기 때문에 간섭성이 매우 우수하다. 따라서 레이저 빛을 이중 슬릿을 통과시키면 스크린에 간섭무늬가 발생한다.

전자기파의 간섭에는 보강 간섭과 상쇄 간섭의 두 가지 유형이 있다. 보강 간섭은 진동수와 위상이 같은 두 파동이 만나 중첩된 파동의 진폭이 증가할 때 발생한다. 상쇄 간섭은 진동수는 같지만, 위상이 반대인 두 파동이 중첩되어 파동의 진폭이 감소할 때 발생한다.

간섭의 예는 레이저와 같은 두 개의 간섭성 광원에 의해 생성되는 간섭무늬이다. 간섭무늬는 보강 간섭에 해당하는 밝은 무늬와 상쇄 간섭에 해당하는 어두운 무늬가 번갈아 나타나는 밝은 무늬와 어두운 무늬로 구성된다.

그림 (3.7)은 두 개의 레이저로부터 특성이 같은 빛이 각각 방출되어 공간상의 각 점에서 중첩되어 무늬를 만드는 것을 나타낸다. 어떤 점은 두 레이저로부터의 거리차, 즉 경로차가 보강 간섭 조건을 만족하여 밝은 무늬를 만들고, 어떤 점은 경로차가 상쇄 조건을 만족하여 어두운 무늬를 만든다.[15]

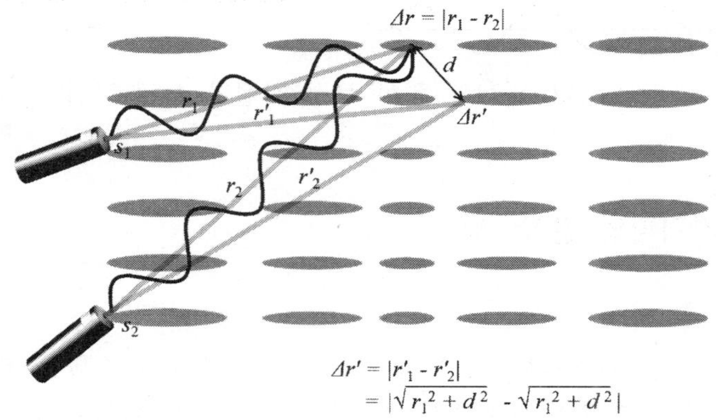

그림 3.7 두 개의 레이저에 의한 간섭

15) 보강 조건: 경로차 $|r_1 - r_2| = m\lambda$, $(m = 0, 1, 2, 3, \cdots)$

상쇄 조건: 경로차 $|r_1 - r_2| = (m + \frac{1}{2})\lambda$, $(m = 0, 1, 2, 3, \cdots)$

여기서 λ는 빛의 파장이다.

전자기파의 간섭은 중첩 원리를 사용하여 수학적으로 설명할 수 있는데, 한 점에서의 전기장은 각 파동으로 인한 전기장의 벡터 합이다. 전자기파는 전기장과 자기장으로 구성되어 있는데, 전기장과 자기장의 파동적 성질이 유사하기 때문에 전기장만으로 표현하여 현상을 설명한다.

여러 전기장이 한 점에서 동시에 만나면 합성 전기장은 합으로 표시된다.

$$E = E_1 + E_2 + E_3 + \ldots.. \tag{3.13}$$

여기서 E은 한 점에서의 중첩에 의한 합성 전기장이다. E_1, E_2, E_3는 각 파동의 전기장이므로 각각의 파동 함수는

$$E_1 = A_1 \sin(k_1 x - \omega_1 t + \phi_1) \tag{3.14}$$

$$E_2 = A_2 \sin(k_2 x - \omega_2 t + \phi_2) \tag{3.15}$$

$$E_3 = A_3 \sin(k_3 x - \omega_3 t + \phi_3) \tag{3.16}$$

으로 표현된다. 간섭 파동은 모든 파동을 수학적으로 더하여 합성 파동의 진폭을 계산한다. 합성 전기장의 세기는 총 전기장 진폭의 제곱에 비례한다.

간섭 현상을 간단하게 설명하기 위하여 진폭과, 파수, 그리고 각진동수가 같은 두 파동

$$E_1 = A_1 \sin(kx - \omega t + \phi_1) \tag{3.17}$$

$$E_2 = A_2 \sin(kx - \omega t + \phi_2) \tag{3.18}$$

이 중첩하는 경우를 고려한다. 두 전기장의 상대적 위상차는 ϕ이다. 합성 파동의

수학적으로 다음과 같이 표현할 수 있다.

$$
\begin{aligned}
E &= E_1 + E_2 \\
&= A_1 \sin(kx - \omega t + \phi_1) + A_2 \sin(kx - \omega t + \phi_2) \\
&= A_1 [\sin(kx - \omega t)\cos\phi_1 + \cos(kx - \omega t)\sin\phi_1] \\
&\quad + A_2 [\sin(kx - \omega t)\cos\phi_2 + \cos(kx - \omega t)\sin\phi_2] \\
&= [A_1\cos\phi_1 + A_2\cos\phi_2]\sin(kx - \omega t) + [A_1\sin\phi_1 + A_2\sin\phi_2]\cos(kx - \omega t) \\
&= [A\cos\phi]\sin(kx - \omega t) + [A\sin\phi]\cos(kx - \omega t) \qquad (3.19)
\end{aligned}
$$

식 (3.19)의 마지막 단계에서는 A_1, A_2, ϕ_1, ϕ_2는 상수이므로, 새로운 상수 진폭 A와 위상 ϕ로 표시하였다. 합성 파동의 세기는 진폭의 제곱이므로

$$
\begin{aligned}
I &= |E|^2 \\
&= I_1 + I_2 + 2\sqrt{I_1 I_2}\ |\cos\phi| \qquad (3.20)
\end{aligned}
$$

여기서 I는 합성 파동의 세기이고, $I_1 (= |A_1|^2)$, $I_2 (= |A_2|^2)$는 두 개별 파동의 세기이다. 위상 ϕ는 두 파동의 위상차 $\phi = \phi_1 - \phi_2$이다. 세 번째 항

$$2\sqrt{I_1 I_2}\cos\phi \qquad (3.21)$$

는 간섭항으로 두 파동 사이의 위상 차이에 따라

$$0 \le |\cos\phi| \le 1 \qquad (3.22)$$

이다. 따라서 간섭된 파동의 세기는 두 파의 위상차 $\phi = |\phi_1 - \phi_2|$에 의해 결정된다. 만일 두 파동의 진폭이 같다면, 즉 $A_1 = A_2 = A$이면

$$\begin{aligned} E &= E_1 + E_2 \\ &= A\sin(kx - \omega t) + A\sin(kx - \omega t + \phi) \\ &= 2A\sin(kx - wt + \frac{\phi}{2})\cos(\frac{\phi}{2}) \end{aligned} \qquad (3.23)$$

이므로 진폭은 최대 2배, $2A$가 된다.

진폭이 최대가 될 위상차의 보강 간섭 조건은

$$\phi = (2\pi)m,\ (m = 0, 1, 2, 3,\ \cdots) \qquad (3.24)$$

이다. 반면 진폭이 0일 될 상쇄 간섭 조건은

$$\phi = 2\pi(m + \frac{1}{2}),\ (m = 0, 1, 2, 3,\ \cdots) \qquad (3.25)$$

파동이 중첩되는 점으로부터 각 광원까지의 거리 차를 경로차라고 한다. 경로차는 위상차로 변환할 수 있어, 경로차에 따라 보강 간섭과 상쇄 간섭이 결정된다. 즉, 중첩되는 두 파동의 초기 위상차가 없다면, 즉

$$\begin{aligned} \phi &= \phi_1 - \phi_2 \\ &= 0 \end{aligned} \qquad (3.26)$$

인 경우에는 경로차가 간섭 결과를 결정한다. 경로차가 파장의 정수배이면, 위상차가 $2\pi\, rad$의 정수배가 되어 식 (3.24)의 조건을 만족하여 보강 간섭한다. 경로차가 파장의 반파장이면, 위상차가 $\pi\, rad$에 해당하여 식 (3.25)의 조건을 만족하므로 상쇄 간섭한다.

경로차 $\varDelta$의 보강 조건과 상쇄 조건은 위상차와 경로차 관계

$$\varDelta = \frac{\lambda}{2\pi}\phi \tag{3.27}$$

로부터 각각

보강 조건: $\varDelta = m\lambda,\ (m = 0, 1, 2, 3,\ \cdots)$ (3.28)

상쇄 조건: $\varDelta = (m + \frac{1}{2})\lambda,\ (m = 0, 1, 2, 3,\ \cdots)$ (3.29)

이다.

3.5.2 음파의 간섭

여러 개 이상의 음파가 중첩되면 전자기파와 같이 보강 간섭, 상쇄 간섭을 일으킨다. 보강 간섭 지점에서는 소리가 크게 들리고, 상쇄 간섭 지점은 소리가 약하게 들리거나 전혀 들리지 않을 수 있다.

음파의 상쇄 간섭을 이용하는 예는 헤드폰과 자동차의 '노이즈 캔슬링' 제거 기술이다. 이 경우 마이크는 주변 소리를 측정하고 주변 소리와 위상이 180° 도 다른 음파를 생성시켜서 원래의 음파와 상쇄 간섭을 일으켜서 세기를 감소시킨다. 또 공연장은 인위적인 소리의 증폭을 최대한 줄이고 자연의 울림이 지속하도록 설계하여야 좋은 공연장으로 인정받을 수 있다.

그림 (3.8)은 두 개의 스피커에서 발생한 음파 사람의 귀에 동시에 들려 중첩되는 것을 보여 준다. 두 음파의 경로차 및 초기 위상차에 의한 최종 위상차에 의해 보강 또는 상쇄 간섭 효과가 나타난다. 음파의 중첩에 의한 보강 간섭과 상쇄 간섭은 전자기파의 보강, 상쇄 조건과 일치한다.

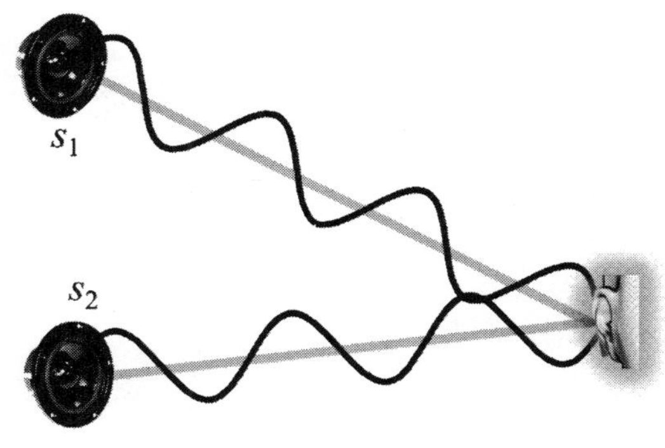

그림 3.8 음파의 간섭

[예제 3.3]

그림 (3.8)의 스피커에서 성질이 같아서 즉, 두 음원의 초기 위상차가 0인 음파가 발생된다. 음파의 진폭은 $A = 0.4\,cm$, 파장은 $\lambda = 12.0\,cm$이다. 두 스피커 s_1과 s_2에서 사람까지의 거리는 각각 $240\,cm, 216\,cm$이다. 중첩된 음파의 진폭은 얼마인가?

풀이: 초기 위상차가 0이기 때문에 경로차에 의한 위상차가 간섭 결과를 결정한다. 위상차는

$$\Delta = (240 - 216)\,cm = 24.0\,cm$$

이다. 경로차는 파장의 두 배(정수 배)이므로 진폭이 2배, $0.8\,cm$가 된다.

[예제 3.4]

그림 (3.8)에서 두 스피커 s_1과 s_2에서 진동수가 같은 음이 발생하고 있으나 사람의 귀에는 소리가 들리지 않았다. 두 스피커 s_1과 s_2에서 사람까지의 거리는 각각 $240\,cm$, $216\,cm$이다. 스피커에서 발생하는 음의 최소 진동수는 얼마인가?(음파의 속력은 $340\,m/s$이다)

풀이: 소리가 들리지 않으므로, 중첩 파동은 완전 상쇄 간섭한다. 경로차가 음파의 반파장이면, 상쇄 간섭한다.

$$\varDelta = \frac{1}{2}\lambda$$

$$= 24.0\ cm$$

따라서 파장과 진동수는

$$\lambda = 48.0\ cm$$

이다. 파장과 진동수 관계식을 이용하면

$$f = \frac{v}{\lambda} = \frac{340}{48.0} = 7.08\,Hz$$

이다. 약 $7\,Hz$의 음이 두 스피커에서 흘러나오고 있으나 상쇄 간섭으로 아무 소리가 들리지 않는다.

3.6 회절

회절은 파동이 좁은 틈이나 물체의 가장자리를 지날 때 그림 (3.9)와 같이 파동이 퍼지는 현상이다. 회절은 파동이 모든 방향으로 전파되어 발생하는 것이므로, 장애물이나 좁은 틈을 만나면 퍼져나간다. 회절의 정도는 장애물이나 개구부의 크기와 파동의 파장에 따라 다르다. 파장에 비해 장애물이나 개구부가 작을수록 회절이 잘 발생한다. 즉 개구가 작을수록 퍼짐 현상이 확연하다.

회절 현상은 호이겐스 원리[16)]로 설명할 수 있다. 파면 상의 모든 점은 새로운 점 파원으로 취급할 수 있다. 작은 틈의 각 점이 새로운 파원이 되어 퍼져나갈 수 있다. 그림 (3.9)는 작은 틈을 지나는 파동의 회절을 보여준다. 틈이 매우 작지만 틈은 작은 점 파원들의 집합으로 설명한다. 점 파원에서 구면파가 발생하고, 이들이 겹쳐서 새로운 파면을 형성한다.

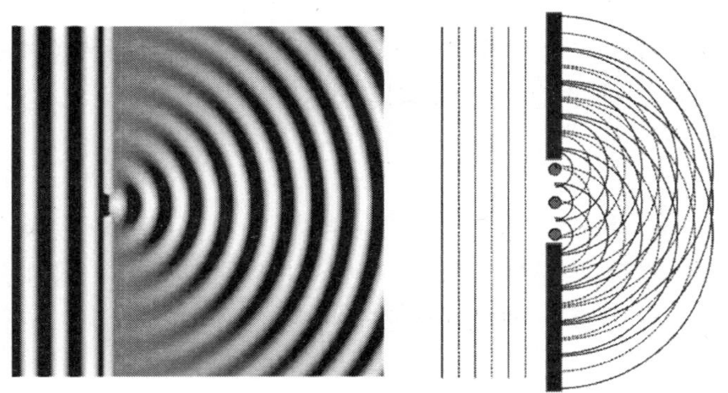

그림 3.9 파동의 회절

16) 호인겐스 원리 또는 호이겐스-프레넬 원리는 호이겐스(Christiaan Huygens; 1629~1695 네덜란드)와 프랑스 물리학자 프레넬(Augustin Jean Fresnel; 1788~1827 프랑스)의 이름을 따서 명명되었다.
파면 상의 모든 점 자체가 새로운 점 광원이며, 다른 점 광원에서 나오는 2차 파면이 상호 간섭하여 파면을 형성한다. Huygens-Fresnel 원리는 원거리 한계와 근거리 회절 및 반사 모두에서 파동의 전파 현상을 설명하는 데 활용된다.

회절의 예로, 음파가 그림 (3.10)에서 보여주는 바와 같이 벽과 같은 장애물을 만나면 벽의 가장자리 주변에서 회절하여 벽 뒤에 있는 사람이 소리를 들을 수 있다.

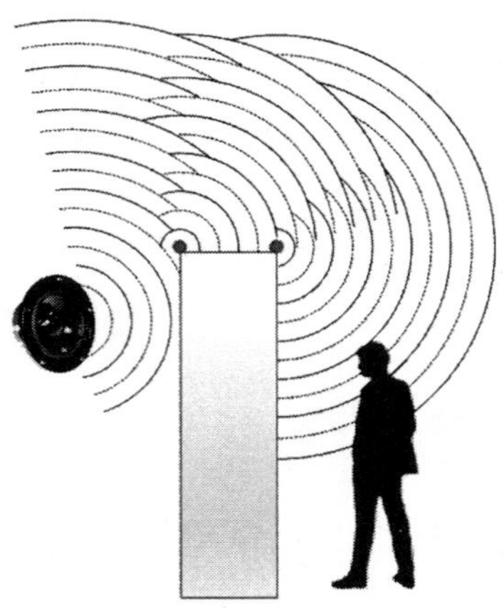

그림 3.10 음파의 회절

마찬가지로 전자기파가 좁은 슬릿을 통과하면 회절되어 슬릿 뒤에 있는 화면에 밝고 어두운 줄무늬 패턴을 생성할 수 있다. 빛의 파동 특성을 연구하는데 사용되는 단일 슬릿 및 이중 슬릿 회절 현상을 이용한다.

물질파도 회절할 수 있는데, 원자 구조를 결정하는 데 사용되는 X선 회절을 이용한다. X선 파동은 분자의 원자 구조에 의해 회절되어 원자의 배열을 결정하는 데 사용할 수 있는 회절 무늬가 생성되기 때문이다.

요약

3.1 **중첩**: 여러 파동이 동시에 공간상 같은 점에서 서로 겹쳐지는 것

3.2 **파동의 독립성**: 파동이 중첩되어 간섭하여도 각각의 파동이 원래의 성질을 유지하는 것

3.3 **정상파**: 진행파와 반사파가 중첩하여 배와 마디 형성.
배와 마디는 반파장 마다 반복

3.4 **맥놀이**: 진동수가 비슷한 파동이 중첩하여 세기가 주기적으로 변화.
맥놀이 진동수 $f_{beat} = |f_1 - f_2|$

3.5 **간섭**: 파동이 중첩하여 세기가 더 강해지거나 약해지는 현상
보강 조건: 경로차 $\Delta = |r_1 - r_2| = m\lambda,\ (m = 0, 1, 2, 3,\ \cdots)$
위상차 $\phi = (2\pi)m,\ (m = 0, 1, 2, 3,\ \cdots)$
상쇄 조건: 경로차 $\Delta = |r_1 - r_2| = (m + \frac{1}{2})\lambda,\ (m = 0, 1, 2, 3,\ \cdots)$
위상차 $\phi = 2\pi(m + \frac{1}{2}),\ (m = 0, 1, 2, 3,\ \cdots)$

3.6 **회절**: 파동이 좁은 틈이나 물체의 가장자리를 지날 때 퍼지는 현상
호이겐스 원리로 파동 현상을 설명 할 수 있음

연습문제

[3.1] 질량이 $m = 2.5g$이고 길이가 $L = 0.12m$의 줄에 작용하는 장력은 $T = 200N$이다. 줄에 발생한 파동이 공명을 일으켜 정상파가 형성되었다. (a) 파장은? (b) 몇 차 진동인가? (c) 기본 진동수는?

답] a) 0.06 m (b) 4 (c) 408.25 Hz

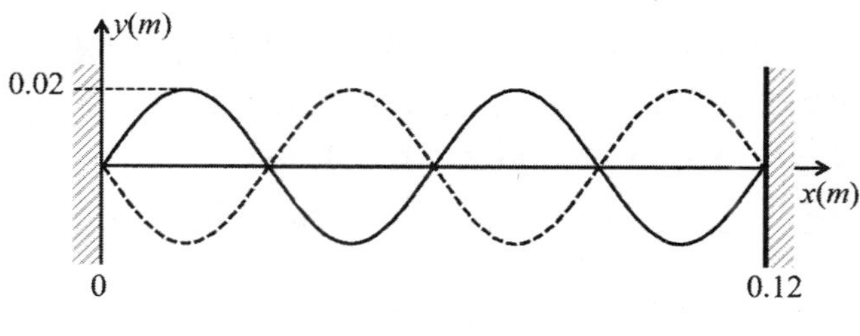

문제 3.1의 그림

[3.2] 기타 줄을 튕겨서 음을 발생시킨다. 동시에 라 음(440Hz)을 발생하는 소리굽쇠를 울리면 매초 2번의 맥놀이가 발생한다. 기타 줄의 진동수는?

답] 438Hz 또는 442Hz

[3.3] 진동수를 알 수 없는 소리굽쇠와 진동수가 384Hz의 표준 소리굽쇠를 동시에 울리면 초당 4번의 맥놀이가 생기다. 미지의 소리굽쇠의 갈라진 포크 스티커를 붙였더니 맥놀이가 감소한다. 소리굽쇠의 진동수는?

답] 388Hz

[3.4] 두 개의 음파가 520Hz의 진동수와 340m/s의 속력으로 같은 방향으로 나란하게 진행한다. 두 음원 사이 간격은 20cm이다. 두 개 음의 위상차는?

답] 1.848rad 또는 105.9°

[3.5] 아래 그림과 같이 두 음원 사이 거리는 $d = 1.4\,m$이고, 음원과 관측자 사이 거리는 $d_2 = 4.8\,m$이다. 음원에서는 다양한 진동수의 음을 발생시킨다. 음파의 전파 속력은 $v = 340\,m/s$이다.

(a) 관측자에게 소리가 가장 작게 들리는 최소 진동수는?

답] $34\,Hz$

(b) 관측자에게 소리가 가장 크게 들리는 최소 진동수는?

답] $68\,Hz$

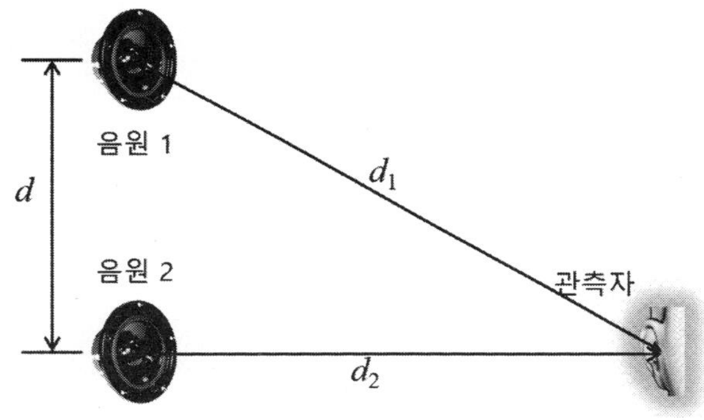

문제 3.5의 그림

CHAPTER

04

빛의 파동성(Wave Nature of Light)

1. 빛의 본성
2. 전자기파
3. 광속도 측정
4. 굴절률
5. 반사율과 투과율
6. 내부 전반사

4.1 빛의 본성

빛의 이중성은, 빛이 파동성과 입자성의 두 가지 성질을 모두 갖는다는 것이다. 이 개념은 고대 그리스에서 시작하여 현대에 이르기까지 수 세기에 걸친 탐구를 통해 확립되었다.

고대 그리스에서 엠페도클레스(Empedocles; 고대 그리스) 및 플라톤(Plato; BC 428/427 또는 BC424/423~BC348/347, 고대 그리스)과 같은 철학자들은 눈에서 방출되는 광선에 의해 시력이 발생하며, 물체를 인식하기 위해 주변 환경과 상호 작용한다고 믿었다. 이 이론은 나중에 빛이 직선으로 이동하고 발광체에 의해 방출된다고 제안한 유클리드(Euclid of Alexandria; BC4세기 중반~BC3세기 중반, 고대 그리스)와 프톨레마이오스(Claudius Ptolemaeus; AD83년경~168년경, 고대 그리스)로 이어졌다.

입자로서의 빛의 개념은 17세기 뉴턴(Sir Isaac Newton; 1643~1727, 잉글랜드)에 의해 제안되었다. 뉴턴은 1672년에 빛이 입자임을 주장하는 논문을 영국 왕립학회에서 발표했다. 뉴턴은 빛이 직선으로 이동하고 프리즘을 통과하여 굴절될 수 있는 입자 또는 미립자로 구성되어 있다고 제안했다.

빛이 파동이라는 개념은 같은 시기에 호이겐스(Christiaan Huygens; 1629~1695, 네덜란드)에 의해 처음 소개되었다. 호이겐스는 광파가 에테르로 알려진 매질을 통해 전달된다고 제안했다. 그는 빛이 한 매질에서 다른 매질로 이동할 때, 속도가 변하여 굴절 현상이 발생한다고 설명했다. 빛이 파동 이론은 19세기 초 빛의 파동성을 보여주는 유명한 이중 슬릿 실험을 수행한 영(Thomas Young; 1773~1829, 영국)에 의해 더욱 힘을 얻었다.

빛의 파동 이론은 19세기에 맥스웰(James Clerk Maxwell; 1831~1879, 스코틀랜드)의 연구로 빛이 전자기 복사의 일부임을 예측할 수 있게 됨으로써 더욱 확고해졌다. 맥스웰 방정식으로 예측된 전자기파는 헤르츠(Heinrich Hertz; 1857~1894, 독일)에 의해 실험적으로 확인되었다. 그림 (4.1)은 헤르츠가 전자기파를 관측하기 위해 고안한 실험 장치이다.

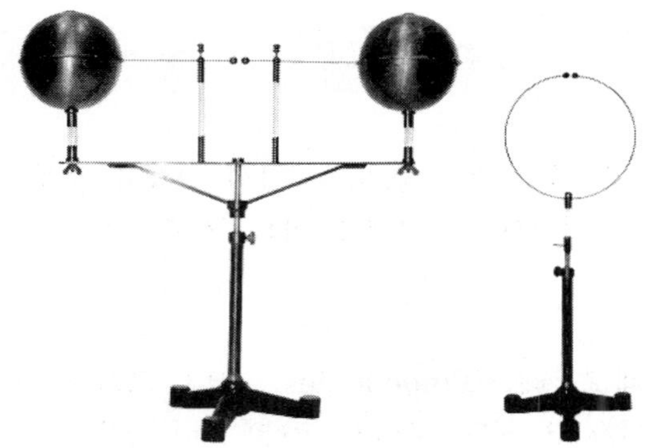

그림 4.1 헤르츠의 전자기파 관측 장치

20세기 초, 빛의 파동-입자 이중성은 광자 개념을 제안한 아인슈타인(Albert Einstein; 1879~1955, 독일)에 의해 자리 잡게 되었다. 아인슈타인은 실험의 특성에 따라 빛을 파동임과 동시에 입자로 생각할 수 있다고 제안했다. 이 아이디어는 빛 에너지는 광자가 가지는 에너지로 양자화되었음을 보여주는 광전효과의 결과로 입증되었다.

그림 (4.2)는 콤프턴(Arthur Holly Compton; 1892~1962, 미국) 산란 실험과 아인슈타인의 광전효과 실험 개념도이다. 콤프턴 산란은 빛을 전자에 입사시키면 충돌 후 전자와 빛은 각각 다른 방향으로 진행하였다. 마치 두 입자의 충돌에 의한 결과로 해석할 수 있고, 빛의 입자성을 보여주는 것이다.

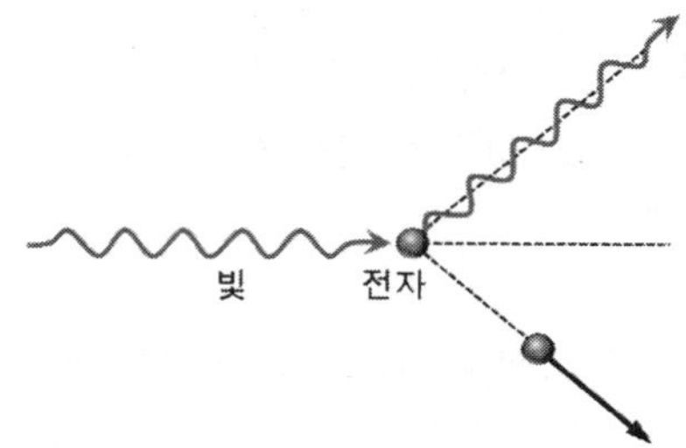

그림 4.2 전자산란

아인슈타인은 그림 (4.3)의 광전효과 실험으로 빛이 금속판에 입사하면, 금속판 표면에 있는 전자(광전자)가 방출되는 결과를 얻었다. 빛이 입사됨과 동시에 광전자가 방출되는 현상은 빛이 알갱이여야 가능하므로, 역시 빛의 입자성을 보여주는 실험 결과이다.

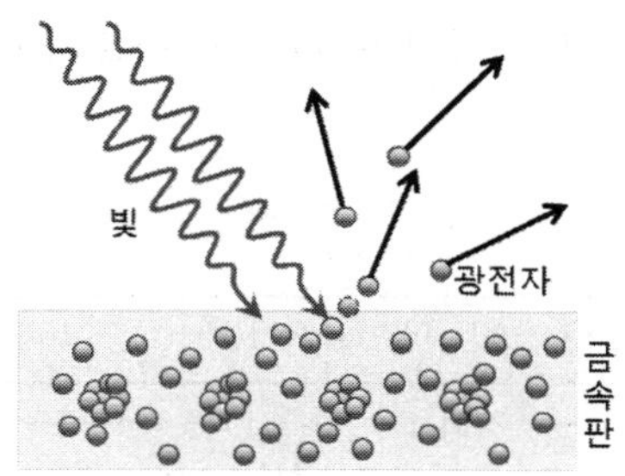

그림 4.3 광전효과

빛의 이중성은 양자 역학에서 파동-입자 이중성의 개념을 제안한 드 브로이(Louis de Broglie; 1892~1987, 프랑스), 슈뢰딩거(Erwin Schrödinger; 1887~1961, 오스트리아)와 같은 다른 저명한 과학자들에 의해 더욱 발전되었다. 빛과 다른 입자의 행동은 파동 방정식을 사용하여 수학적으로 설명할 수 있는 확률에 따르는 것으로 나타났다. 데이비슨[17)]-거머[18)] 실험에서는 빛이 실험 설정에 따라 파동 및 입자와 같은 동작을 모두 나타낼 수 있음을 보여주었다.

빛의 이중성 역사는 빛의 본질과 빛에 의한 현상을 이해하는 데 크게 기여하였다. 앞에서 언급한 호이겐스, 뉴턴, 영, 맥스웰, 아인슈타인, 드브로이, 슈뢰딩거와 같은 선도적인 과학자들은 이중성 개념을 확립하는 데 중요한 역할을 했다.

4.2 전자기파

전자기파는 공간을 통해 전파되는 진동하는 전기장과 자기장으로 구성된 파동이다. 그림 (4.4)는 파장과 진동수에 따른 전자기파 스펙트럼이다. 전자기파는 가시광선, 전파, 마이크로파, X선, 감마선을 모두 포함하는 파동이다.

전자기파의 진공 중 전파 속도는

$$c = f\lambda \tag{4.1}$$

17) 데이비슨(Clinton Joseph Davisson; 1881~1958, 미국)
18) 거머(Lester Halbert Germer; 1896~1971, 미국)

이다. 여기서 c는 진공 중 전자기파의 속도, λ는 파장, f 진동수이다. 빛의 속도는 진공 상태에서 초당 약 $3\times10^8 m/s$이다. 전자기파의 파장과 진동수가 서로 반비례한다. 즉, 파동의 진동수가 증가하면 파장이 감소하고 진동수가 감소하면 파장이 증가한다.

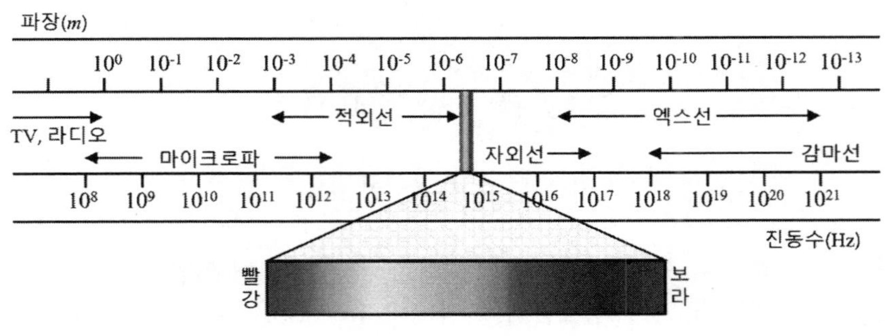

그림 4.4 전자기 스펙트럼

전자기파는 표 (4.1)과 같이 주파수와 파장에 따라 분류된다. 전자기 스펙트럼은 전자기 복사의 모든 주파수 범위를 포함한다. 스펙트럼은 서로 다른 영역으로 나뉘며 각 영역에는 고유한 특성과 용도가 있다.

구분	파장(m)	용도
전파 (Radio waves)	1 이상	라디오 및 텔레비전 방송, GPS 시스템 및 휴대폰 통신
마이크로파 (Microwaves)	10^{-3} ~ 1	전자레인지에서 통신 및 음식 조리
적외선 (Infrared radiation)	7×10^{-4} ~ 10^{-3}	적외선 히터 및 리모콘
가시광선 (Visible light)	4×10^{-7} ~ 7×10^{-7}	디스플레이 장치, 조명
자외선 (Ultraviolet radiation)	1×10^{-8} ~ 4×10^{-7}	병원, 정수장 등 살균
X-선 (X-rays)	1×10^{-11} ~ 1×10^{-8}	X선 기계 및 CT 스캔과 같은 의료 영상
감마선 (Gamma rays)	1×10^{-11} 이하	의료 영상 및 방사선 요법, 원자력 발전소 및 연구

표 4.1 전자기파 파장별 용도

4.3 광속도 측정

빛의 속도 측정은 현대 물리학이 체계화되고 발전하는 역사와 궤를 같이한다. 빛의 속력은 빛이 이동하는 거리를 소요 시간으로 나누면 얻을 수 있다. 따라서 역사적으로 빛의 속도를 측정하려는 시도는 대부분 일정한 거리를 전파하는데 걸리는 시간을 측정하고자 하는 것이었다. 하지만 빛의 속력이 매우 빨라서, 빛이 진행하는 거리를 크게 확장하여도 측정된 소요 시간이 너무 작은 값이어서 많은 오차가 발생하였다. 그럼에도 불구하고, 기발한 아이디어가 동반된 다양한 방법으로 당시 과학 수준으로 얻을 수 있는 값에 비해 상당히 정확한 결과를 얻었다.

4.3.1 갈릴레오 갈릴레이

고대 그리스 시대의 엠페도클레스와 아리스토텔레스(Aristotle; BC384~BC322, 고대 리스) 빛이 유한한 속도로 전파한다고 제안했다. 갈릴레오 갈릴레이(Galileo Galilei; 1564~1642, 이탈리아)는 17세기 초에 랜턴과 망원경을 사용하여 빛의 속도를 측정하려고 시도했다. 그러나 그의 방법은 정확한 결과를 산출할 만큼 정확하지 않았다.

그림 (4.5)는 갈릴레이 광속 측정 방법의 개념도이다. 갈릴레이와 조수는 각각 $\Delta s = 1.6\,km$ 떨어진 산봉우리에 램프와 램프 덮개를 하나씩 들고 올라갔다. 램프 덮개를 열어서 서로 빛을 주고받는 방법으로 빛의 왕복 시간을 측정하였다. 하지만 현재 알려진 빛의 속력으로 두 지점을 왕복하는 시간은, 사람이 빛을 보고 덮개를 여는 반응 시간보다 훨씬 짧아서 빛의 속력을 측정할 수 없었다.

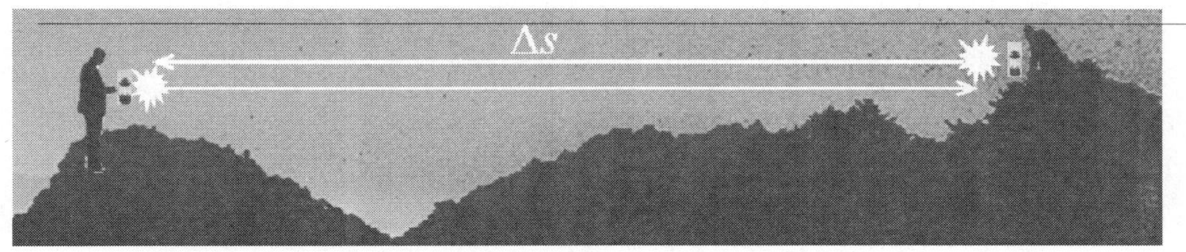

그림 4.5 갈릴레오 광속 측정 시도

[예제 4.1]

거리가 $1.6\,km$인 두 지점을 빛이 왕복하는 시간을 계산하여, 사람의 시각 반응 시간은 약 0.01초와 비교하여라. 빛이 속력은 $c = 3.0 \times 10^8\ m/s$이다.

풀이: 빛의 왕복 시간은 거리 $1.6\,km$의 왕복 거리를 빛의 속력으로 나누어 계산한다

$$\Delta t = \frac{2 \times 1600\,m}{3.0 \times 10^8\,m/s}$$

$$= 0.0000107\,s$$

사람의 시각 반응 시간 0.01초 보다 너무 짧아 광속 측정이 불가능 하였다.

4.3.2 올레 뢰머

1676년 덴마크의 천문학자 올레 뢰머(Ole Rømer; 1644~1710, 덴마크)는 빛의 속도 측정에 최초로 성공했다. 목성에는 주위를 공전하는 여러 개의 큰 위성이 있고 정기적으로 목성 앞을 지나가며 일식을 일으킨다. 일식의 주기를 망원경을 통해 위성을 관찰함으로써 지구에서 측정할 수 있다.

그는 목성의 위성인 이오의 일식을 관찰했는데, 이오의 일식 주기가 일정하지 않다는 것을 발견했다. 지구가 목성에서 멀어질 때 예측 시간보다 약간 느리게 발생하고 지구가 목성을 향해 이동할 때 약간 더 빠르게 발생한다는 것을 알았다. 그는 이오의 공전 시간 차이가 빛의 유한한 속도 때문이라고 결론지었다. 즉, 지구와 목성, 두 행성이 궤도를 따라 이동하기 때문에 지구와 목성 사이의 거리는 시간에 따라 달라진다. 거리는 지구에서 목성의 각 크기를 측정하고 삼각법을 사용하여 거리를 계산하여 추정할 수 있다.

그림 (4.6)은 뢰머의 광속 측정 방법 상황을 나타낸 것이다. 뢰머는 목성의 위성

이오의 일식 주기가 일정하지 않은 이유는 지구의 공전과 관계있을 것으로 추정했다. 즉, 뢰머의 가설에 따르면 지구가 목성에 가까이 있을 때와 태양의 반대쪽 멀리 있을 때의 거리 차로 인하여 이오의 공전 주기 변화가 발생한 것이다.

빛의 속도는 거리를 시간차로 나누어 계산한다. 죽,

$$c = L/\Delta t \tag{4.2}$$

로 계산할 수 있다. 여기서 c는 빛의 속도, L은 지구의 공전 궤도 지름, Δt는 이오의 일식 주기 차다.

뢰머는 1676년에 이 방법을 사용하여 빛의 속도를 추정했지만, 기술의 한계와 일식의 타이밍을 정확하게 측정하는 데 어려움이 있어 결과가 정확하지 않았다. 뢰머의 초기 광속 추정치는 $220{,}000\,km/s$였다. 이 값은 목성과 위성의 궤도 매개변수의 불확실성, 17세기에 사용할 수 있는 관측 장비의 한계, 달 이동의 정확한 타이밍과 관련된 문제 등 다양한 요인으로 인해 정확도가 떨어졌다.

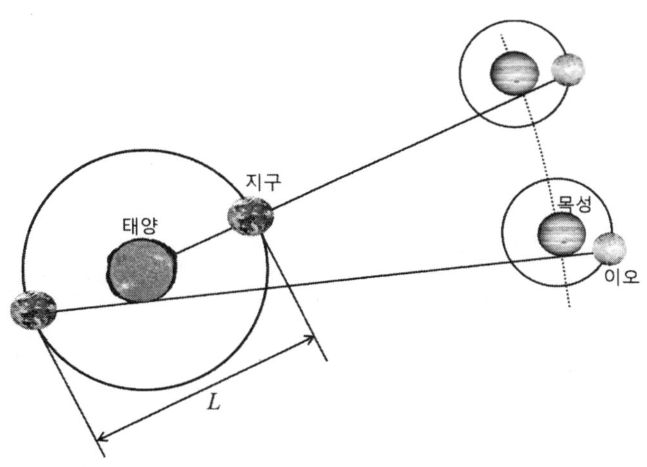

그림 4.6 뢰머의 광속측정 개념도

[예제 4.2]

지구가 태양 주변을 공전하는 반지름의 평균값은 $R = 1.4960 \times 10^{11}\ m$이고, 목성의 위성 이오의 공전 주기 차이는 약 22분이다. 뢰머 방법으로 계산하면 빛의 속력은?

풀이: 빛이 이동 거리 L은 지구 공전 반지름의 2배이다. 즉

$$L = 2R$$
$$= 2 \times (1.4960 \times 10^{11}\ m)$$
$$= 2.0992 \times 10^{11}\ m$$

빛이 속력은

$$v = \frac{\Delta s}{\Delta t}$$
$$= \frac{L}{22\,\mathrm{min}}$$
$$= \frac{2.0992 \times 10^{11}\ m}{22\,\mathrm{min} \times \frac{60\,s}{1\ \mathrm{min}}}$$
$$= 2.267 \times 10^{8}\ m/s$$

4.3.3 제임스 브래들리

1728년에 또 다른 천문학자인 제임스 브래들리(James Bradley; 1693~1762, 영국)는 태양 주위를 도는 지구의 움직임으로 인해 발생하는 별빛의 연주시차를 관찰하여 빛의 속도를 좀 더 정확하게 측정했다. 제임스 브래들리의 광속 측정 원리와

방법은 그가 18세기 초에 발견한 항성의 연주시차 현상에 기반을 두고 있다. 항성의 연주시차는 태양 주위를 도는 지구의 운동으로 인해 별의 겉보기 위치가 변하는 것을 의미한다.

브래들리의 원리는 빛의 속도와 지구의 운동의 결합 효과로 인해 별의 겉보기 위치가 변하는 것처럼 보인다는 관찰에 근거하고 있다. 그는 빛의 속도가 무한하다면 별의 위치는 지구의 움직임에 대해 고정된 상태로 유지될 것이라고 추론했다. 그러나 빛의 속도는 유한하기 때문에 별의 겉보기 위치가 이동하는 것처럼 보인다.

광속을 측정하기 위해 브래들리는 헬리오미터로 알려진 도구를 고안했다. 헬리오미터는 분리된 대물렌즈 또는 거울이 장착된 망원경으로 구성되어 있다. 분할 렌즈나 거울의 위치를 조정함으로써 관찰자는 별의 연주시차로 인한 특정 별의 변위 각도를 측정할 수 있다.

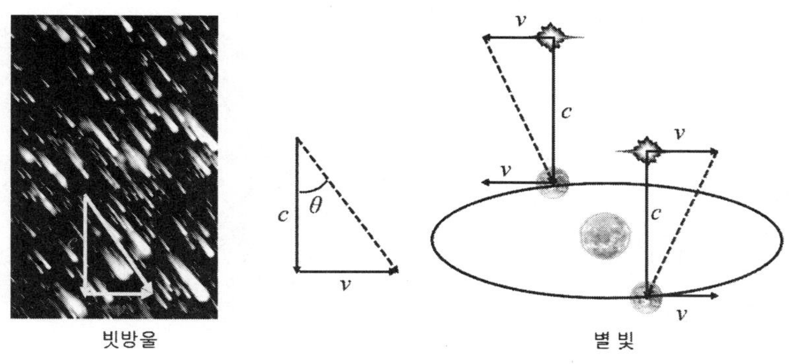

그림 4.7 브래들리 광행차

빗방울은 수직으로 속력 c로 떨어지지만, 관측자가 속력 v로 이동하면서 빗방울을 보면 사선 방향으로 떨어진다. 관측자가 자신의 속력을 알고, 빗방울이 보이는 사선의 각도 θ를 측정하면, 빗방울의 속력 c는

$$c = \frac{v}{\tan\theta} \tag{4.3}$$

가 된다. 브래들리는 같은 방법으로 별을 관찰하여 빛 속력을 측정하였다. 즉, 비를 빛(빛이 유한한 속도를 가졌다고 가정), 사람의 걸음을 지구의 공전으로 대체할 수 있다.

지구 공전 방향과 수직 방향에 있는 항성을 보는 망원경의 기울기는 공전하고 있는 지구가 봄일 때와 가을일 때 근소하게 다르다. 브래들리는 이러한 망원경의 각도의 차이를 측정하여 빛의 속도와 각도의 관계로부터 광속도를 계산하였다. 이 방법으로 측정된 광속은 $30{,}400\,km/s$이었다. 이는 오늘날 알려진 광속의 값에 매우 근접한 값이다.

[예제 4.3]

지구를 향해 수직으로 내려오는 빛의 광행차 각을 측정하였더니 $\theta = 20.50''$였다. 지구의 공전 속도가 대략 $v = 29.76\,km/s$라면 빛의 속도는?

풀이: 식 (4.3)을 이용한다.

$$c = \frac{v}{\tan\theta}$$

$$= \frac{29.76 \times 10^3\,m/s}{\tan\left(20.50'' \times \dfrac{1^\circ}{3600''}\right)}$$

$$= 2.99436 \times 10^8\,m/s$$

4.3.4 피조

빛의 속도를 측정하는 피조(Armand Hippolyte Louis Fizeau; 1819~1896, 프랑스)의 원리는 회전하는 톱니바퀴 사이를 빛이 통과하는 시간 간격을 측정하는 것이다. 광선을 회전하는 톱니바퀴를 통과시키고, 먼 곳에 설치된 거울에서 반사되어 되돌아 오는 '**피조 장치**'로 알려진 실험 장치를 개발했다.

빛은 회전하는 바퀴의 톱니 사이의 틈을 통과한 후, 거울에 의해 광원 방향으로 다시 반사된다. 톱니바퀴의 회전 속도를 조정함으로써 되돌아오는 광선이 톱니바퀴를 통과하여 측정 지점에 도달한다. 간섭무늬를 통해 그는 빛이 먼 거울까지 거리를 이동하고 되돌아오는 데 걸리는 시간을 측정할 수 있다. 피조는 19세기 중반에 빛의 속도를 측정하였는데 $313,000\,km/s$ 값을 얻었다.

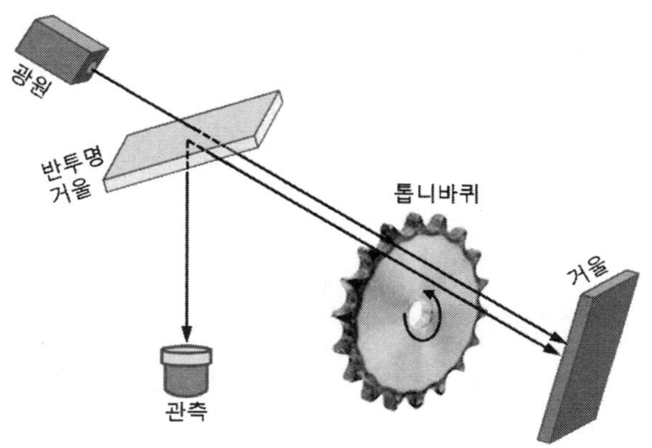

그림 4.8 피조의 광속 측정 장치 개념도

[예제 4.4]

두 거울 사이 거리는 $L = 8,600\,m$이고, 톱니바퀴 수는 720이다. 톱니바퀴의 회전수는 초당 25.0초이면 광속은?

풀이: 빛이 두 거울 사이를 왕복하므로, 빛의 진행 거리는

$$\Delta s = 2L$$

$$= 2 \times 8600\,m$$

$$= 17200m$$

왕복 시간 Δt는 톱니바퀴 한 노치의 회전 시간이므로

$$\Delta t = \frac{1}{720} \times (\frac{1}{25.0} s)$$

$$= \frac{1}{18000} s$$

빛의 속력은

$$v = \frac{\Delta s}{\Delta t}$$

$$= \frac{17200\,m}{(1/18000)s}$$

$$= 3.09 \times 10^8\ m/s$$

4.3.5 피조-푸코

피조-푸코(Jean Bernard Léon Foucault; 1819~1868, 프랑스)는 회전 거울을 사용하여 빛의 속도를 측정하였다. 장치는 광원, 반투명 거울, 고정거울과 회전 거울로 구성된다. 광원에서 방출된 빛은 반투명 거울에 의해 반사된 빛과 투과한 빛으로 분할되어 하나는 검출기로 하나는 거울로 향한다. 거울은 두 개로 구성되어 있는데, 하나는 회전 거울이고 하나는 고정거울이다. 회전 거울의 초당 회전수는 f이다. 회전 거울과 고정거울 사이 거리는 L이어서, 빛이 이 거리를 왕복하는 시간 동안 회전 거울은 각이 θ만큼 회전한다. 회전각의 크기에 따라 거울을 거쳐 검출기에 도달 지점의 변위 Δx가 발생한다. 이 변위를 측정하면 회전 거울의 회전각을 계산할 수 있고, 시간 간격 Δt를 얻는다. 왕복 거리 $2L$를 Δt나누어 빛 속력을 계산할 수 있다.

푸코는 자신의 장치를 개량하여 1862년에 $298.000\,km/s$라는 측정값을 얻었다. 이 측정 결과는 피조의 것보다 정확하며, 현재 정확한 값과 오차가 $0.6\,\%$에 불과한 정확한 값이다.

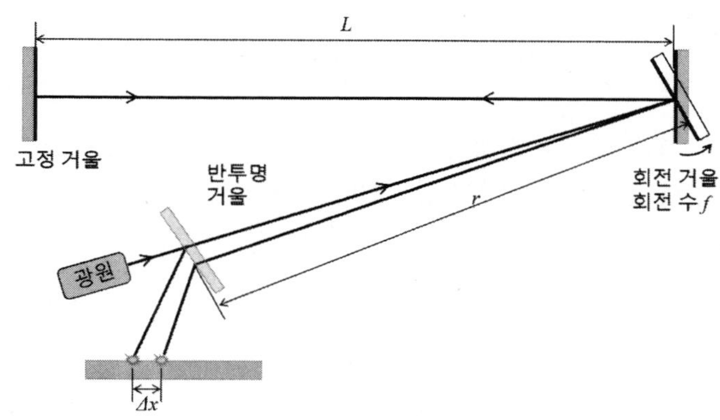

그림 4.9 피조-푸코의 광속 측정 장치 개념도

[예제 4.5]

회전 거울의 진동수는 $f = 800\,Hz$이고 회전 거울로부터 반투명 겨울까지의 거리는 $r = 0.5\,m$이다. 또 고정거울과 회전 거울 사이 거리는 $L = 20\,m$이고 입사 빛과 반사 빛의 위치 차이가 $\Delta x = 0.7\,mm$이면 광속은?

풀이: 빛의 이동 거리는

$\Delta s = 2L$

$= 2 \times 20\,m$

$= 40\,m$

소요 시간 Δt를 계산하기 위하여, 먼저 호도법을 이용하면

$\Delta x = r\Delta\theta$

$= r \times 2\theta$

$$= 2r \times (\omega \Delta t)$$

$$= 2r \times (2\pi f)\Delta t$$

여기서 효도법 (호의 길이 = 반지름 × 중심각)을 이용하였고, 또 회전 거울이 θ 만큼 회전하면 입사 광선과 반사 광선 사이 각은 2배가 되어 $\Delta\theta = 2\theta$이다. 회전각 θ는 각가속도와 시간의 곱으로 $\theta = \omega \Delta t$이고, 각가속도와 진동수 관계 $\omega = 2\pi f$를 이용하였다. 시간 간격은 Δt는

$$\Delta t = \frac{\Delta x}{4\pi r f}$$

$$= \frac{0.7 \times 10^{-3}\, m}{4 \times 3.14 \times (0.5\, m) \times (800\, s^{-1})}$$

$$= 1.39 \times 10^{-7}\, s$$

따라서 광속도는

$$v = \frac{\Delta s}{\Delta t}$$

$$= \frac{40\, m}{1.39 \times 10^{-7} s}$$

$$= 2.87 \times 10^{8}\, m/s$$

4.3.6 마이켈슨

1879년 마이켈슨(Albert A. Michelson; 1852~1931, 미국)은 회전하는 8각 거울을 이용하여 광속을 측정하였다. 푸코의 광속 측정 실험보다 회전 거울과 고정거울 사이 거리를 크게 늘렸으며, 측정도 한층 정밀하게 진행되었다. 광원에서 방출된 빛은 회전 거울에서 반사되어 아크 모양의 고정거울로 향한다. 여기서 반사된 빛은

평면거울을 거쳐 다시 회전 거울로 되돌아온다. 디텍터에 의해 측정되는 시간 간격은 팔각 회전 거울의 1/8회전 시간과 일치한다. 따라서 두 거울 사이 왕복 거리를 시간 간격으로 나누어 광속을 계산하였다. 측정 결과는 $2.99796\times10^{8}\,m/s$로 정확도가 매우 높았다.

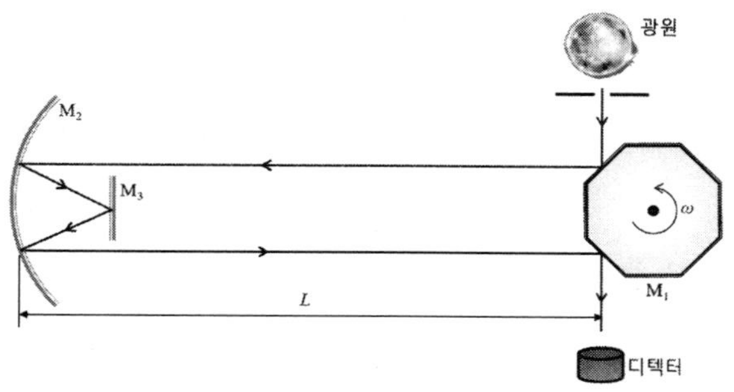

그림 4.10 마이켈슨의 광속측정 장치 개념도

[예제 4.6]

8각 회전 거울의 진동수는 $f=528\,Hz$이고, 8각 회전 거울로부터 고정거울 사이 거리는 $L=3460\,m$이다. 빛이 속력은?

풀이: 빛의 이동 거리는

$$
\begin{aligned}
\Delta s &= 2L \\
&= 2\times3460\,m \\
&= 6920\,m
\end{aligned}
$$

빛이 8각 거울의 한 면에서 반사되어 디텍터에서 빛이 검출된다. 그다음 빛이 검출되기까지의 시간 간격은 8각 거울의 다음 면에서 빛이 반사될 때까지 소요 시간이다. 즉 8각 거울이기 때문에 거울의 1회전 시간의 1/8이다. 따라서

$$\Delta t = \left(\frac{1}{528} \times \frac{1}{8}\right) s$$

$$= 2.37 \times 10^{-4} s$$

빛의 속력은

$$v = \frac{\Delta s}{\Delta t}$$

$$= \frac{6920 m}{2.37 \times 10^{-4} s}$$

$$= 2.92 \times 10^{8} m/s$$

4.3.7 마이켈슨-몰리

마이켈슨-몰리 실험은 마이켈슨과 몰리(Edward W. Morley; 1838~1923, 미국)가 1887년에 수행한 역사적인 실험으로 빛의 속도를 측정하고 가상의 빛의 매질로 이름 붙여진 에테르를 검출하는 것을 목표로 했다.

이 실험은 반투명 거울을 사용하여 입사 광선을 서로 수직 방향인 두 개의 광선으로 분할 한다. 두 개의 빛은 같은 거리의 두 팔을 따라 이동한다. 두 빛은 각각 움직이는 거울과 고정거울에 의해 반사되고 다시 반투명 거울을 지나 중첩되어 간섭무늬를 만든다.

마이켈슨-몰리 실험은 빛의 전파 매질로 알려졌으나 이전에는 측정된 적이 없었던 가상의 물질인 에테르의 존재를 확인하고자 고안되었다. 에테르가 존재하여 빛을 전파 시키는 매질로 작용한다면, 에테르는 자전하는 지구를 따라 움직일 것이다. 따라서 지구 자전 방향으로 측정된 빛 속력과 이에 수직 방향으로 측정된 빛 속력은 차이를 보여야만 한다. 반투명 거울에 의한 갈라진 두 빔의 전파 속력이 달라야 하고 두 빛이 중첩되어 만든 간섭무늬에는 이 효과가 반영되어야 한다. 그러나 실험 결과 간섭무늬에서는 에테르에 의한 효과를 발견하지 못했다. 즉 측정하는 반향을 바꿔도 간섭무늬에는 변화가 없었다. 이로 인해 마이켈슨과 몰리는 빛의 속도는 지구의 자전 방향에 상관없이 일정하고 에테르가 존재하지 않는다는 결론을 내렸다.

이 실험은 빛의 속도를 직접 측정하지는 않았지만, 빛 속도가 일정하다는 매우 중요한 근거를 제공했으며 아인슈타인의 특수 상대성 이론의 기본 가정으로 사용되었다. 마이켈슨-몰리 실험은 물리학의 역사에서 획기적인 계기로 간주되며 지금까지 수행된 가장 중요한 실험 중 하나로 인정받고 있다.

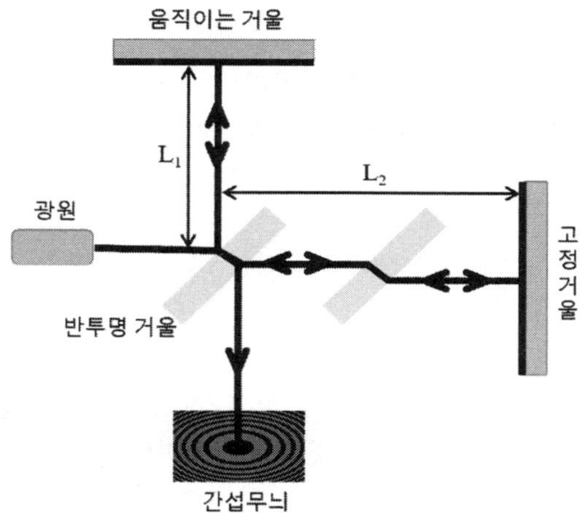

그림 4.11 마이켈슨-몰리 간섭계

4.3.8 아인슈타인

아인슈타인(Albert Einstein; 1879~1955, 독일)은 특수상대성이론을 통하여 빛 속력 불변의 원리를 바탕으로, 상대방에 대해 등속으로 움직이는 두 개의 기준틀에서 고전 전자기법칙이 일정하다는 새로운 시공간 개념을 제시하였다. 모든 관성좌표계에서 빛 속력이 일정하다면, 서로 다른 속도를 가진 관성좌표계에서 똑같은 자연법칙이 적용된다는 것이다.

아인슈타인의 특수상대성 이론은 두 개의 가정을 기초로 한다. 첫 번째는 모든 관성좌표계에서 물리 법칙이 동일하게 적용된다는 것이고, 두 번째는 빛 속력이 불변이라는 것이다. 빛 속력은 관성좌표계에 관계없이 모든 관성좌표계에서 동일한 값($c = 2.99792458 \times 10^8\, m/s$)을 갖는다. 이 두 개의 가정을 바탕으로 특수 상대성 이론은 시간 지연과 길이 수축이라는 결과를 도출하였다. 시간 지연은 움직이는 기준계에서의 측정된 시간은 정지 상태에서 측정한 시간보다 천천히 간다는 것이다. 길이 수축은 움직이는 기준계의 관찰자가 측정한 물체의 길이는 고유길이보다 짧다는 것이다.

4.4 굴절률

굴절률은 물질을 통과할 때 빛의 속력이 얼마나 느려지는지를 설명하는 물질의 기본적인 특성이다. 굴절률은 진공에서 빛의 속력과 특정 매질에서의 속력의 비율로 정의된다.

$$n = \frac{c}{v} \tag{4.4}$$

여기서 n은 매질의 굴절률, c는 진공에서 빛의 속력(약 $299{,}792{,}458\, m/s$), v는 매질에서 빛의 속력이다. 물질 내에서의 빛 전파 속력이 진공 중 빛 속력보다 클 수 없기 때문에, 굴절률은 1보다 작을 수 없다. 또한, 자연에 존재하는 물체에 대한 굴절률은 음의 값을 가질 수 없다. 따라서 물질의 굴절률은

$$n \geq 1 \tag{4.5}$$

이다. 물질의 굴절률은 매질의 구성 성분, 밀도, 온도 등 다양한 요인에 따라 달라진다. 다른 물질은 다른 값의 굴절률을 가지며 이 속성은 렌즈, 프리즘 및 광섬유와 같은 많은 광학 응용 분야에서 사용된다.

물질 내에서의 빛의 속력을 측정하여 식(4.4)에 적용하면, 그 물질의 굴절률 알 수 있다. 흔히 사용되는 유리의 굴절률은 대략 1.5이다. 이것은 빛이 진공 상태에서 속력에 비해 유리를 통과할 때 2/3배로 느려진다는 것을 의미한다. 물의 굴절률은

약 1.33이고 공기의 굴절률은 1.0에 매우 가깝다.

물질	굴절률	물질	굴절률	물질	굴절률
진공	1.00	얼음	1.31	창문 유리	1.52
공기	1.0003	물	1.33	폴리카보네이트	1.58
이산화규소	1.46	PMMA	1.49	플린트 글라스	1.69
사염화탄소	1.46	소금	1.54	다이아몬드	2.419
- 굴절률은 파장 598 nm에 대한 데이터임 - 상대굴절률은 두 물질의 절대굴절률 비 - 절대굴절률은 진공에 대한 상대굴절률이고, 일상적으로 언급되는 굴절률은 절굴절률을 의미함					

표 4.1 물질의 굴절률

[예제 4.7]
파장이 $\lambda = 520nm$인 빛이, 이 파장에 대한 굴절률이 1.52인 유리 속에서 전파하고 있다. 유리 속에서 빛의 속력는?

풀이: 식 (4.4)를 이용한다

$$v = \frac{c}{n}$$

$$= \frac{3.00 \times 10^8 \, m/s}{1.52}$$

$$= 1.97 \times 10^8 \, m/s$$

4.4.1 매질 내 전파 속력

빛이 진공 $(n=1)$ 상태에 있는 공간을 지나갈 때, 모든 파장의 빛의 전파 속력이 같다. 즉

$$v_R = v_B = c \tag{4.6}$$

이다. v_R은 빨간색의 속력, v_B은 파란색의 속력이다. 빨간색은 파란색에 비하여 파장이 길어 한 번 진동으로 상대적으로 먼 거리를 전파한다. 반면에 파란색은 파장이 짧지만, 진동수가 커서 같은 시간 동안 더 많이 진동한다. 진공 중에서 빛의 전파 속력은

$$c = f\lambda \tag{4.7}$$

이다. 파장의 크기 관계는 $\lambda_R > \lambda_B$이고, 진동수의 크기 관계는 $f_R < f_B$이다. 첨자 R과 B는 각각 빨간색과 파란색을 나타낸다.

매질 내에서의 빛의 파장은

$$\lambda' = \frac{\lambda}{n} \tag{4.8}$$

이다. 여기서 λ는 진공 (또는 근사적으로 공기)에서의 파장이고, λ'는 매질 내에서 파장이다. 또한, 매질 내에서의 빛의 전파 속력은

$$\begin{aligned} v &= f\lambda' \\ &= f\frac{\lambda}{n} \\ &= \frac{c}{n} \end{aligned} \tag{4.9}$$

이다. 매질 내에서 파장은 굴절률 비로 줄어들지만, 진동수는 변함이 없다. 빛이 진공이 아닌 매질($n > 1$)을 통과할 때는, 모든 색의 파장과 속력 모두 줄어든다. 하지만 줄어드는 비율(c/v)은 파장에 따라 달라서, 파장에 따른 매질 내 전파 속력은 각기 다르다. 즉

$$v_R \neq v_B \neq c \tag{4.10}$$

이다. 속력의 감소 비율은 각각의 파장에 해당하는 굴절률과 같다. 빨간색과 파란색의 굴절률은 각각

$$\frac{\lambda_R}{\lambda'_R} = \frac{v_R}{v'_R} = \frac{c}{v'_R} = n_R \tag{4.11}$$

$$\frac{\lambda_B}{\lambda'_B} = \frac{v_B}{v'_B} = \frac{c}{v'_B} = n_B \tag{4.12}$$

진공을 제외한 모든 물질에서 굴절률과 매질 내 빛의 전파 속력 크기 관계는 $n_R < n_B$, $v_R > v_B$이다.

그림 (4.12)는 진공 $(n=1)$에서 새로운 매질 $(n>1)$로 입사하는 경우의 빛 속력 변화를 나타낸 것이다. 공기 중에서는 빨간색과 파란색의 전파 속력이 같다. 하지만 굴절률이 1 이상인 매질에서는 빨간색 파장과 파란색 파장, 모두 줄어들지만, 빨간색의 전파 속력이 더 빠르다.

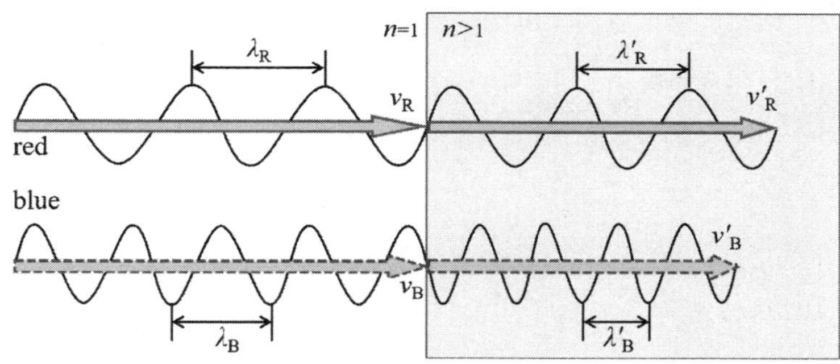

그림 4.12 매질 속에서 파장과 전파 속력

표 (4.2)는 BK7 유리의 파장과 파장별 굴절률과 속력을 정리한 것이다.

색	진공			BK7		
	파장(nm)	굴절률	속력(m/s)	파장(nm)	굴절률	속력(m/s)
빨간색	656.3	1.000	3.00×10^8	433.5	1.51385	1.98032×10^8
노란색	586.7			386.9	1.51633	1.97709×10^8
파란색	486.1			319.4	1.52191	1.96984×10^8

표 4.2 파장별 굴절률과 속력

[예제 4.8]
파장이 $\lambda = 520\,nm$인 빛이 이 파장에 대한 굴절률이 1.52인 유리 속에서 전파되고 있다. 유리 속에서 빛의 파장은?

풀이: 식 (4.8)을 이용한다.

$$\begin{aligned} \lambda' &= \frac{\lambda}{n} \\ &= \frac{520\ nm}{1.52} \\ &= 342\,nm \end{aligned}$$

[예제 4.9]
어떤 매질에서 빛의 전파 속력이 $v = 2.20 \times 10^8\ m/s$ 이면, 그 매질의 굴절률은?

풀이: 식 (4.4)를 이용한다.

$$\begin{aligned} n &= \frac{c}{v} \\ &= \frac{3.00 \times 10^8\ m/s}{2.20 \times 10^8\ m/s} \\ &= 1.36 \end{aligned}$$

4.4.2 분산

분산은 그림 (4.13)에서 보여지는 바와 같이, 빛이 광학계를 통과하면서 전파 속력 또는 굴절률의 차이로 인하여 색상이 분리되는 현상을 말한다. 같은 매질 속에서도 속력이 다른 이유는 앞에서 설명한 바와 같이 파장별 굴절률이 같지 않기 때문이다. 다양한 파장의 빛이 섞여 있는 백색광이 매질에 입사하면, 굴절률 차이로 스넬의 법칙에 의한 굴절각이 각기 다르다.

굴절률과 분산 사이의 관계는 셀마이어(Wilhelm Sellmeier; 1859-1928, 미국) 방정식[19]이나 코시(Augustin-Louis Cauchy; 1789~1857, 프랑스) 방정식[20]과 같은

수학적 모델로 설명할 수 있다. 두 방정식 모두 굴절률을 빛의 파장에 대한 함수로 표현한 것이다.

분산으로 인해 서로 다른 색상의 빛이 서로 다른 지점에 초점이 맺혀서 렌즈와 같은 광학 시스템에서 색수차가 발생한다. 광학계 및 렌즈 설계에서 분산을 최소화해야 해상도 높은 상을 얻을 수 있다. 백색광이 프리즘을 통과하면 무지개와 같은 스펙트럼이 형성되는 것이 대표적인 분산 현상이다.

분산은 유용하게 이용할 수도 있어 인위적으로 분산을 일으키기도 한다. 분산 현상을 이용하여 빛과 물질의 상호 작용을 분석하는 기법이 분광 기술이다. 빛을 구성 색상으로 분리함으로써 얻어지는 스펙트럼을 이용하여 물질을 식별하고 분석할 수 있다. 또한, 광섬유 통신 시스템에서 분산은 광신호의 품질과 전송에 영향을 미칠 수 있다. 따라서 광섬유의 분산 특성을 이해함으로써 신호 왜곡을 최소화하고 데이터 전송특성을 높일 수 있다.

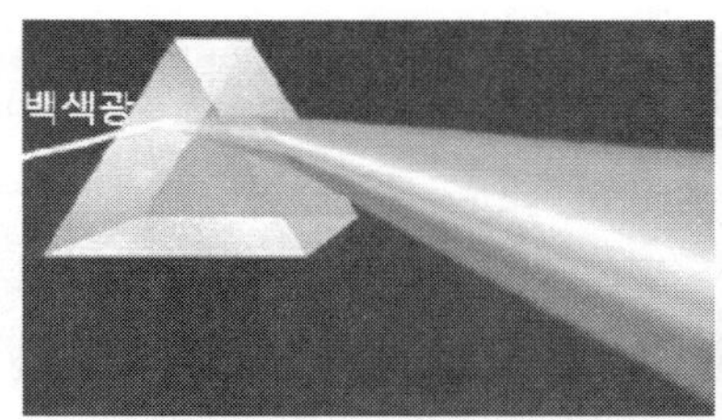

그림 4.13 빛의 분산

4.5 반사율과 투과율

빛이 매질의 경계면으로 입사할 때, 입사 각도에 따라 반사율과 투과율이 달라진다. 아래 그림 (4.14)는 빛이 두 매질의 경계면으로 입사하여 굴절과 반사되는 것을 보여준다. 광선에 표시된 점 (•)은 입사면에 수직 성분, 화살표(↔)는 수평 성분으로 수식에서는 각각 $\perp$ 과 $\parallel$ 으로 표기로 한다.

---

19) $n(\lambda) = 1 + \sum_i \frac{B_i \lambda^2}{\lambda^2 - C_i}$

20) $n(\lambda) = A + \frac{B}{\lambda^2} + \frac{C}{\lambda^4} + \cdots$

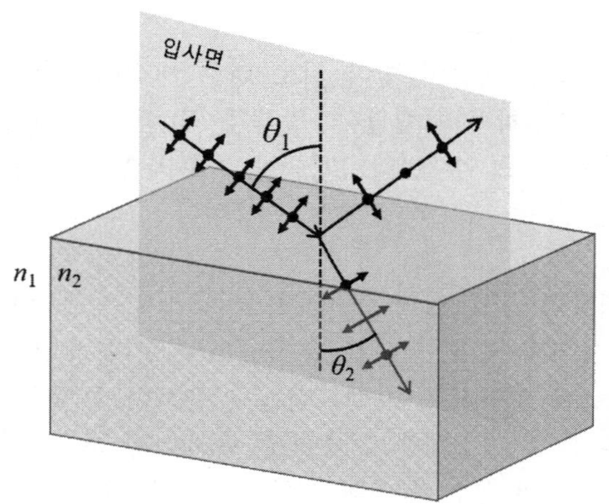

그림 4.14 경계면에서 반사와 굴절

반사되는 빛과 투과되는 빛의 세기를 나타내는 반사율과 투과율은 입사각 θ_1에 따라 변한다. 그리고 굴절각 θ_2는 스넬의 법칙

$$n_1 \sin\theta_1 = n_2 \sin\theta_2 \tag{4.13}$$

으로 결정된다.

일반적으로 사용되는 전자기파의 반사와 굴절에 관한 식을 프레넬 방정식이라 한다. 프레넬 방정식에 의한 수평 성분의 반사 계수 $r_{\parallel}$와 투과 계수 $t_{\parallel}$는 각각

$$r_{\parallel} = \frac{n_2 \cos\theta_1 - n_1 \cos\theta_2}{n_1 \cos\theta_2 + n_2 \cos\theta_1} \tag{4.14}$$

$$t_{\parallel} = \frac{2 n_1 \cos\theta_1}{n_1 \cos\theta_2 + n_2 \cos\theta_1} \tag{4.15}$$

이고, 수직 성분의 반사 계수 $r_{\perp}$와 투과 계수 $t_{\perp}$는 각각

$$r_{\perp} = \frac{n_1 \cos\theta_1 - n_2 \cos\theta_2}{n_1 \cos\theta_1 + n_2 \cos\theta_2} \tag{4.16}$$

$$t_{\perp} = \frac{2n_1 \cos\theta_1}{n_1 \cos\theta_1 + n_2 \cos\theta_2} \tag{4.17}$$

이다. 반사율 R과 투과율 T는 반사 계수와 투과 계수와 관계가 있다. 즉,

$$R = r^2 \tag{4.18}$$

$$T = \left(\frac{n_2 \cos\theta_2}{n_1 \cos\theta_1}\right) t^2 \tag{4.19}$$

경계면에서 흡수가 없는 경우, 두 값의 합은

$$R + T = 1 \tag{4.20}$$

이 된다. 그림 (4.15)는 빛의 입사각에 따른 입사면에 수직 성분과 수평 성분의 반사율과 투과율을 그린 것이다.

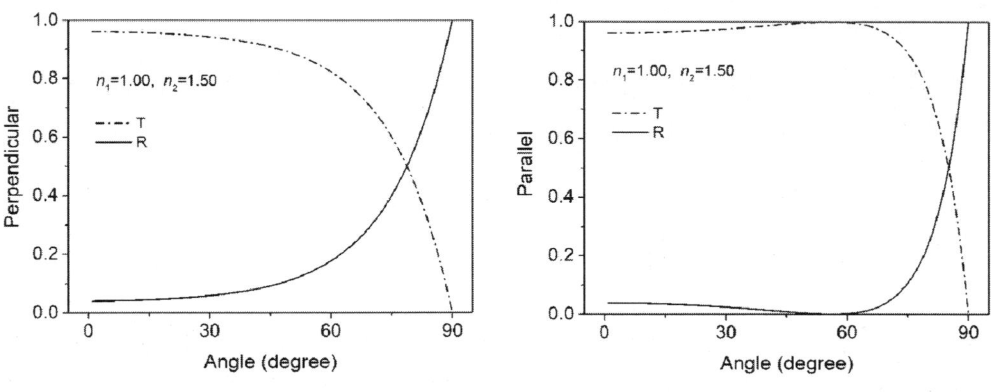

그림 4.15 반사율과 투과율

빛이 입사면에 대하여 수직 성분과 수평 성분 모두 입사각에 따라 반사율과 투과율이 변한다. 특히. 수평 성분은 특정 각에서 반사율이 0이 된다. 따라서 이 특정

각에서는 수평 성분은 모두 투과한다. 반면에 수직 성분은 반사율이 0이 아니므로 일부는 반사된다. 이것은 반사된 빛에는 수직 성분만이 존재하므로, 반사에 의한 수직 성분으로 편광된다. 이것을 반사에 의한 **자연 편광**이라고 한다. 이때의 각을 브루스터[21] 각 θ_B라고 한다. 예를 들어, 입사 매질이 공기($n_1 = 1.00$)이고, 굴절 매질의 굴절률이 $n_2 = 1.50$일 때, 브루스터 각은 대략 $56°$ 이다. 브루스터 법칙에 대해서는 7장 편광에서 자세히 설명한다.

빛이 경계면에 수직 입사($\theta_1 = \theta_2 = 0$)인 경우 수직 성분, 수평 성분의 구분이 없어진다. 빛이 수직으로 입사하는 경우, 반사율과 투과율은 각각

$$R = \left(\frac{n_2 - n_1}{n_2 + n_1}\right)^2 \tag{4.21}$$

$$T = \frac{4n_1 n_2}{(n_1 + n_2)^2} \tag{4.22}$$

이다.

입사 매질과 굴절 매질의 굴절률 차 $|n_2 - n_1|$이 크면 반사율이 증가한다. 안경 렌즈의 경우 반사율이 증가하고 투과율이 감소하면 결상 측면에서 부정적인 영향을 미친다. 따라서 고 굴절률 렌즈의 경우 높은 반사율을 낮추기 위하여 무반사 코팅과 같은 광학적 처리가 추가로 요구된다.

안경 렌즈(n_3) 위에 입혀진 코팅(n_2)막 위로 빛이 수직 입사하면, 코팅막의 윗면과 아랫면에서 반사된다. 이 경우 반사율은

$$R = \left[\left|\frac{n_2 - n_1}{n_2 + n_1}\right| - \left|\frac{n_3 - n_2}{n_3 + n_2}\right|\right]^2 \tag{4.23}$$

이다. 여기서 n_1은 입사 매질의 굴절률이다. 렌즈가 공기 중에 놓여 있으면 $n_1 = 1.00$이다. 코팅막의 재질로 쓰이는 물질의 굴절률은 일반적으로 안경 렌즈의 굴절률보다 작다. 즉, $n_1 < n_2 < n_3$이다.

---

21) 브루스터(Sir David Brewster; 1781~1868, 스코틀렌드)

반사율이 0인 무반사 코팅의 경우

$$\left|\frac{n_2 - n_1}{n_2 + n_1}\right| - \left|\frac{n_3 - n_2}{n_3 + n_2}\right| = 0 \tag{4.24}$$

이다. 이 조건을 만족시킬 수 있는 코팅 물질의 굴절률은

$$n_2 = \sqrt{n_1 n_3} \tag{4.25}$$

가 된다.

[예제 4.10]
굴절률이 1.52인 안경 렌즈에 빛이 수직으로 입사하면 반사율은?

풀이: 식 (4.21)을 이용하여 계산한다.

$$\begin{aligned} R &= \left(\frac{n_2 - n_1}{n_2 + n_1}\right)^2 \\ &= \left(\frac{1.52 - 1.00}{1.52 + 1.00}\right)^2 \\ &= 0.0426 \end{aligned}$$

대략 4.3 % 반사한다.

[예제 4.11]
굴절률이 1.70인 고굴절률 안경 렌즈에 빛이 수직으로 입사하면 반사율은?

풀이: 식 (4.21)을 이용하여 계산한다.

$$\begin{aligned} R &= \left(\frac{n_2 - n_1}{n_2 + n_1}\right)^2 \\ &= \left(\frac{1.70 - 1.00}{1.70 + 1.00}\right)^2 \end{aligned}$$

$= 0.0672$

반사율이 대략 6.7 %로, 굴절률이 높아짐에 따라 반사율도 증가한다.

[예제 4.12]
굴절률이 1.70인 고굴절률 안경 렌즈의 반사율이 높아서 AR 코팅을 하고자 한다. 코딩 물질의 굴절률은?

풀이: 식 (4.25)를 이용하여 계산한다.

$$\begin{aligned} n_2 &= \sqrt{n_1 n_3} \\ &= \sqrt{(1.00) \times (1.70)} \\ &= 1.30 \end{aligned}$$

4.6 내부 전반사

내부 전반사는 굴절률이 높은 매질을 통과하는 광선이 굴절률이 낮은 매질과의 경계로 입사할 때 발생하는 현상으로, 입사각이 임계각보다 클 때 투과율이 0이 되는 것이다. 즉, 두 번째 매질로 굴절되어 통과하진 못하고 모든 광선이 첫 번째 매질로 다시 반사된다.

그림 (4.16)은 굴절률이 n인 매질에서 n'인 매질로 굴절되는 것으로 보여준다. 입사각이 작을 때는 일부는 반사되고, 일부는 굴절된다. 입사각이 커지면 어느 순간 굴절각이 90°가 된다. 이때의 입사각을 임계각 θ_C라고 한다. 입사각이 임계각보다 크면 모든 빛은 내부로 되반사되어 빠져나가는 빛은 없다. 이런 현상을 내부 전반사라고 한다.

내부 전반사를 이해하려면 빛이 두 매질 사이의 경계를 통과할 때 입사각과 굴절각 사이 관계식인 스넬의 법칙

$$n_1 \sin\theta_1 = n_2 \sin\theta_2 \tag{4.26}$$

을 이용해야 한다. 여기서 n_1과 n_2는 각각 제1 매질과 제2 매질의 굴절률이고, θ_1은 입사각, θ_2는 굴절각이다.

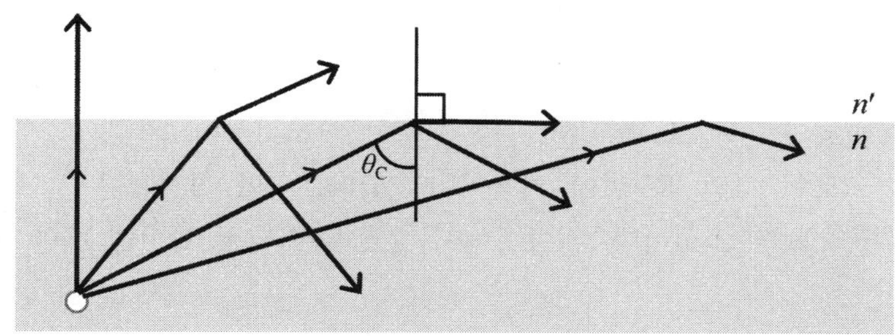

그림 4.16 내분 전반사

임계각(θ_C)은 굴절각(θ_2)이 90도가 될 때의 입사각이다. 즉

$$\theta_2 = 90^\circ, \quad \theta_1 = \theta_C \tag{4.27}$$

이 각도에서 굴절된 광선은 두 매체 사이의 경계를 따라 스쳐 지나간다. 임계각은 스넬의 법칙으로부터

$$n_1 \sin\theta_C = n_2 \sin 90^\circ \tag{4.28}$$

$$\theta_C = \sin^{-1}\left(\frac{n_2}{n_1}\right) \tag{4.29}$$

이다. 사인 함수의 값은 1 이하이어야 하므로, n_2/n_1는 반드시 1보다 작아야 한다. 따라서 내부 전반사는 $n_1 > n_2$인 조건에서만 가능하다.

[예제 4.13]
물 ($n_1 = 1.33$)에서 전파하던 빛이 공기 경계면으로 입사한다. 임계각은?

풀이: 식(4.29)를 이용한다.

$$\theta_C = \sin^{-1}(\frac{n_2}{n_1})$$
$$= \sin^{-1}(\frac{1.00}{1.33})$$
$$= 48.75^{\circ}$$

[예제 4.14]
비가 온 후 도로의 고인 물 위에 기름이 떠 있다. 물의 굴절률은 $n_w = 1.33$이고 기름의 굴절률은 $n_o = 1.46$이다. 기름층에서 물로 굴절되는 광선에 대한 임계각은?

풀이: 임계각 식 (4.29)를 이용하여 계산한다.

$$\theta_C = \sin^{-1}\left(\frac{n_2}{n_1}\right)$$
$$= \sin^{-1}\left(\frac{1.33}{1.46}\right)$$
$$= 65.6^{\circ}$$

내부 전반사는 다양한 광학 장치 및 현상에 적용된다. 예컨대 광섬유는 내부 전반사를 활용하여 빛을 유도하도록 설계되었다. 굴절률이 더 높은 재료로 만들어진 광섬유의 코어는 임계각보다 큰 각도로 입사되는 광선 모두 코어 내부로 되반사되어 섬유를 따라 손실없이 끝단까지 전달된다.

또 프리즘은 쌍안경, 카메라, 분광계와 같은 광학 장치에서 빛을 제어하는 용도로 사용된다. 프리즘 내에서 내부 전반사로 빛의 방향을 효과적으로 바꾸고 손실을 최소화할 수 있다. 다이아몬드와 일부 보석의 화려한 외관은 굴절률이 높기 때문이다. 이러한 고 굴절률 광물 내에서 내부 전반사가 발생하여 빛이 나오기 전에 여러 번 반사되어 광채와 스파클 현상이 증폭되어 화려하게 빛난다.

요약

4.1 **빛의 이중성:** 빛은 입자성과 파동성 모두 갖음

입자성: 광전효과, 콤프턴 산란

파동성: 간섭, 회절, 편광

4.2 **전자기파:** 전자기장의 흐름으로 감마선, 엑스선, 자외선, 가시광선, 적외선 모두를 포함

4.3 **광속도 측정 방법**

갈릴레이: 램프 이용

뢰머: 목성의 위성 이오의 공전 주기 차이 이용

브래들리: 광행차 이용

피조: 톱니바퀴 이용

피조-푸코: 회전하는 거울 이용

마이켈슨: 회전하는 8각 거울 이용

마이켈슨-몰리: 반투명거울과 반사 거울 이용

측정 방향에 따라 빛의 속력 변함없이 일정하므로 에테르는 존재하지 않음

4.4 **굴절률** : $n = \dfrac{c}{v}$

매질 내 파장: $\lambda' = \dfrac{\lambda}{n}$

매질 내 빛이 속력: $v = \dfrac{c}{n}$

4.5 **반사율과 투과율(수직 입사하는 경우)**

반사율: $R = \left(\dfrac{n_2 - n_1}{n_2 + n_1}\right)^2$

투과율: $T = \dfrac{4n_1 n_2}{(n_1 + n_2)^2}$

코팅막 반사율: $R = \left[\left|\dfrac{n_2 - n_1}{n_2 + n_1}\right| - \left|\dfrac{n_3 - n_2}{n_3 + n_2}\right|\right]^2$

4.6 **내부 전반사 임계각:** $\theta_C = \sin^{-1}(\dfrac{n_2}{n_1})$

연습문제

[4.1] 진공 상태의 거리 d 내에 들어가는 파수 k와 굴절률이 n인 매질에서 같은 거리 안에 들어가는 k'의 차이 Δk는?

답] $(n-1)d/\lambda$

[4.2] 빛이 공기에서 굴절 매질 $(n=1.62)$로 입사한다. 이때, 반사에 의해 자연 편광되는, 입사각(브루스터 각 θ_B는? (힌트. 브루스터 법칙은 $\theta_1+\theta_2=90^\circ$을 이용한다.)

답] 58.3°

[4.3] 세극등 빛을 이용하여 각막($n_1=1.376$) 상태를 확인하려고 한다. 빛은 전반사로 각막 내부에서 횡 방향으로 전파하여 빠져나오지 못한다. 이 경우 고니오 렌즈 (Goniolens)를 대면, 렌즈와 각막 사이에 눈물 ($n_1=1.336$) 층이 생겨서 빛이 각막 밖으로 빠져나올 수 있다. 고니오 렌즈가 있는 경우와 없은 경우의 임계각을 비교하시오.
답] 렌즈가 없는 경우 임계각46.6°, 렌즈가 있는 경우 임계각48.6°

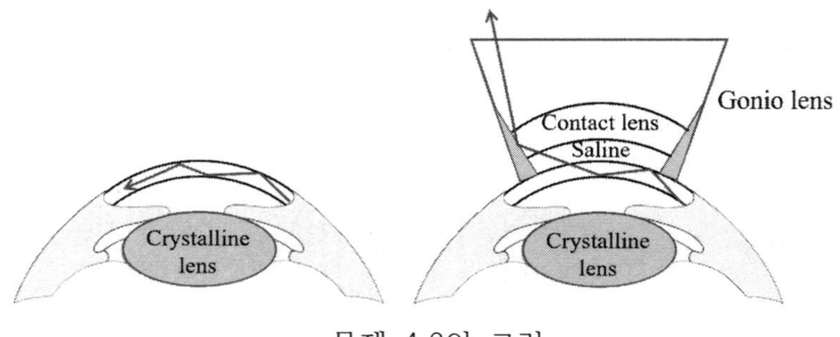

문제 4.3의 그림

[4.4] 입사광선이 매질 1에서 매질 2로 입사한 뒤, 매질 3과의 경계에서 전반사 조건을 만족한다. 매질의 굴절률은 각각 $n_1 = 1.49$, $n_2 = 1.72$, $n_3 = 1.54$이다. 입사각 θ는?

답] 30.9°

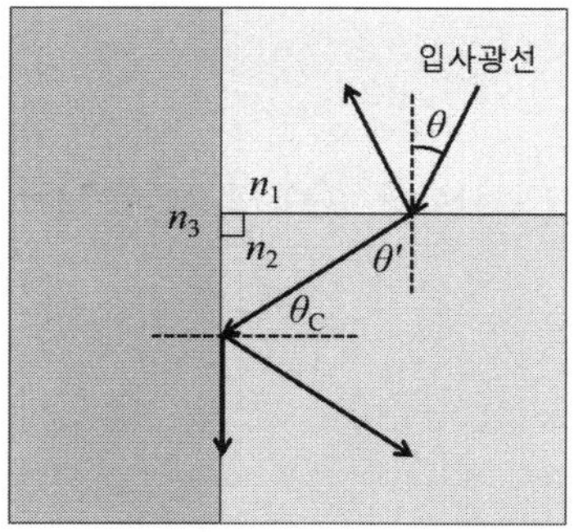

문제 4.4의 그림

[4.5] 투명한 코어 물질($n_1 = 1.54$)의 위에 껍질($n_2 = 1.49$)로 구성된 광섬유가 있다. 광섬유의 한쪽 끝에서 빛이 θ각으로 입사하여, 두 물질 사이에서 내부 전반사된다. 내부 전반사되기 위한 입사각의 최대값은?
답] 22.8°

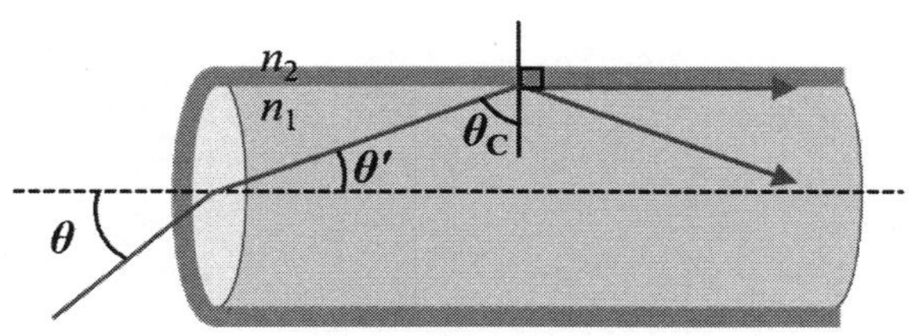

문제 4.5의 그림

CHAPTER

05

빛의 간섭(Interference of Light)

1. 영의 실험
2. 로이드 거울 간섭
3. 얇은 박막 간섭
4. 쐐기형 박막 간섭
5. 코팅막 간섭
6. 뉴턴의 원 무늬
7. 다중 슬릿 간섭
8. 마이켈슨 간섭계

빛의 간섭은 두 개 이상의 빛의 파동이 만나 상호 작용할 때 발생하는 현상이다. 파동은 입자와는 다르게 여러 개의 파동이 동시에 한 지점에서 중첩할 수 있다. 중첩으로 의해 파동의 세기가 더 강해지는 보강 간섭, 약해지는 상쇄 간섭이 발생할 수 있다. 간섭에는 토마스 영(Thomas Young; 1773~1829, 영국)의 이중 슬릿 간섭, 로이드(Humphrey Lloyd; 1800~1881, 아일랜드)의 거울 간섭, 박막 간섭, 코팅막 간섭, 뉴턴(Sir Isaac Newton; 1643~1727, 잉글랜드) 링 간섭 등 다양한 유형이 있다.

5.1 영의 실험

영의 이중 슬릿 실험은 빛의 파동성에 대한 확실한 증거를 제공한 것이어서 물리학의 역사에서 중요한 이정표가 되었다. 이 실험은 1801년 영에 의해 처음 수행되었으며, 그는 프리즘을 사용하여 백색광을 분광한 다음 빛을 두 개의 좁은 슬릿을 통과시켰다. 영이 이중 슬릿 실험할 당시에는 레이저가 개발되기 오래전이어서, 자연광을 사용하였다. 자연광은 간섭성이 매우 떨어지기 때문에 1차 단일 슬릿을 통과한 빛을 이중 슬릿으로 입사시켰다. 이것이 영의 이중 슬릿에서 나오는 빛을 2차 광원이라고 불리는 이유이다.

영은 광파가 서로 간섭하여 슬릿 뒤의 스크린에 간섭무늬를 생성하는 것을 확인하였다. 이것은 빛이 파동이라는 결정적인 증거가 되었으며, 이후 파동-입자 이중성 개념을 확립하는 데 기여하였다.

5.1.1 보강 조건, 상쇄 조건

간섭무늬는 두 슬릿에서 나오는 광파의 중첩으로 발생한다. 중첩되는 두 파동의 위상차가 중첩된 빛의 진폭이 더 커질 것인지, 아니면 약해질 것인지를 결정한다. 두 슬릿에서 나오는 빛의 시작점에서의 위상이 일정하다고 가정한다. 하지만 스크린 위 각각의 점에서는 두 슬릿의 거리 차이로 인하여 위상차가 발생한다. 거리 차를 경로차라고 부른다.

그림 (5.1)은 두 슬릿에서 나오는 파동이 스크린의 한 점에서 중첩되는 것과 간섭무늬를 보여 준다. 스크린의 정 중앙에서는 보강 간섭에 의한 밝은 무늬가 생긴다.

또 두 경로 r_1과 r_2의 경로차가 λ인 지점에서는 밝은 무늬가 생긴다. 밝은 무늬 사이에는 상쇄 간섭에 의한 어두운 무늬가 생긴다.

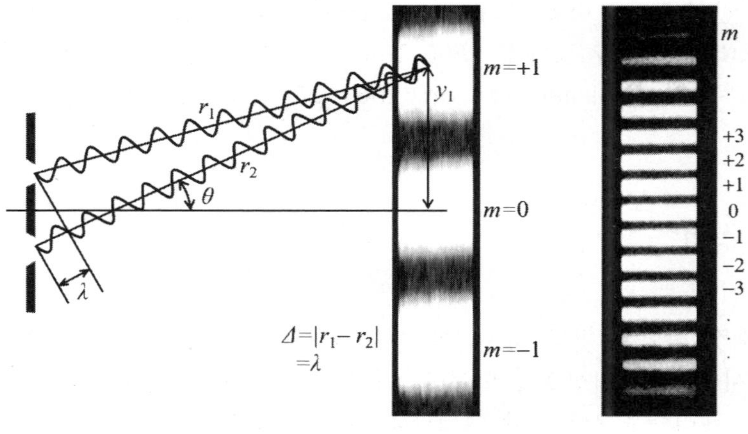

그림 5.1 이중 슬릿 간섭

그림 (5.2)와 같이 두 슬릿에서 빛이 나오기 때문에 두 슬릿이 광원 S_1과 S_2 역할을 한다. 두 슬릿에서 나와 스크린의 한 점에 도달하는 파동 사이의 경로차는 슬릿 간격과 중심축으로부터의 해당 점을 잇는 선 사잇각으로 표현된다.

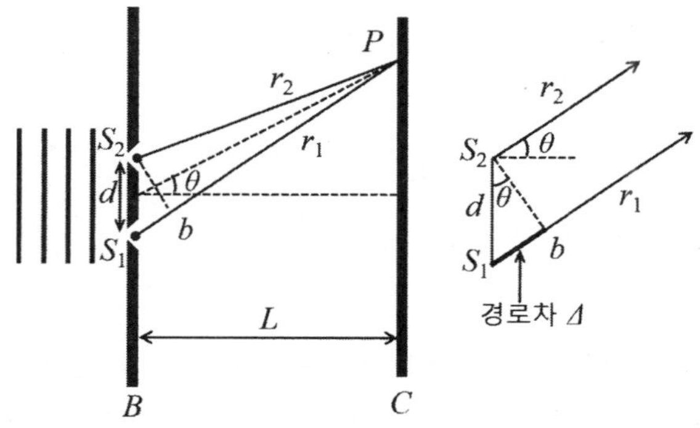

그림 5.2 이중 슬릿의 경로차

중첩된 파동은 그림 (5.3)과 같이 그들 사이의 경로 차이가 파장의 정수배일 때 보강 간섭 (그림 (5.3)의 첫 번째 파동과 두 번째 파동), 경로 차이가 파장의 반정수배일 때 상쇄 간섭(그림 (5.3)의 첫 번째 파동과 세 번째 파동)이 발생한다. 경로차가 반파장일 때 발생하는 위상차는 180° 이므로 서로 상반된 위상으로 만나기 때문에, 중첩된 파동의 세기가 0이 된다. 반면 경로차가 파장의 정수배일 때에는 이에 해당하는 위상차가 2π의 정수배가 되어 진폭이 증폭된다.

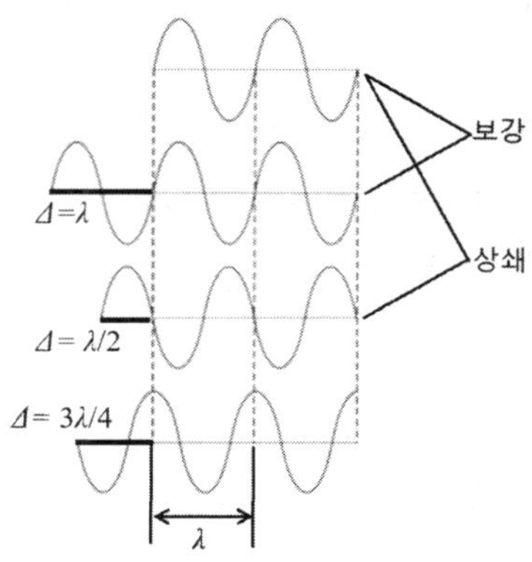

그림 5.3 보강간섭, 상쇄간섭

스크린에 도달하는 두 파동 사이의 경로차가 파장의 정수배일 때, 중첩된 빛의 진폭이 커지는 보강 간섭한다. 수학적으로 보강 조건은

$$\Delta = m\lambda, \ (m = 0, \pm 1, \pm 2, \cdots) \tag{5.1}$$

여기서 Δ는 경로차 $|r_1 - r_2|$이고, 슬릿 간격 d로 나타내면

$$\Delta = d\sin\theta \tag{5.1}$$

이다. 여기서 θ는 슬릿과 스크린을 연결하는 선 사이의 각도이다. 따라서 보강 간섭 조건은 슬릿 간격으로 표현하면

$$d\sin\theta = m\lambda, \ (m = 0, \pm 1, \pm 2, \cdots) \tag{5.3}$$

여기서 m은 밝은 줄무늬의 차수를 나타내는 정수, λ는 입사 빛의 파장이다.

두 파동 사이의 경로 차이가 파장의 반정수 배수일 때 발생하여 상쇄 간섭한다. 상쇄 조건은

$$d\sin\theta = (m+\frac{1}{2})\lambda,\ (m=0,\ \pm 1,\ \pm 2,\ \cdots) \tag{5.4}$$

여기서 m은 어두운 무늬의 차수를 나타내는 정수이다.

보강 간섭과 상쇄 간섭을 위상차 ϕ로 표현할 수 있다. 파동이 한번 진동하면 한 파장의 거리를 이동하고, 이에 대한 위상각은 2π 라디안이다. 만일 파동이 Δ만큼 이동하면 이에 대한 위상각은 비례식

$$\lambda : 2\pi = \Delta : \phi \tag{5.5}$$

으로부터, 경로차 Δ에 대한 위상차 ϕ는

$$\begin{aligned}\phi &= \frac{2\pi}{\lambda}\Delta \\ &= k\Delta\end{aligned} \tag{5.6}$$

이다. 여기서 $k=2\pi/\lambda$로 파수이다.

보강 간섭 조건을 위상차로 표현하면

$$\begin{aligned}\phi &= \frac{2\pi}{\lambda}\Delta \\ &= \frac{2\pi}{\lambda}(m\lambda) \\ &= 2\pi m,\ (m=0,\ \pm 1,\ \pm 2,\cdots)\end{aligned} \tag{5.7}$$

이다. 중첩되는 두 파동의 위상차가 2π의 배수이면 보강 간섭이 발생한다. 마찬가지로 상쇄 간섭 조건을 위상차로 표현하면

$$\begin{aligned}\phi &= \frac{2\pi}{\lambda}\Delta \\ &= \frac{2\pi}{\lambda}(m+\frac{1}{2})\lambda \\ &= 2\pi(m+\frac{1}{2}),\ (m=0,\ \pm 1,\ \pm 2,\cdots)\end{aligned} \tag{5.8}$$

이다. 따라서 위상차가 $\pi, 3\pi, 5\pi$ 이면 상쇄 간섭이 발생한다. 표 (5.1)은 이중 슬릿 간섭에 대한 경로차와 위상차의 보강 조건과 상쇄 조건을 정리한 것이다.

간섭 형태	경로차 (Δ 또는 $d\sin\theta$)	위상차 (ϕ)
보강	$m\lambda$	$2\pi m$
상쇄	$(m+\frac{1}{2})\lambda$	$2\pi(m+\frac{1}{2})$
차수 m은 정수 $m=0, \pm 1, \pm 2, \cdots$		

표 5.1 이중 슬릿 간섭의 보강 조건, 상쇄 조건

5.1.2 간섭무늬 간격

보강 간섭으로 인한 밝은 부분과 상쇄 간섭으로 인한 어두운 부분은 주기적으로 나타난다. 무늬 사이 간격은 입사 빛의 파장 λ, 슬릿 간격 d, 그리고 슬릿-스크린 사이 거리 L에 의해 달라진다.

그림 (5.4)와 같이 중앙 밝은 무늬는 0번째 밝은 무늬로 두고, 위와 아래로 순차적으로 번호를 부여하여 위로는 (+)부호, 아래로는 (-)부호를 붙인다.

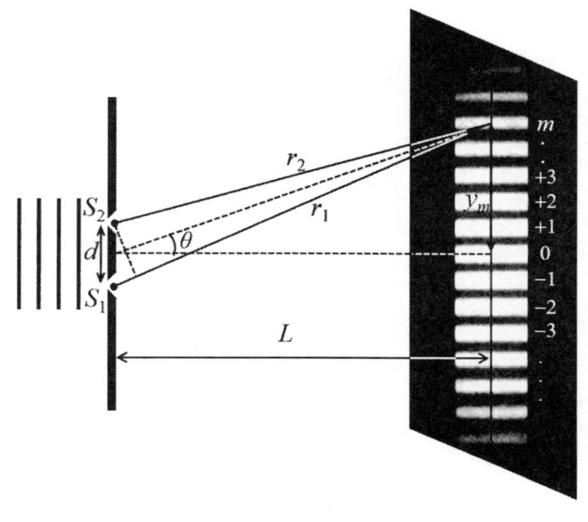

그림 5.4 간섭무늬 차수

스크린의 중앙 밝은 무늬로부터 스크린 한 점의 높이를 y라고 할 때, 슬릿의 중심에서 스크린 위의 점까지 이은 선과 중앙선이 이루는 각 θ라고 할 때,

$$\tan\theta = \frac{y}{L} \tag{5.9}$$

관계에 있다. 여기서 L은 슬릿과 스크린 사이의 거리이다. 그림 (5.4)에서 스크린 중앙에서부터 m번째 밝은 무늬까지의 거리를 y_m라고 하면,

$$\tan\theta_m = \frac{y_m}{L} \tag{5.10}$$

이다. 보강 간섭에 의한 m번째 밝은 무늬 조건은

$$d\sin\theta_m = m\lambda \tag{5.11}$$

여기서 m은 간섭무늬의 차수를 나타내는 정수, λ는 빛의 파장, d는 슬릿 사이의 간격이다. 일반적으로 슬릿-스크린 사이 거리 L은 슬릿 간격 d, 그리고 밝은 무늬 간격보다 매우 큰 값이다. 따라서 각 θ은 작은 값으로 근사할 수 있다. 이 근사 조건을 삼각함수에 적용하면

$$\sin\theta_m \approx \tan\theta_m \approx \theta_m \tag{5.12}$$

따라서 식 (5.10)과 (5.12)를 (5.11)에 대입하여 정리하면

$$d\sin\theta_m \approx d\tan\theta_m \tag{5.13}$$

$$d\,\frac{y_m}{L} = m\lambda \tag{5.14}$$

이다. m번째 밝은 무늬까지의 높이 y_m으로 정리하면

$$y_m = m\frac{\lambda L}{d},\ (m = 1, 2, 3, \ldots) \tag{5.15}$$

간섭무늬 간격 Δy는

$$\begin{aligned}\Delta y &= y_{m+1} - y_m \\ &= [(m+1) - m]\frac{\lambda L}{d} \\ &= \frac{\lambda L}{d}\end{aligned} \tag{5.16}$$

간섭무늬 간격은 빛의 파장에 비례하고 슬릿 간격에 반비례한다.

[예제 5.1]
단색광을 이용하여 이중 슬릿 간섭무늬를 발생시켰다. 두 슬릿 간격이 $d = 0.26\,mm$이고, 슬릿과 스크린 사이 거리가 $L = 2.5\,m$이다. 스크린에 맺힌 간섭무늬 사이 간격(밝은 무늬 간격 또는 어두운 무늬 간격)이 $\Delta y = 6.5\,mm$일 때, 사용된 빛의 파장은?

풀이: 식 (5.16)을 이용하여 계산한다.

$$\Delta y = \frac{\lambda L}{d}$$

$$\begin{aligned}\lambda &= \frac{d\Delta y}{L} \\ &= \frac{(0.26 \times 10^{-3}\,m)(6.5 \times 10^{-3}\,m)}{2.5\,m} \\ &= 6.76 \times 10^{-7}\,m = 676\,nm\end{aligned}$$

5.1.3 입사 빛 파장

영의 이중 슬릿 간섭 실험으로 실험에 사용된 가시광선의 파장을 최초로 측정하였다. 영의 이중 슬릿 간섭 실험으로 가시광선의 파장을 측정하는 것의 중요성은 빛의 특성과 파동 특성을 명확히 파악할 수 있다는 것이다. 간섭무늬의 위치와 간격을 측정함으로써 실험에 사용된 빛의 파장을 결정할 수 있다.

영의 이중 슬릿 실험으로 생성된 간섭무늬는 사용된 빛의 파장에 의존한다. 뿐만 아니라, 슬릿 사이의 간격, 슬릿과 스크린 사이의 거리, 입사 빛의 파장 모두 간섭무늬에 영향을 준다.

중앙 간섭무늬로부터 m번째 간섭무늬까지의 수직 거리 y_m를 측정하고 슬릿과 스크린 사이의 거리 L를 알면 다음 방정식을 사용하여 빛의 파장을 계산할 수 있다. m번째 밝은 무늬의 보강 간섭 조건

$$d\sin\theta = m\lambda \tag{5.17}$$

여기서 λ는 빛의 파장, d는 슬릿 간격, θ는 중앙 밝은 무늬와 m번째 밝은 무늬 사이의 각도이다. 슬릿-스크린 거리와 m차 밝은 무늬까지의 거리 y_m이 만드는 직각 삼각형의 삼각관계는

$$\tan\theta_m = \frac{y_m}{L} \tag{5.18}$$

이다. 일반적으로 슬릿-스크린 간격은 간섭무늬 간격에 비해 매우 크기 때문에 각 θ는 매우 작은 값이다. 따라서 근사 식 $\tan\theta_m \approx \sin\theta_m \approx \theta_m$을 이용하면

$$\begin{aligned}\lambda &= \frac{d}{m}\sin\theta_m \\ &\approx \frac{d}{m}\theta_m \\ &\approx \frac{d}{m}\tan\theta_m \\ &= \frac{d}{m}\frac{y_m}{L}\end{aligned} \tag{5.19}$$

가 된다. 따라서 간섭무늬 간격 및 이중 슬릿 실험 장치의 기하학적 거리를 측정하면 실험에 사용된 입사 빛의 파장을 계산할 수 있다.

영의 이중 슬릿 간섭계를 이용한 가시광선 파장의 측정은 빛의 파동적 특성을 확인했다는 점에서 의미가 크다.

[예제 5.2]
단색광을 이용하여 이중 슬릿 간섭무늬를 발생시켰다. 두 슬릿 간격이 $d = 0.26\,mm$이고, 슬릿과 스크린 사이 거리가 $L = 2.5\,m$이다. 스크린에 맺힌 간섭

무늬는 중앙 극대($m=0$)로부터, 두 번째($m=2$) 밝은 무늬 사이 간격이 $y_2 = 1.24\,cm$이다. 실험에 사용된 빛의 파장은?

풀이: 식 (5.19)를 이용하여 계산한다.

$$\lambda = \frac{d}{m}\frac{y_m}{L}$$
$$= \frac{(0.26\times 10^{-3}\,m)(1.24\times 10^{-2}\,m)}{2\times 2.50m}$$
$$= 6.45\times 10^{-7}\,m = 645\,nm$$

5.1.4 이중 슬릿 간섭무늬 세기

이중 슬릿에서 방출되는 두 빛의 전기장 E_1, E_2의 중첩에 의한 간섭무늬 세기를 유도해 보자. 전자기파는 전기장과 자기장으로 구성되어 있지만, 파동 특성이 일치하고 물질과의 상호 작용에는 전기장이 큰 역할을 하므로 일반적으로 전자기파를 전기장만으로 기술한다. 중첩되는 두 전자기파의 파동 함수는

$$E_1 = E_0 \sin(\omega t) \tag{5.20}$$

$$E_2 = E_0 \sin(\omega t + \phi) \tag{5.21}$$

로 표현할 수 있다. ω는 각진동수이고, ϕ는 두 전자기파의 위상차이다. 일반적으로 파동함수는 kx항을 포함하지만, 이중 슬릿 실험에서는 스크린 위의 고정된 점의 위치 x는 편의상 0으로 두어 생략되었다. 또한, 두 전자기파의 위상차 ϕ는 일정한 값을 유지하므로 결맞음성이 있고, 서로 간섭할 수 있다.[22)]

22) 서로 다른 파동이 중첩되어 간섭하기 위해서는 중첩되는 파동은 결맞음성이 있어야 한다. 결맞음성은 중첩되는 파동 사이의 위상차가 일정하게 유지되는 것을 의미한다. 예를 들어 태양, 촛불, 형광등, 백열등에서 방출되는 빛들은 위상이 제각각이어서 시간에 따른 위상차가 계속 달라져서 결맞음성이 매우 미약하다. 반면 레이저에서 방출되는 빛은 기본적으로 위상차가 일정하여 결맞음성이 매우 우수하고, 레이저 빛을 이용하면 바로 간섭무늬를 만들 수 있다.

중첩의 원리에 의해 중첩된 빛의 전기장은

$$
\begin{aligned}
E &= E_1 + E_2 \\
&= E_0 \sin(\omega t) + E_0 \sin(\omega t + \phi) \\
&= 2E_0 \sin(\omega t + \frac{\phi}{2})\cos(\frac{\phi}{2})
\end{aligned} \tag{5.22}
$$

가 된다. 여기서 삼각함수 공식

$$
\sin(a) + \sin(b) = 2\sin(\frac{a+b}{2})\cos(\frac{a-b}{2}) \tag{5.23}
$$

을 이용하였고, 코사인 함수는 우함수[23] 성질

$$
\cos(-\frac{\phi}{2}) = \cos(\frac{\phi}{2}) \tag{5.24}
$$

을 적용하였다.

식 (5.22)의 $2E_0 \sin(\omega t + \phi/2)$는 진폭 항, $\cos(\phi/2)$는 간섭 항이라고 한다. 간섭 항에 있는 위상차 ϕ에 따라 진폭이 더 커지는 보강 간섭인지, 진폭이 하나의 파동의 진폭보다 작은 상쇄 간섭인지가 결정된다.

사람의 눈으로 느껴지는 빛의 세기 I는 전기장 진폭의 제곱에 비례한다. 따라서 중첩된 파동의 세기는

$$
\begin{aligned}
I &= \left| 2E_0 \sin(\omega t + \frac{\phi}{2})\cos(\frac{\phi}{2}) \right|^2 \\
&= 4|E_0|^2 \sin^2(\omega t + \frac{\phi}{2}) \cos^2(\frac{\phi}{2}) \\
&= [4I_0 \cos^2(\frac{\phi}{2})]\sin^2(\omega t + \frac{\phi}{2})
\end{aligned} \tag{5.25}
$$

가 된다. 위상차는 $0 \leq \phi \leq 2\pi$ 범위에 있는 값이므로 일반적인 시간의 범주에서

---

23) 원점 대칭 함수로 $f(-x) = f(x)$관계에 있다.

ωt에 비하여 무시될 수 있다. 또한, 가시광선의 경우

$$\sin^2(\omega t + \frac{\phi}{2}) \tag{5.26}$$

에 있는 각진동수 ω는 $2\pi f$로 초당 값이 대략 10^{15}으로 매우 빠르게 진동한다. 이 값은 눈으로 인지할 수 없는 범위에 속한다.

식 (5.25)의 대괄호에 안에 있는 값

$$4I_0 \cos^2(\frac{\phi}{2}) \tag{5.27}$$

이, 눈 또는 디텍터에 의해 측정되는 간섭무늬의 세기이다. $\cos^2(\frac{\phi}{2})$는 간섭 항으로 0과 1사이 값이다. 따라서 중첩된 빛의 세기는 빛 하나 세기의 최대 4배가 될 수 있고, 위상차에 따라 세기가 0이 될 수도 있다.

위상차 ϕ가 π의 정수배(0 포함을 포함)이면 완전 보강 간섭에 해당하고, 그 세기는

$$I = 4I_0, (\phi = 0, \pi, 2\pi, \cdots) \tag{5.28}$$

이다. 반면 완전 상쇄 간섭인 경우

$$I = 0, (\phi = \frac{\pi}{2}, \frac{3\pi}{2}, \frac{5\pi}{2}, \cdots) \tag{5.29}$$

가 된다. 그림 (5.5)는 두 빛의 간섭에 의한 세기 분포이다. 중앙에서 밝은 무늬가 나타나고, 등 간격으로 밝은 무늬와 어두운 무늬가 반복된다. 밝은 무늬 사이 간격과 어두운 무늬 사이 간격 모두 같다. 여기서 특이한 점은 중앙으로부터 멀리 떨어진 주변에서도 간섭무늬 세기가 줄어들지 않는다는 것이다. 상식적으로 이해하기 어려운 결과에 대하여는 다음 장에서 회절을 설명한 후 논의될 예정이다.

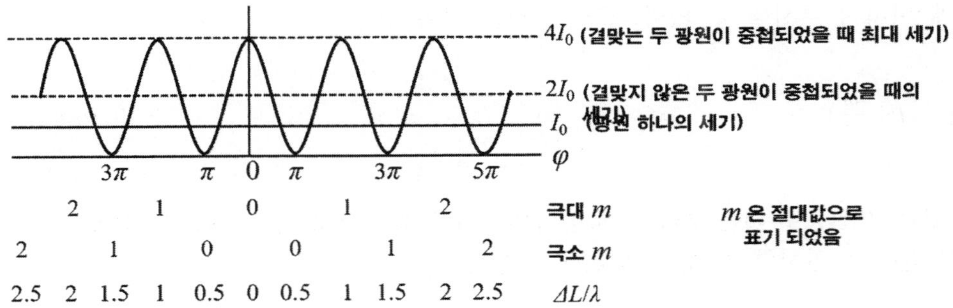

그림 5.5 이중 슬릿 간섭무늬 세기 분포

5.1.5 위상자 방법

그림 (5.6)은 중첩되는 두 개의 전자기파를 화살표로 표시하였다. 전자기파를 화살표로 표시하여 합성파의 진폭을 벡터의 합 방법으로 구하는 것을 위상자 방법이라고 한다. 위상자 방법은 중첩되는 파동이 많을 때 계산상의 이점이 커진다.

중첩되는 두 전기장이 앞에서와같이

$$E_1 = E_0 \sin(\omega t) \tag{5.30}$$

$$E_2 = E_0 \sin(\omega t + \phi) \tag{5.31}$$

라고 하자. 위상자로 나타내면 첫 번째 전자기파는 수평축에 대하여 ωt방향으로, 그리고 두 번째 전자기파는 첫 번째 전자기파에 대하여 ϕ회전된 방향으로 그려진다.

두 전자기파가 중첩된 합성파를 벡터 합 방법으로 화살표로 표시하면 첫 번째 전자기파에 대하여 β방향이다. 이등변 삼각형의 사변의 크기와의 관계로부터 합성파의 전기장의 세기는

$$E = 2(E_0 \cos\beta)$$

$$= 2E_0 \cos\frac{\phi}{2} \tag{5.32}$$

이다. 제곱하여 세기를 나타내면

$$I = |E|^2$$

$$= 4|E_0|^2 \cos^2(\frac{\phi}{2})$$

$$= 4I_0 \cos^2(\frac{\phi}{2}) \tag{5.33}$$

가 된다. 앞에서의 삼각함수 공식으로 얻은 결과와 마찬가지로 중첩된 전자기파의 세기는 하나의 전자기파 세기의 최대 4배가 된다.

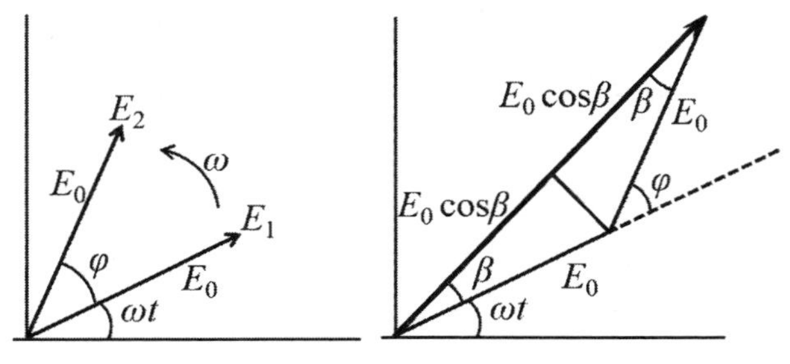

그림 5.6 위상자 방법을 이용한 빛의 중첩 세기

이 방법은 삼각함수 공식을 사용하지 않고, 익숙한 화살표로 표시된 벡터 합으로 세기를 얻을 수 있다. 여러 개의 파동이 중첩되는 경우에는 삼각함수 방법으로 세기 결과를 얻는 것은 사실상 불가능하다. 하지만 위상자 방법은 더 많은 파동인 중첩되는 경우에도 가능하여 상황에 따라 매우 유용한 방법이다.

5.2 로이드 거울 간섭

빛이 거울에서 반사된 빛(가상의 광원)과 원래 광선(실제 광원)과의 중첩에 의한 간섭을 로이드 거울 간섭이라고 한다. 거울에 반사된 빛은 위상이 180° 바뀐다. 따라서 중첩된 빛은 원래 빛과의 경로차 Δ와 반사에 의한 위상 변화로 간섭무늬를 형성한다. 반사에 의한 위상 변화로 거울 표면에서는 상쇄 간섭으로 어두운 무늬(그림 (5.7)의 가장 아래 간섭무늬)가 생긴다.

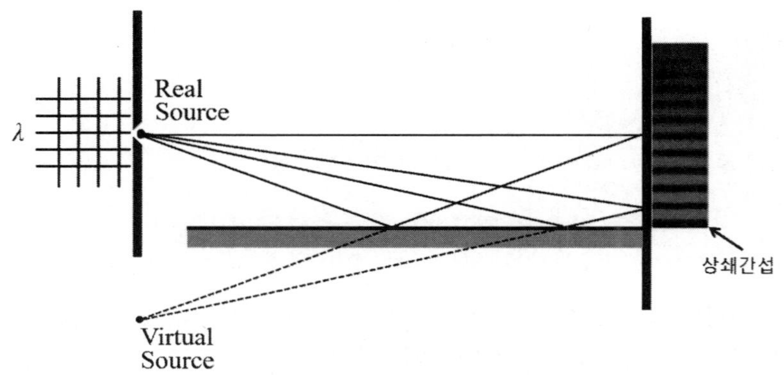

그림 5.7 로이드 거울에 의한 빛의 중첩

경로차와 위상차에 대한 보강 간섭 조건은

$$\Delta = (m + \frac{1}{2})\lambda \tag{5.34}$$

$$\begin{aligned} \phi &= \frac{2\pi}{\lambda}\Delta \\ &= \frac{2\pi}{\lambda}(m + \frac{1}{2})\lambda \\ &= (2m+1)\pi, \quad (m = 0, 1, 2, \cdots) \end{aligned} \tag{5.35}$$

이다. 여기서 m은 거울 표면으로부터 위쪽으로 보강 간섭 차수로 0과 자연수이다. 보강 조건의 경로차에서 1/2는 거울 반사에 의한 위상 변화로 인한 것이다.

상쇄 간섭 조건은

$$\Delta = m\lambda \tag{5.36}$$

$$\phi = \frac{2\pi}{\lambda}\Delta = \frac{2\pi}{\lambda}(m\lambda) = 2\pi m \quad (m = 0, 1, 2, \cdots) \tag{5.37}$$

이다. 이중 슬릿 간섭 조건, 상쇄 조건과 서로 뒤바뀐 것이다. 이것은 거울 반사에 의한 위상 변화가 발생하였기 때문이다.

로이드 간섭계는 간섭계, 파면 분석, 결맞음 측정, 광학 부품 테스트 및 현미경 검사에서 광범위한 응용 분야를 제공하는 광학 분야의 다목적 도구이다. 로이드 간섭계는 빛이 진행 경로 길이의 작은 변화를 측정하기 위해 간섭계 실험에 일반적으로 사용된다. 간섭무늬를 분석하여 거리 측정, 표면 프로파일링 및 진동 분석과 같은 응용 프로그램에 대해 정밀한 측정을 수행할 수 있다. 또한, 빛의 파면을 분석하는 데 사용되며 광학 시스템에 존재하는 모양과 수차에 대한 정보를 준다. 로이드 간섭계에서 생성된 간섭 패턴을 검사하여 파면을 재구성하여 광학 부품의 특성화 및 성능 평가를 가능하게 한다. 또 간섭계는 광원의 간섭 길이를 측정하는 데 사용할 수 있다. 간섭 줄무늬를 관찰하고 두 빔 사이의 경로 길이 차이를 변경함으로써 빛의 분광 특성 및 간섭 특성에 대한 정보를 얻을 수 있다.

5.3 얇은 막 간섭

박막은 주변과 굴절력이 다른 얇은 막을 의미한다. 빛이 박막에 입사하면 앞면과 뒷면에서 일부가 반사되고, 일부는 통과한다. 박막 간섭은 비눗방울이나 유막과 같은 얇은 막을 통과할 때 발생하며, 박막의 앞면과 뒷면에서 반사된 빛이 중첩되어 발생한다.

두께가 d인 박막과 주변 매질의 굴절률이 각각 n_1, n_2이고 파장이 λ인 빛이 박막

에 수직 입사할 때, 반사광의 보강 간섭 조건은

$$2n_2d = (m+\frac{1}{2})\lambda,\ \ (m=0,1,2,...) \tag{5.38}$$

여기서 m은 간섭무늬의 차수를 나타내는 정수이다. 반사광의 상쇄 간섭 조건은

$$2n_2d = m\lambda,\ (m=1,2,3,...) \tag{5.39}$$

이다. 박막의 보강 조건과 상쇄 조건은 이중 슬릿의 조건과 반대이다. 이는 그림 (5.8)의 앞면에서 반사된 빛은 $n_2 > n_1$이기 때문에 고정단 반사 효과로 광선 r_1에 π라디안 위상 변화가 일어난다. 앞면을 투과한 광선은 위상 변화가 없어 그림에서 "0"으로 표기되었다. 또한, 뒷면에서 반사된 빛은 $n_3 < n_2$이기 때문에 자유단 효과로 위상 변화가 없으므로 역시 "0"으로 표시되었다.

다만 뒷면에서 반사된 빛은 수직 입사를 가정할 때 기하학적으로 $2d$만큼 먼 거리를 이동하였기 때문에 경로차로 인한 위상 변화가 발생한다. 박막의 굴절률이 n_2이므로 박막을 통과하는 빛은 광학적 거리 $2n_2d$만큼의 경로차를 겪는다. 이 경로차로 인한 위상 변화를 광선 r_2에 ϕ로 표기하였다.

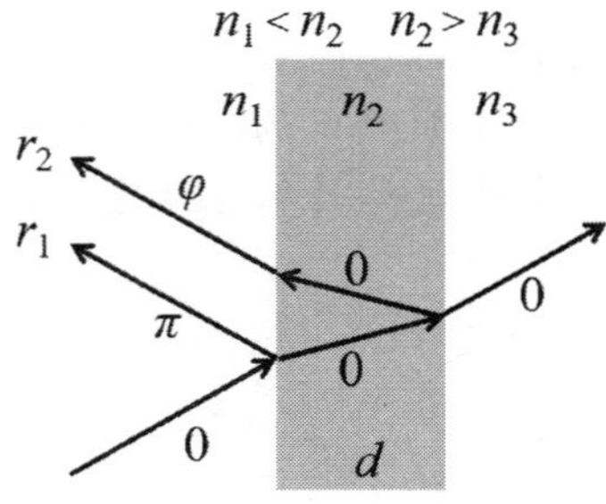

그림 5.8 박막 간섭

반사율을 최소로 하는 박막의 두께를 알아보자. 반사율이 최소이면 투과율은 최대가 된다. 반사율이 최소가 되기 위해서는 반사광이 완전 상쇄 간섭 해야 된다. 따라서 식 (5.39)로부터 반사율이 최소인 박막의 두께는

$$d = \frac{m\lambda}{2n_2}$$
$$= m\frac{\lambda'}{2},\ (m = 1, 2, 3, ...) \tag{5.40}$$

이다. 여기서 λ'는 박막 내부에서의 파장으로 λ/n_2이다.

반사율이 최대 (투과율이 최소)이기 위해서 반사광이 완전 보강 간섭 해야 한다. 따라서 식 (5.38)으로부터, 반사율이 최대인 박막의 두께는

$$d = (m + \frac{1}{2})\frac{\lambda'}{2},\ (m = 0, 1, 2, ...) \tag{5.41}$$

이다.

[예제 5.3]
공기 중에 놓여 있는 투명한 얇은 필름(두께 $d = 1.45\,\mu m$)에서 반사된 빛이 열 번째 ($m = 10$) 보강 조건에 의한 파란색 ($\lambda = 440\,nm$)으로 보였다. 이 필름의 굴절률은?

풀이: 열 번째 보강 조건을 만족하므로 식 (5.38)에 $m = 10$을 대입하여 계산한다.

$$2n_2 d = (m + \frac{1}{2})\lambda,\ (m = 10)$$
$$n_2 = \frac{21\lambda/2}{2d}$$
$$= \frac{(21/2)\times(440\times10^{-9}\,m)}{2\times(1.45\times10^{-6}\,m)}$$
$$= 1.59$$

5.4 쐐기형 얇은 막 간섭

쐐기형 박막은 두께가 일정하지 않아서 위치에 따른 보강 간섭과 상쇄 간섭으로 밝은 무늬와 어두운 무늬가 교차로 나타난다. 예를 들어, 그림 (5.9)에서 공기 중에

떠 있는 비눗방울에 다양한 무늬가 보인다. 이는 비눗방울의 두께가 일정치 않아 위치마다 보강 간섭을 일으키는 파장이 다르기 때문에 나타나는 현상이다.

보강 조건과 상쇄 조건은 앞 절의 박막의 조건과 일치한다. 비눗방울의 밖과 안은 공기이므로 얇은 막과 같은 상황에서 간섭이 일어난다.

그림 5.9 비눗방울 간섭무늬

[예제 5.4]
공기 중에 떠 있는 비눗방울에 천연색의 다양한 무늬가 보인다. 무늬의 한 점에서 보강 간섭에 의한 파란색($\lambda = 440\,nm$)이 보였다. 이 부분의 최소 두께는? (비눗방울의 굴절률은 $n_2 = 1.36$이다.)

풀이: 최소 두께이므로 식 (5.40)에 $m = 1$을 대입하여 계산한다.

$$2n_2 d = (m + \frac{1}{2})\lambda, \ (m = 1)$$

$$d = \frac{3\lambda/2}{2n_2}$$

$$= \frac{(3/2)\times(440\times10^{-9}m)}{2\times1.36}$$

$$= 2.42\times10^{-7}\,m = 242\,nm$$

판과 판 사이에 양쪽 끝 두께가 다를 때, 사이 공간이 쐐기 모양을 하여 쐐기형 박막이라고 한다. 윗 판을 통과하여 쐐기형 박막의 윗 경계면에서 반사된 빛과 쐐

기층을 지나 아래 판과의 경계면에서 반사된 빛이 중첩되어 간섭무늬를 만든다.

그림 (5.10)의 쐐기(판 사이 공기층) 윗부분에서 반사된 빛은 $n_1 > n_2$이기 때문에 위상 변화가 없다. 반면에 쐐기 아랫면에서 반사된 빛은 $n_2 < n_3$이기 때문에 π 라디안 위상 변화가 발생하고, 수직으로 입사하는 경우 $2n_2d$의 경로차에 의한 위상 변화가 발생한다.

그림 (5.10)의 왼쪽 끝부분은 쐐기 두께가 매우 얇아 경로차에 의한 위상 변화는 무시할 수 있다. 따라서 반사에 의한 위상 변화(π 라디안)만 겪기 때문에 상쇄 간섭한다. 이로써 쐐기 박막의 얇은 끝부분에서는 어두운 무늬가 생긴다. 점차 두꺼운 부분으로 이동하면 경로차가 점점 커져서 경로차에 의한 위상 변화도 증가한다.

쐐기 박막에 대한 보강 간섭 조건은

$$2n_2d = (m + \frac{1}{2})\lambda,\ \ (m = 0, 1, 2, ...) \tag{5.42}$$

여기서 m은 간섭무늬의 차수를 나타내는 정수이다. 상쇄 간섭 조건은

$$2n_2d = m\lambda,\ (m = 1, 2, 3, ...) \tag{5.43}$$

이다. 공기층이 쐐기형 박막으로 작용하는 경우, 굴절률은 $n_2 = 1.00$이다. 쐐기형 박막의 보강 조건과 상쇄 조건은 이중 슬릿의 조건과 반대이고 앞 절의 편평한 박막의 조건과 일치한다.

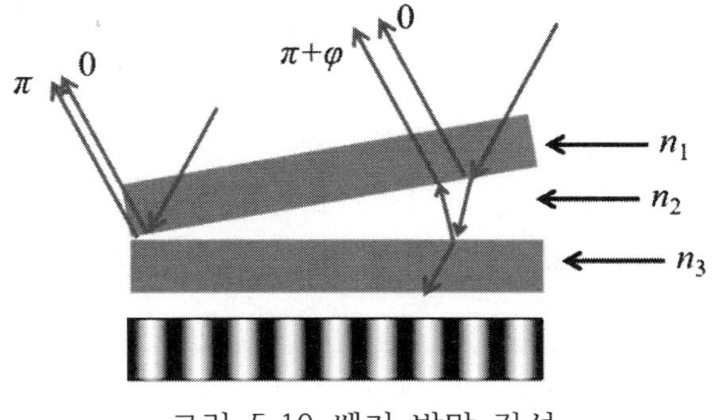

그림 5.10 쐐기 박막 간섭

쐐기 모양의 박막은 표면의 '**두께가 점진적으로 변하는 박막**'이라는 고유한 특성으로 인해 여러 응용 분야에서 활용될 수 있다. 쐐기형 박막의 두께 변화는 굴절률 및 투과 특성과 같은 광학 특성의 해당 변화를 초래한다.

두께 변화를 목적에 맞게 설계함으로써 특정 위치에서 빛의 특정 파장의 투과율을 높이거나 반대로 반사율을 높여서 빛을 차단하는 광학 필터로 만들 수 있다. 광학 필터는 분광 광도법, 파장 선택 및 가변 레이저와 같은 응용 분야에 사용된다.

쐐기형 박막의 두께 변화를 활용하여 레이저 빔의 방향을 조정하거나 스캔할 수 있다. 쐐기 모양의 박막을 광학 시스템에 장착함으로써 빔이 필름을 통과할 때 빔의 굴절각을 제어할 수 있다. 이 속성은 레이저 스캐닝 시스템, 광학 빔 편향기 및 적응형 광학 장치에서 응용된다. 쐐기형 박막의 두께 변화를 사용하여 빛의 편광 상태를 제어할 수도 있다.

두께 변화를 정밀하게 설계하면 빛들의 상대 위상차를 조절 할 수 있다. 또한, 쐐기형 박막은 일반적으로 간섭 코팅에 사용된다. 두께가 다른 여러 층의 박막을 기판에 증착함으로써 특정 파장의 빛을 강화하거나 억제하는 간섭 효과를 생성할 수 있다. 코팅으로 반사 방지 코팅, 거울, 빔 스플리터 등의 장치에 활용 된다. 빛이 필름-기판 경계면에서 반사될 때 형성되는 간섭무늬를 분석하여 샘플의 표면 형태를 분석할 수 있다.

[예제 5.5]
그림 (5.11)에서 두 개의 직사각형 유리판 ($n=1.52$)의 왼쪽 모서리가 닿아 있다. 파장 $\lambda=630\,nm$의 빛이 입사한다. 판 사이의 공기층이 박막으로 작용한다. 위쪽에서 볼 때 9개의 어두운 무늬와 8개의 밝은 무늬가 관찰되었다. 벌어진 오른쪽의 간격을 $1{,}260\,nm$ 더 벌려 놓으면 몇 개의 어두운 무늬를 볼 수 있는가?

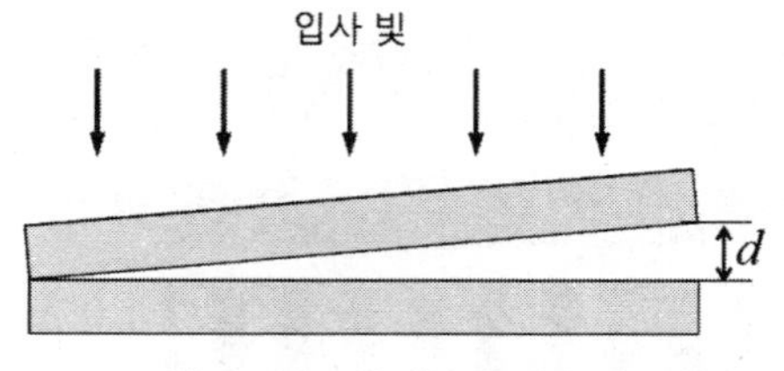

그림 5.11 쐐기 박막층 두께

풀이: 우선 상쇄 간섭 조건, 식 (5.43)을 이용하여 9번째 어두운 무늬가 발생한 오른쪽 공기층 간격 d을 계산한다.

$$2n_2 d = m\lambda,\ (m=9)$$

$$\begin{aligned} d &= \frac{m\lambda}{2n_2} \\ &= \frac{9\times(630\,nm)}{2\times(1.00)} \\ &= 2{,}835\ nm \end{aligned}$$

이제, 간격을 $1{,}260\,nm$를 더 벌리면, 오른쪽 공기층 두께는

$$\begin{aligned} d' &= (2{,}835+1{,}260)\,nm \\ &= 4{,}095\,nm \end{aligned}$$

상쇄 간섭 조건을 다시 이용하면

$$2n_2 d' = m\lambda,\ (m=1,2,3,\ldots)$$

$$\begin{aligned} m &= \frac{2n_2 d'}{\lambda} \\ &= \frac{2\times1.00\times(4{,}095nm)}{630\,nm} \\ &= 13 \end{aligned}$$

13개의 어두운 무늬가 생긴다.

5.5 코팅막 간섭

코팅된 물체의 앞면과 뒷면에서 빛이 반사될 때 발생하는 간섭이다. 그림 (5.12)는 기저 물질 위에 얇은 물질로 코팅된 것을 보여 준다. 코팅막의 두께가 d이고, 주변 매질의 굴절률 n_1, 코팅막의 굴절 n_2 및 기저 물질의 굴절률 n_3라 하자.

일반적으로 안경 렌즈 코팅과 같은 광학 물질 코팅의 경우에는 코팅 물질의 굴절

률 n_2는 주변의 굴절률 n_1보다는 크고, 기저 물질의 굴절률 n_3보다는 작은 값을 갖는 물질을 사용한다. 즉

$$n_1 < n_2 < n_3 \tag{5.44}$$

이다. 이 경우 반사광의 보강 간섭과 상쇄 간섭 조건은 각각

$$\text{보강 : } 2nd = m\lambda, \ (m = 1, 2, 3, ...) \tag{5.45}$$

$$\text{상쇄 : } 2nd = (m + \frac{1}{2})\lambda, \ (m = 0, 1, 2, ...) \tag{5.46}$$

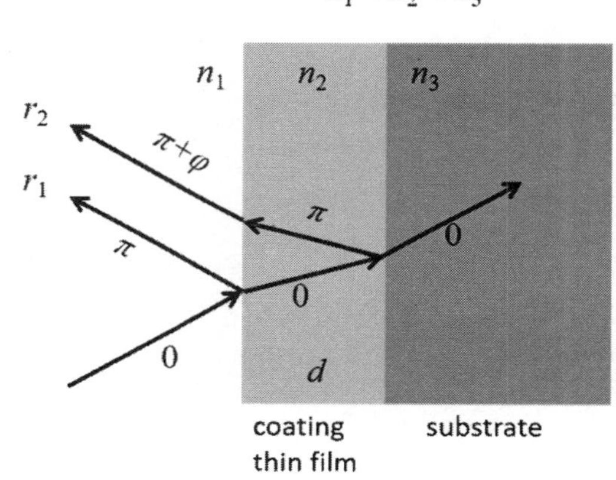

그림 5.12 코팅막 간섭

광학 코팅 필름은 빛의 투과, 반사 및 흡수 특성을 조절하기 위해 광학 표면에 증착된 재료의 얇은 층이다. 이러한 코팅은 광학 부품의 성능과 기능을 향상시키기 위해 다양한 광학 응용 분야에 사용한다.

반사 방지 (AR; Anti-reflection) 코팅은 광학 표면에서 원하지 않는 반사를 최소화하도록 설계된다. 특정 굴절을 가진 물질을 적정한 두께로 코팅함으로써, 코팅 표면에서 반사되는 빛의 양을 줄여 전체 빛의 투과율을 향상시킨다.

AR 코팅은 일반적으로 렌즈, 카메라 필터, 안경 및 디스플레이 화면에 사용되어

선명도를 높이고 눈부심을 줄이고 대비 감도를 높인다. 반대로 반사 코팅은 광학 표면의 반사율을 높이는 데 사용된다. 반사 코팅은 특정 파장 또는 파장 범위를 반사하고 다른 파장은 통과하도록 설계된다. 반사 코팅은 거울, 반투명거울 및 광학 필터에서 활용된다. 또한, 반사율을 최대화하고 집광 효율을 향상시키기 위해 레이저 시스템과 망원경에도 사용된다.

가장 광범위하게 사용되는 용도는 보호 코팅이다. 광학 부품은 종종 긁힘, 습기 및 화학 물질 노출과 같은 환경 요인으로 인해 손상되기 쉽다. 보호 코팅은 광학 표면에 적용되어 외부 요소에 대한 보호 작용으로 내구성과 수명을 늘린다. 이러한 코팅은 소수성, 소유성 또는 긁힘 방지 기능이 있어 광학 성능을 유지하면서 보호 기능을 갖는다.

[예제 5.6]
굴절률이 $n_S = 1.67$인 안경 렌즈의 반사율이 높아서 반사율을 낮추기 위한 코팅을 하였다. 코팅 물질은 굴절률이 $n_C = 1.38$인 불화마그네슘(MgF_2)이고, 코팅 두께는 $d = 120\,nm$이다. 반사율이 0인 가시광선 영역에 있는 빛의 파장은?

풀이: 반사율이 0이기 위해서는 반사 빛이 완전 상쇄 간섭해야 한다. 반사된 빛의 상쇄 조건은 식 (5.46)에 의해

$$2nd = (m + \frac{1}{2})\lambda, \ (m = 0, 1, 2, ...)$$

$$\lambda = \frac{2nd}{m + 1/2}, \ (m = 0, 1, 2, ...)$$

$$\lambda = \frac{2 \times 1.38 \times (120 \times 10^{-9}\,m)}{m + 1/2}, \ (m = 0, 1, 2, ...)$$

$$= \begin{cases} 552\,nm, & (m = 0) \\ 184\,nm, & (m = 1) \\ 110\,nm, & (m = 2) \end{cases}$$

차수 $m = 0$일 때를 파장 $552\,nm$의 빛을 제외하고 모두 자외선 영역의 빛이다. 따라서 $m = 0$일 때, $\lambda = 552\,nm$파장의 빛이 무반사 된다.

[예제 5.7]
렌즈 표면의 반사를 감소시키기 위해 유리 렌즈의 한쪽 면에 MgF_2를 코팅하였다. MgF_2의 굴절률은 1.38이고 유리의 굴절률은 1.70이다. 가시광선 중심 파장이

($\lambda = 420\,nm$)인 청색광 투과를 최소화 할 수 있는 박막의 최소 두께는? 빛은 렌즈의 표면에 직각으로 입사한다.

풀이: 투과를 최소로 하려면 반사가 최대가 되어야 한다. 따라서 반사광의 극대 조건을 사용한다.

$$2nd = m\lambda,\ \ (m = 1, 2, ...)$$
$$d = \frac{m\lambda}{2n},\ \ (m = 1, 2, ...)$$

최소 두께이므로 $m = 1$

$$\begin{aligned} d &= \frac{\lambda}{2n} \\ &= \frac{420\times10^{-9}m}{2\times1.38} \\ &= 1.52\times10^{-7}m\ = 152\,nm \end{aligned}$$

5.6 뉴턴의 원 무늬

뉴턴의 원 무늬는 볼록 렌즈가 평평한 유리 표면에 놓일 때 발생하는 간섭 유형이다. 볼록 렌즈와 유리판 사이에 얇은 공기층이 생기고, 공기층의 위와 아래 표면에서 반사되는 빛은 서로 간섭하여 동심원 고리를 생성한다.

그림 (5.13)은 간섭에 의한 뉴턴 원 무늬 실험 장치 개념도이다. 광원에서 방출된 빛이 반투명 거울에서 나뉘어 아래 평볼록 유리에 수직으로 입사한다. 평볼록 유리와 평편한 거울 사이 공기층이 두께에 따라 보강 간섭과 상쇄 간섭으로 인한 무늬가 생성된다. 간섭무늬는 위쪽에 설치된 현미경으로 관찰하여 분석한다.

그림 (5.14)는 뉴턴 링 간섭 거울 부분을 확대하여, 한 점 P와 관련된 현의 길이, 공기층 두께와 반경을 나타낸 것이다. 그리고 위에 있는 간섭무늬는 동심원 모양으로 나타나므로 뉴턴 링이라고 부른다.

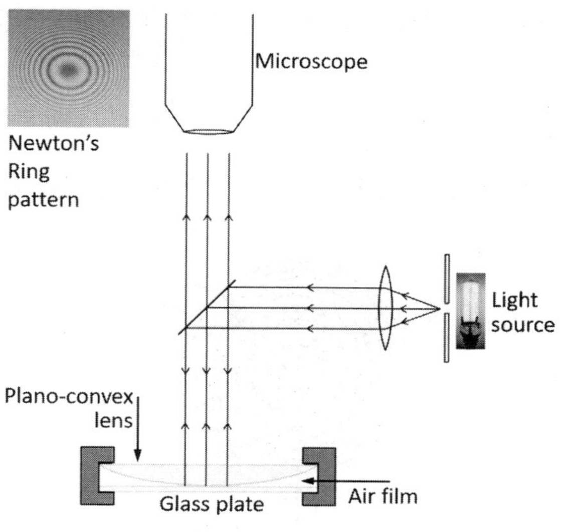

그림 5.13 뉴턴 원무늬

뉴턴 링의 n번째 고리의 반지름 r은 다음 공식을 사용하여 빛의 파장 λ 및 주변 매질의 굴절률 n로 표현할 수 있다. 즉

$$\begin{aligned} r^2 &= R^2 - (R-d)^2 \\ &= 2Rd - d^2 \end{aligned} \tag{5.47}$$

여기서 $R \gg d$이기 때문에

$$r^2 \approx 2Rd \tag{5.48}$$

평볼록 렌즈의 굴절률이 공기층의 굴절률보다 크기 때문에, 공기층의 윗면에서 반사된 빛은 반사에 의한 위상 변화가 없다. 반면에 공기층 아랫면에서 반사된 빛은 반사에 의한 위상 변화가 $\pi\, rad$이다. 따라서 공기층 윗면과 아랫면에서 반사된 두 빛이 서로 간섭하여 m번째 밝은 무늬(보강) 조건은

$$\begin{aligned} 2d &= \frac{r^2}{R} \\ &= (m+\frac{1}{2})\lambda, \ (m=0, 1, 2, \cdots) \end{aligned} \tag{5.49}$$

이다. 여기서 앞 식 (5.48)을 적용하였다. 어두운 무늬 (상쇄) 조건은

$$2d = m\lambda, \ (m = 0, 1, 2, \cdots) \qquad (5.50)$$

이다. 보강 조건과 상쇄 조건이 이중 슬릿 간섭 조건과 반대이다.

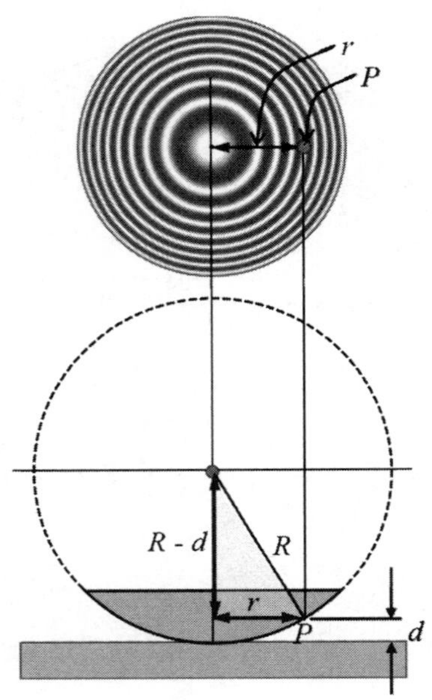

그림 5.14 뉴턴 원무늬 반지름

[예제 5.8]
얇은 평볼록 렌즈가 볼록 면을 아래 방향으로 하여 광학적 평면(유리판 또는 투명한 아크릴판)에 놓여 있다. 평볼록 렌즈의 굴절률은 $n = 1.523$이고 구면의 곡률 반경은 $R = 25\ cm$이다. 파장이 $\lambda = 589.3\ nm$인 빛을 방출하는 나트륨 등을 수직 아래로 비추면 동심원 모양의 간섭무늬가 발생한다. 세 번째 밝은 무늬의 반경은?

풀이: 뉴턴의 원 무늬의 보강 조건

$$2d = \frac{r^2}{R} = (m + \frac{1}{2})\lambda, \ (m = 0, 1, 2, \cdots)$$

을 이용하여, 다섯 번째 $(m = 3)$ 원 무늬 반경 r을 계산하면

$$\frac{r^2}{R} = (3+\frac{1}{2})\lambda$$

$$r = \sqrt{3.5\lambda R}$$

$$= \sqrt{3.5\times(589.3\times10^{-9}\,m)(0.200\,m)}$$

$$= 0.642\times10^{-3}\,m = 0.642\,mm$$

뉴턴 고리는 다양한 용도로 활용될 수 있다. 뉴턴 고리는 광학 표면 테스트로 표면의 품질 관리에 사용된다. 렌즈와 유리판 사이에 형성된 링의 패턴을 관찰함으로써 표면의 평탄도와 균일성을 분석할 수 있다. 간섭 패턴을 통해 편차나 결함을 감지할 수 있으므로 중요한 광학 요소를 평가할 수 있다. 같은 원리로 표면의 곡률 또는 프로파일(굴곡, 높낮이)을 측정하는 데 사용할 수 있다. 링의 직경을 분석하면 볼록 렌즈의 곡률 반경이나 유리판의 평탄도를 유추할 수 있다. 이 기술은 정확한 표면 측정이 필수적인 계측 및 제조와 같은 분야에서 활용된다.

또한, 뉴턴의 고리는 박막의 두께를 측정하는 데 사용할 수 있다. 유리판에 투명 필름을 증착하면 간섭 패턴이 바뀌어 링 패턴이 이동한다. 즉, 간섭 원 무늬 크기가 변한다. 이동 정도를 측정하여 필름의 두께를 계산할 수 있다. 이 방법은 박막 두께의 정밀한 제어가 중요한 반도체 제조 및 광학과 같은 산업에서 유용하다.

뉴턴의 고리는 현미경 관련 기술 분야에서 활용될 수 있는데, 편평한 유리 슬라이드가 있는 렌즈를 결합하여 현미경 이미지의 대비와 해상도를 향상 시킬 수 있다.

5.7 다중 슬릿 간섭

2중 슬릿 간섭은 앞에서 설명하였다. 회절 효과 없이 간섭 효과만을 고려한 간섭 무늬는 중앙에서 먼 곳의 가장자리에서도 그림 (5.15)와 같이 세기의 감소 없이 일정한 간격 Δy으로 무늬가 생긴다. 이는 회절 효과를 고려하지 않았기 때문에, 회절 효과는 다음 장에서 설명한다.

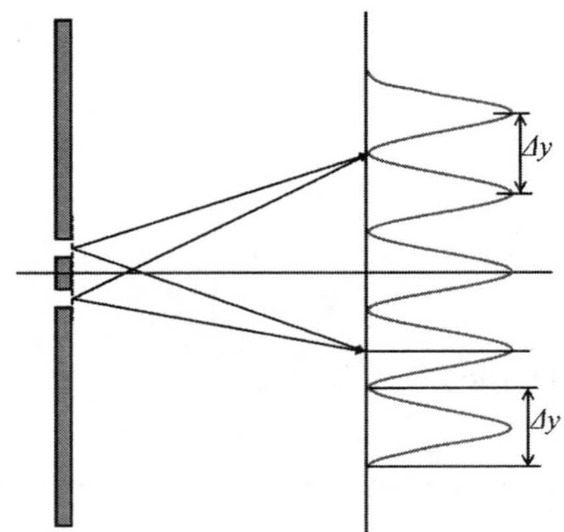

그림 5.15 이중 슬릿 간섭무늬 간격

이중 슬릿의 경우에는 삼각함수 공식을 이용하여 합성파의 세기와 방향을 계산할 수 있다. 중첩되는 두 조화파의 전기장 성분을 각각

$$E_1 = A_1 \sin(\omega t - \phi_1) \tag{5.51}$$

$$E_2 = A_2 \sin(\omega t - \phi_2) \tag{5.52}$$

이라 하자. 여기서 A_1과 A_2는 두 파동의 진폭이고, ϕ_1과 ϕ_2는 위상이다. 필요 이상으로 복잡해지는 것을 피하기 위하여 두 파의 각진동수는 같은 값 ω으로 설정하였다. 두 파가 중첩되면 합성파는 중첩의 원리에 의하여 두 파동의 합으로 쓰여진다. 즉,

$$\begin{aligned} E &= E_1 + E_2 \\ &= A_1 \sin(\omega t - \phi_1) + A_2 \sin(\omega t - \phi_2) \\ &= (A_1 \cos\phi_1 + A_2 \cos\phi_2) \sin\omega t - (A_1 \sin\phi_1 + A_2 \sin\phi_2) \cos\omega t \\ &= A \sin(\omega t - \phi) \end{aligned} \tag{5.53}$$

이다. 여기서 A는 합성파의 진폭이고, ϕ는 위상이다. 진폭과 위상은 각각

$$A = \left[A_1^2 + A_2^2 + 2A_1 A_2 \cos(\phi_1 - \phi_2) \right]^{1/2} \tag{5.54}$$

$$\tan\phi = \frac{A_1 \sin\phi_1 + A_2 \sin\phi_2}{A_1 \cos\phi_1 + A_2 \cos\phi_2} \tag{5.55}$$

3개 이상의 광원으로부터 나온 빛이 동시에 중첩되면 앞에서 다뤘던 이중 슬릿 간섭보다 복잡해진다. 다중 광원은 다중 슬릿을 통과한 빛으로 대체할 수 있다. 다중 간섭무늬는 점점 좁아지고 서로 가까워져 화면에 밝은 영역과 어두운 영역의 복잡한 패턴이 만들어진다. 특정 패턴은 슬릿 사이의 간격, 빛의 파장, 슬릿과 스크린 사이의 거리와 같은 변수에 따라 달라진다.

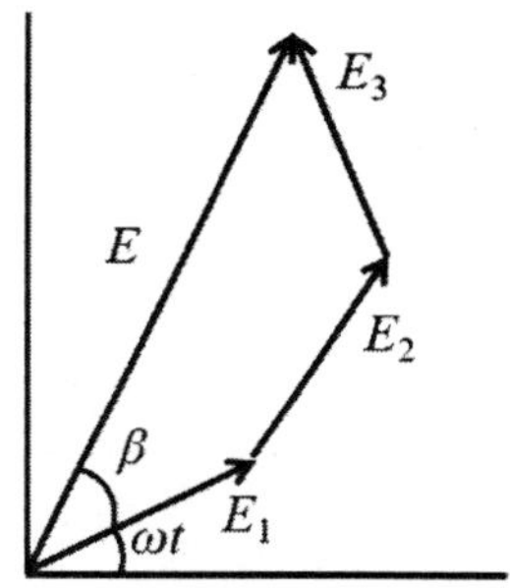

그림 5.16 다중 간섭

다중 간섭에 의한 세기 분포를 삼각함수 공식을 이용하여 분석하는 것은 다소 복잡하기 때문에 위상자 방법을 이용한다. 위상자 방법으로 중첩된 빛의 세기를 구하는 과정은 먼저 더하려는 위상자들을 차례로 크기와 위상각을 고려하여 그림 (5.16)과 같이 이어 그린다. 인접한 위상자들의 위상차를 유지하면서 평행 이동시켜 시작점과 끝점을 연결한다. 합성 벡터를 그리고 크기 E와 방향 β을 찾으면 합성된 빛의 특성을 파악할 수 있다.

5.7.1 삼중 슬릿 간섭

각 점에서의 삼중 슬릿에 의한 간섭은 그림 (5.17)의 세 개의 광원 (S_1, S_2, S_3)에서 나오는 빛이 중첩되는 상황과 같다. 슬릿 간격은 d로 일정하고, 인접한 두 슬릿에서 나오는 광선의 경로차는

$$\Delta = d\sin\theta$$

이다. 따라서 첫 번째와 세 번째 광선 사이의 경로차는 2Δ이다.

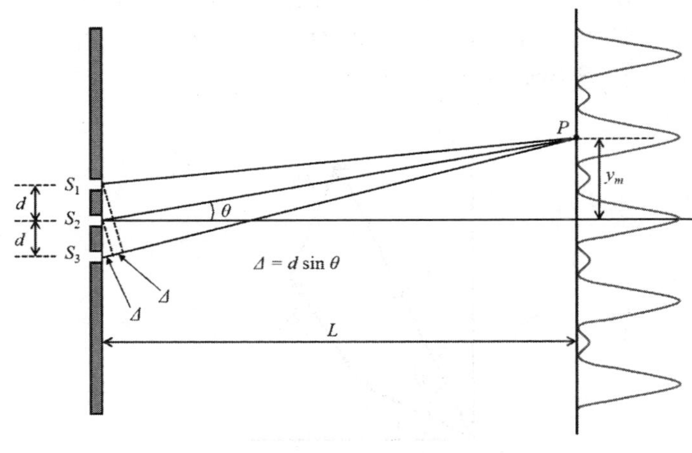

그림 5.17 삼중 슬릿 간섭

세 광파의 전기장을 조화파로 나타내면

$$E_1 = A_o \sin \omega t \tag{5.56}$$

$$E_2 = A_o \sin (\omega t + \phi) \tag{5.57}$$

$$E_3 = A_o \sin (\omega t + 2\phi) \tag{5.58}$$

세 번째 광파의 위상차는 두 번째 광파의 위상차의 2배이다. 슬릿 간격이 일정하므로 경로차와 위상차가 일정한 비율로 증가하기 때문이다. 인접한 두 광파의 위상차는

$$\phi = \frac{2\pi}{\lambda}\Delta$$

$$= \frac{2\pi}{\lambda} d \sin\theta$$

$$\approx \frac{2\pi}{\lambda} d \tan\theta$$

$$= \frac{2\pi}{\lambda} d \frac{y_m}{L} \qquad (5.59)$$

간섭무늬 세기를 정성적으로 분석해 보자. 인접한 두 광파의 경로차 Δ로 인한 위상차 ϕ는 식 (5.59)와 같다. 일반적으로 3중 슬릿의 실제 구조에서는 슬릿 간격 d가 슬릿-스크린 간격 L보다 매우 작다.

스크린의 중앙으로 향하는 세 개의 파는 그림 (5.18)과 같이 광축과 나란하게 진행한다. 따라서 위상차 ϕ와 위상자 방법으로 중첩된 파의 진폭 A는

$$\phi = 0 \qquad (5.60)$$

$$A = 3A_0 \qquad (5.61)$$

그리고 세기는 진폭의 제곱에 비례하므로

$$I = |A|^2$$

$$= |3A_0|^2$$

$$= 9I_0 \qquad (5.62)$$

이다. 여기서 I_0는 광파 하나의 세기이다. 따라서 중앙에서의 세기는 하나의 세기보다 9배 더 강하다.

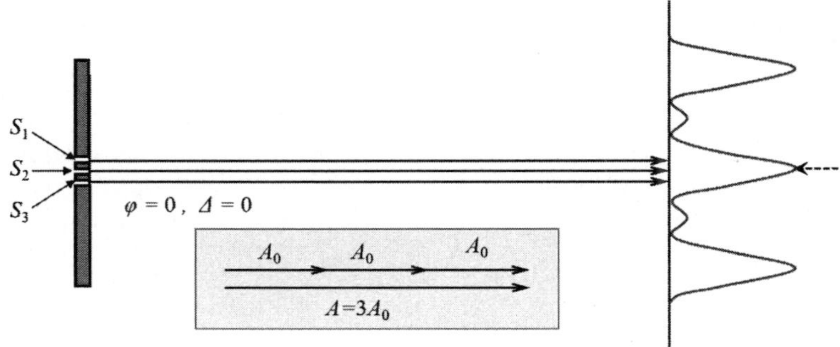

그림 5.18 삼중 슬릿 간섭의 중앙 극대

첫 번째 극소가 되기 위해서는 세 개의 광파가 중첩되어 진폭이 0이 되어야 한다. 따라서 중앙으로부터 첫 번째 극소 지점에서는, 세 개의 광파가 그림 (5.19)와 같이 경로차 Δ가 $\lambda/3$가 되는 방향으로 중앙에서 위쪽을 향한다.

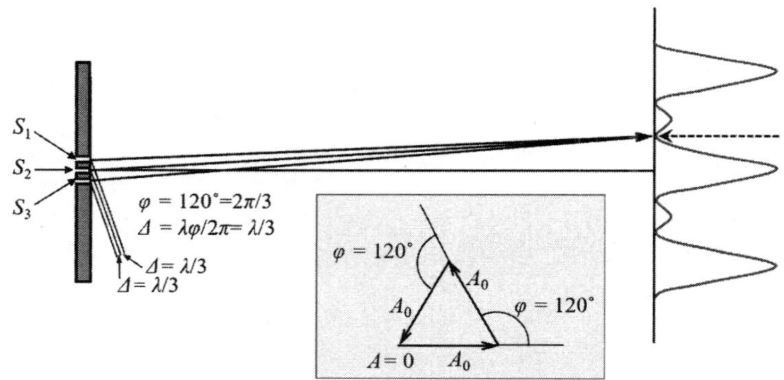

그림 5.19 삼중 슬릿 간섭의 첫 번째 극소

인접한 광파 사이의 위상차 ϕ는

$$\phi = \frac{2\pi}{3} rad$$

$$= 120° \tag{5.63}$$

이다. 위상자 방법에 의한 합성파의 세기 A는 박스 안에 표기된 바와 같이 시작점으로 돌아와서 0이 된다. 즉, $A=0$

그림 (5.20)는 같은 방법으로 위상차 ϕ가 180° 와 240° 의 진폭을 나타낸 것이다. 위상차가 180° 인 경우에

$$\phi = 180^\circ \tag{5.64}$$

$$A = A_0,\ I = I_0 \tag{5.65}$$

이다. 또 위상차가 240° 인 경우에는

$$\phi = 240^\circ \tag{5.66}$$

$$A = 0,\ I = 0 \tag{5.67}$$

위상차가 360° 인 경우에는 0° 의 결과와 같고, 진폭 변화는 위의 순서대로 반복된다.

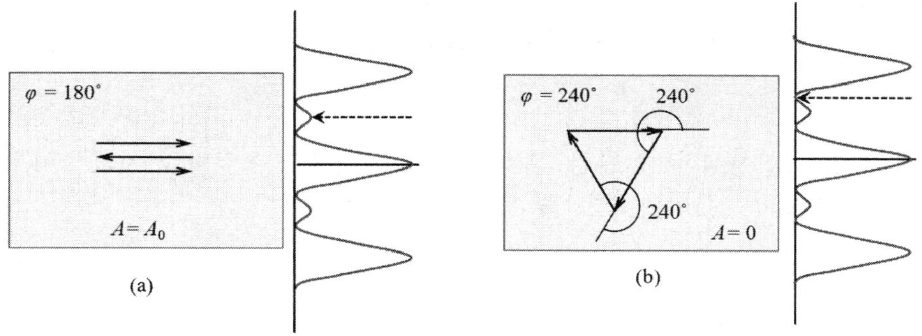

그림 5.20 삼중 슬릿 간섭의 첫 번째 극대와 두 번째 극소

위상차에 따른 세기 I와, 높이 y는 표 (5.1)에 정리하였다. 3중 슬릿에 의한 간섭무늬는 중앙 극대(0°)와 다음 극대(360°) 사이에 두 번(120°, 240°) 의 완전 소멸로 인한 극소가 있다. 극소 사이에는 작은 극대(180°)가 있다. 완전 간섭에 의한 극대의 작은 극대에 대한 배율은 9배이다.

I	y	$\sin\theta$	ϕ	위상자	그래프
$9I_0$	0	0	0°	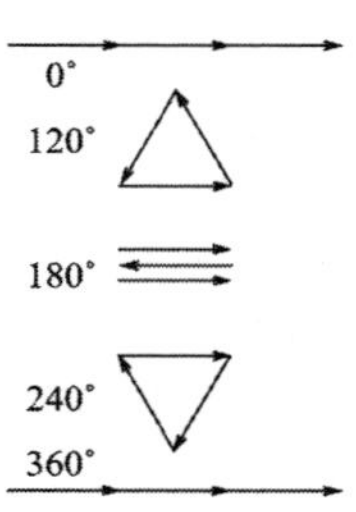	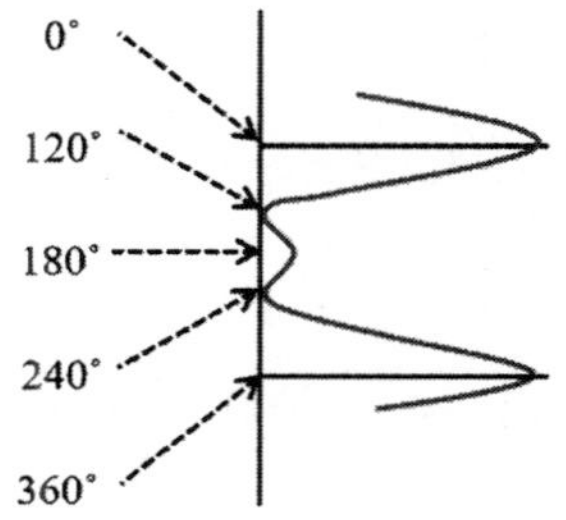
0	$L\lambda/3d$	$\lambda/3d$	120°		
I_0	$L\lambda/2d$	$\lambda/2d$	180°		
0	$L\lambda 2/3d$	$2\lambda/3d$	240°		
$9I_0$	$L\lambda/d$	λ/d	360°		

표 5.1 삼중 슬릿 간섭의 위상차와 세기

5.7.2 다중 슬릿 간섭

4중 슬릿과 5중 슬릿 간섭은 3중 슬릿 간섭과 같은 방법으로 분석할 수 있다. 4중 슬릿의 경우 위상차가 0° 에서 360° 사이에 위상자 4개의 조합으로 간섭무늬 세기를 분석할 수 있다. 그림 (5.21)은 사중 슬릿에 의한 간섭무늬이다. 사중 슬릿 간섭무늬는 극대들 사이에 소극대가 2개씩 발생한다.

위상자 방법으로 분석하면, 완전 상쇄 간섭으로 인한 간섭무늬 세기가 0이 되는 각도는 0° 와 360° 사이에 3번, 즉

$$I = 0, \quad \phi = 90°,\ 180°,\ 270° \qquad (5.68)$$

이다. 그 사이 120°, 240° 에서 작은 극대가 생긴다.

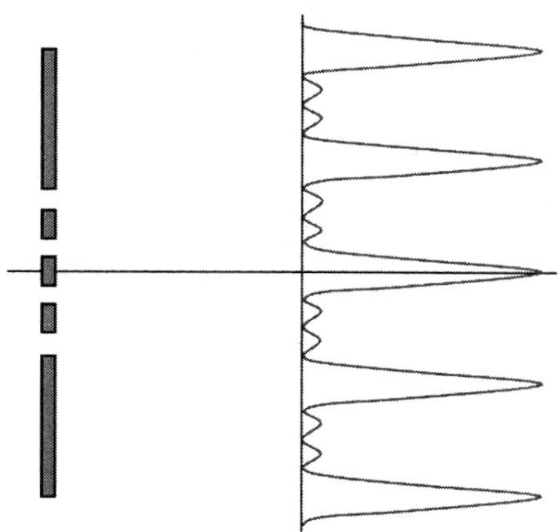

그림 5.21 사중 슬릿 간섭무늬

4중 슬릿에 의한 간섭무늬는 중앙 극대 ($\phi = 0°$)와 첫 번째 강한 극대($\phi = 360°$) 사이에 세기가 0인 세 번($\phi = 90°$, $180°$, $270°$)의 완전 상쇄가 생긴다. 그 사이에 두 개의 작은 극대($\phi = 120°$, $240°$)가 생긴다. 작은 극대의 세기에 대한 강한 극대의 세기 비율는 16배이다.

I	y	$\sin\theta$	ϕ	위상자	그래프
$16I_0$	0	0	$0°$	0°	
0	$L\lambda/4d$	$\lambda/4d$	$90°$	90°	
I_0	$L\lambda/3d$	$\lambda/3d$	$120°$	120°	
0	$L\lambda/2d$	$\lambda/2d$	$180°$	180°	
I_0	$2L\lambda/3d$	$2\lambda/3d$	$240°$	240°	
0	$3L\lambda/4d$	$3\lambda/4d$	$270°$	270°	
$16I_0$	$L\lambda/d$	λ/d	$360°$	360°	

표 5.1 사중 슬릿 간섭의 위상차와 세기

5중 슬릿에 의한 간섭의 경우 위상차가 0°에서 360°사이에 위상자 5개의 조합으로 간섭무늬 세기를 분석할 수 있다.

그림 (5.22)의 5중 슬릿에 의한 간섭무늬 세기가 0이 되는 위상차는

$$I = 0,\ \phi = 72^\circ,\ 144^\circ,\ 216^\circ,\ 288^\circ \tag{5.69}$$

이다.

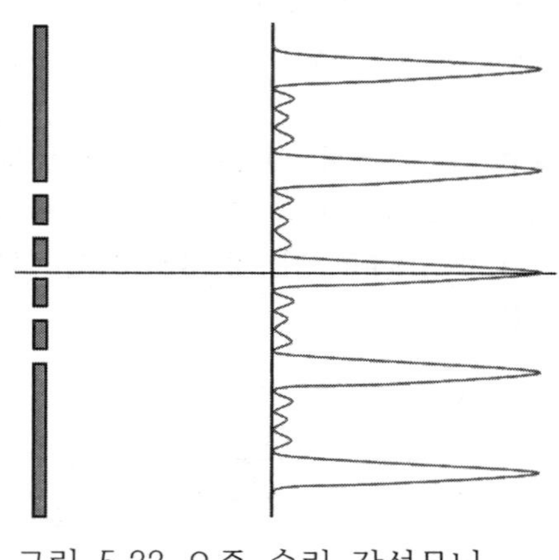

그림 5.22 오중 슬릿 간섭무늬

작은 극대는 90°, 180°, 270°에서 생긴다. 따라서 5중 슬릿에 의한 간섭무늬는 강한 극대 사이에 세 번의 약한 극대 무늬가 생긴다. 약한 극대의 세기에 대한 강한 극대 세기 배율은 25배이다.

6증 슬릿 간섭을 포함한 그 이상의 다증 슬릿에 의한 간섭무늬는 슬릿 수가 증가할수록 강한 극대 사이에 생기는 작은 극대의 수도 하나씩 더 증가한다. 슬릿 수가 아주 많은 광학계를 회절 격자라고 한다. 회절 격자에 의한 간섭무늬는 극대 폭이 매우 좁고, 약한 극대는 극히 약해져서 강한 극대들이 일정하게 나타난다. 회절 격자에 대한 분석은 뒤에서 다른다.

5.8 마이켈슨 간섭계

마이켈슨 간섭계는 미세한 변위, 빛의 파장 및 투명 재료의 굴절률을 측정하는 데 사용되는 광학 기기이다. 그것은 19세기 후반에 마이켈슨에 의해 발명되었으며 이후 다양한 물리학 및 공학 분야에서 필수적인 도구가 되었다.

마이켈슨 간섭계는 반투명 거울(BS), 두 개의 거울(M_1, M_2) 및 검출기(T)로 구성된다. 반투명 거울은 입사 광선을 두 개의 광선으로 분할 하는 부분 반사 유리판이다. 두 개로 갈라진 광선은 거울에서 되반사하여 다시 반투명 거울로 돌아온다. 두 광선은 다시 반투명 거울을 거쳐서 검출기에서 중첩되어 간섭무늬를 만든다.

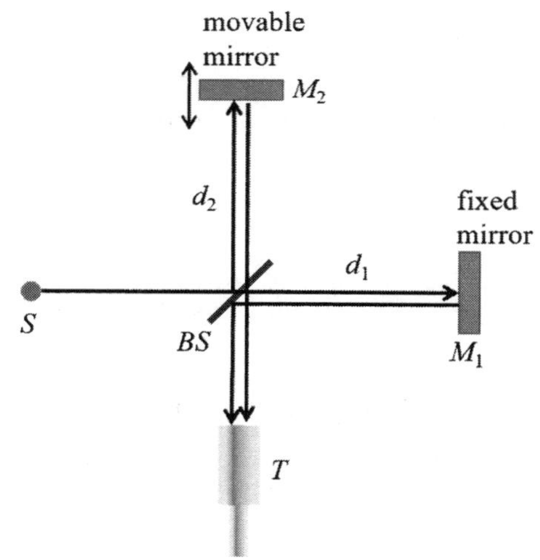

그림 5.23 마이켈슨 간섭계

검출기에서 관찰되는 간섭무늬는 두 광선의 경로 차이에 따라 달라진다. 경로차가 0이거나 파장의 정수배이면 두 빛은 같은 위상으로 재결합하여 보강 간섭이 발생하고 밝은 줄무늬가 생성된다. 그러나 경로차가 빛의 반 파장이면 서로 반대의 위상으로 재결합하여 상쇄 간섭을 일으켜서 어두운 무늬를 생성한다.

두 광선의 경로차(Δ)는

$$\Delta = 2|d_2 - d_1| \tag{5.70}$$

이다. 경로차에 의해서 간섭무늬가 달라지는데, 마이켈슨 간섭계는 미세한 경로차를 측정할 수 있는 정밀한 광학 기기이다. 또한, 광선이 진행하는 경로에 광학 물질(두께 l, 굴절률 n)을 삽입하면 그 경로의 광학적 거리 변화 $(n-1)l$가 생겨 간섭무늬가 바뀐다.

굴절률 n을 알고 있는 광학 물질 삽입에 따른 왕복 경로에 포함되는 파장 수 N_m은

$$\begin{aligned} N_m &= \frac{2l}{\lambda'} \\ &= \frac{2l}{\lambda/n} \end{aligned} \tag{5.71}$$

이다. 물질이 삽입되지 않은 경우는 공기 중 거리 l의 왕복 거리에 대한 파장 수 N_a는

$$N_a = \frac{2l}{\lambda} \tag{5.72}$$

이다. 따라서 물질의 삽입에 따른 파장 수의 변화는

$$N_m - N_a = \frac{2l}{\lambda}(n-1) \tag{5.73}$$

한 파장의 경로차가 생길 때마다 간섭무늬는 하나씩 사라지거나 새로 생기는 변화 발생한다. 변화된 간섭무늬 수와 빛의 파장을 곱하면 삽입된 물질의 두께가 된다. 반대로 두께를 알고 있는 물질을 삽입하여 간섭무늬를 관측하면 그 물질의 굴절률을 측정할 수 있다.

마이켈슨 간섭계는 간섭무늬를 분석하여 미세한 변화를 정확하게 측정할 수 있기 때문에 정밀 공학, 현미경 검사 및 계측과 같은 분야에서 유용하다. 또 마이켈슨 간섭계를 사용하여 단색광의 파장을 측정할 수 있다. 간섭무늬가 반복될 때까지 움직이는 거울을 조정(ΔL 만큼 이동)하면 공식

$$\lambda = \frac{2(\Delta L)}{m} \tag{5.74}$$

을 사용하여 파장을 계산할 수 있다. 여기서 λ는 파장, ΔL는 경로차, m은 관찰된 줄 무늬의 차수이다.

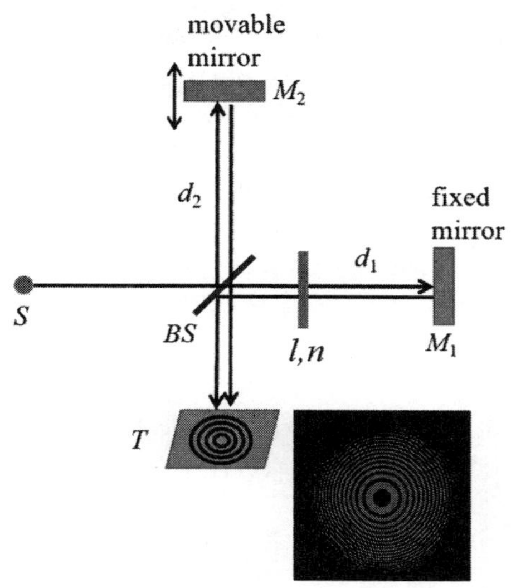

그림 5.24 마이켈슨 간섭계를 이용한 굴절률 측정

LIGO(Laser Interferometer Gravitational Wave Observatory)는 일종의 마이켈슨 간섭계로 이론적으로만 예견되어왔던 중력파를 인류 역사상 최초로 탐지하였다. LIGO는 간섭무늬의 변화로 관찰할 수 있는 중력파에 의한 시공간의 미세한 요동을 감지하도록 설계되었다.

연구소 측은 2016년 2월 11일에 중력파를 최초로 관측에 성공했음을 발표했다. 2015년 9월 14일에 검출한 파형이 한 쌍의 블랙홀 병합으로 형성된 단일 블랙홀 신호에 대한 일반상대성 이론의 예측 결과와 일치하는 것을 확인하였다. 블랙홀 쌍성 병합을 관측한 첫 사례로, 항성 질량 블랙홀 쌍성계의 존재와 그들의 병합이 최근의 우주에도 발생하고 있음을 보여 주는 결과이다. 또한, 두 블랙홀의 병합을 통한 블랙홀의 거대하게 확장하는 것이 가능하다는 중요한 사실을 확인하였다.

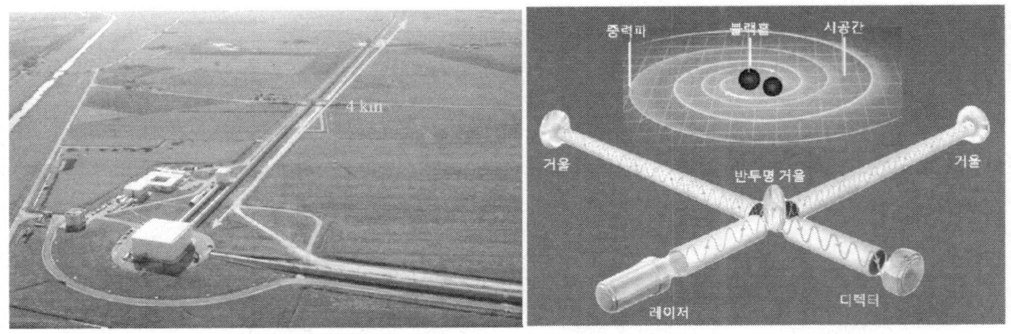

그림 5.25 중력파 측정을 위한 마이켈슨 간섭계 유형의 LIGO

요약

5.1 영의 이중 슬릿 간섭 실험

보강 조건: $\Delta = d\sin\theta = m\lambda, (m = 0, \pm 1, \pm 2, \cdots)$

$\phi = 2\pi m, (m = 0, \pm 1, \pm 2, \cdots)$

상쇄 조건: $\Delta = d\sin\theta = (m + \frac{1}{2})\lambda, (m = 0, \pm 1, \pm 2, \cdots)$

$\phi = 2\pi(m + \frac{1}{2}), (m = 0, \pm 1, \pm 2, \cdots)$

밝은 무늬 위치: $y_m = m\frac{\lambda L}{d}, (m = 1, 2, 3, \ldots)$

무늬 간격: $\Delta y = y_{m+1} - y_m = \frac{\lambda L}{d}$

파장: $\lambda = \frac{d}{m}\frac{y_m}{L}$

간섭무늬 세기: $4I_0\cos^2(\frac{\phi}{2})$

5.2 로이드 거울 간섭

보강 조건: $\Delta = (m + \frac{1}{2})\lambda$

$\phi = (2m+1)\pi, (m = 0, 1, 2, \cdots)$

상쇄 조건: $\Delta = m\lambda$

$\phi = 2\pi m \ (m = 1, 2, 3, \cdots)$

5.3 박막 간섭

보강 조건: $2n_2 d = (m + \frac{1}{2})\lambda, (m = 0, 1, 2, \ldots)$

상쇄 조건: $2n_2 d = m\lambda, (m = 1, 2, 3, \ldots)$

5.4 쐐기형 박막 간섭

보강 조건: $2n_2 d = (m + \frac{1}{2})\lambda, (m = 0, 1, 2, \ldots)$

상쇄 조건: $2n_2 d = m\lambda, (m = 1, 2, 3, \ldots)$

5.5 코팅막 간섭

보강 조건: $2nd = m\lambda, (m = 1, 2, 3, \ldots)$

상쇄 조건: $2nd = (m + \frac{1}{2})\lambda, \ (m = 0, 1, 2, ...)$

5.6 뉴턴의 원 무늬

보강 조건: $2d = \frac{r^2}{R} = (m + \frac{1}{2})\lambda, \ (m = 0, 1, 2, \cdots)$

상쇄 조건: $2d = \frac{r^2}{R} = m\lambda, \ (m = 0, 1, 2, \cdots)$

5.8 마이켈슨 간섭계

파장 수 변화: $N_m - N_a = \frac{2l}{\lambda}(n - 1)$

연습문제

5.1] 슬릿 간격이 $d = 0.20\,mm$인 이중 슬릿에 단색광이 입사되어 거리 $L = 2.1\,m$ 떨어진 스크린에 간섭무늬를 만들었다. 중앙 밝은 무늬로부터 3번째 $(m = 3)$ 어두운 무늬 사이 거리는 $y_3 = 50\ mm$였다. 입사 빛의 파장은?

답] $680\,nm$

5.2] 파장이 $\lambda = 480\,nm$인 녹색광을 이용하여 이중 슬릿 간섭 실험을 하였더니, 간섭무늬 간격이 $\Delta y = 6.4\ mm$였다. 다른 파장의 단색광으로 똑같은 실험을 하였더니, 간섭무늬 간격이 $\Delta y' = 7.4\,mm$로 넓어졌다. 두 번째 실험에 사용된 단색광의 파장은?

답] $555\,nm$

5.3] 두 슬릿 간격이 $d = 0.24\,mm$, 슬릿과 스크린 사이 거리가 $L = 1.60\,m$이다. 5번째 $(m = 5)$ 어두운 무늬가 중앙 극대로부터 $y_m = 23.4\ mm$거리에 생겼다면, 이 실험에 사용된 단색광의 파장은?

답] $675\ nm$

5.4] 두 레이저 빛이 동시에 같은 이중 슬릿을 통과하여 스크린에 간섭무늬를 만든다. 파장이 $\lambda_1 = 480\,nm$인 레이저 빛의 5번째 밝은 무늬 위치에 다른 파장의 빛은 3번째 어두운 무늬를 만들었다. 두 번째 빛의 파장은?

답] $686\ nm$

5.5] 그림은 투명한 틈이 파인 플라스틱판이다. 파장이 $\lambda = 632.8\,nm$인 넓게 퍼진 빨간색 광선이 아래 방향으로 (입사각이 0°) 판의 위쪽을 통해 입사한다. 약간의 빛은 공기 틈 위와 아래의 표면에서 반사되는데 박막처럼 작용하는 공기 틈은 L_L

로부터 L_R까지 균일하게 점차 넓어진다. 판을 내려다보는 관측자는 공기 틈을 따라 여섯 개의 어두운 무늬와 다섯 개의 밝은 무늬를 본다. 두께 변화 $\Delta L(=L_R-L_L)$은 얼마인가?

답] 1582 nm

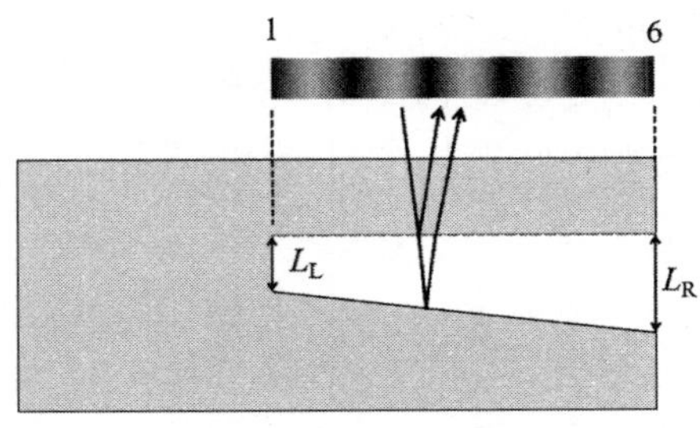

문제 5.5의 그림

[5.6] 아래 그림에서 파장이 $\lambda=630\,nm$의 넓은 광선이 쐐기 박막($n=1.49$)에 수직으로 입사한다. 투과 빛을 관찰한 결과, 10개의 밝은 무늬와 9개의 어두운 무늬가 나타났다. 박막의 길이 방향 두께 변화(d_2-d_1)는?

답] 1,902 mm

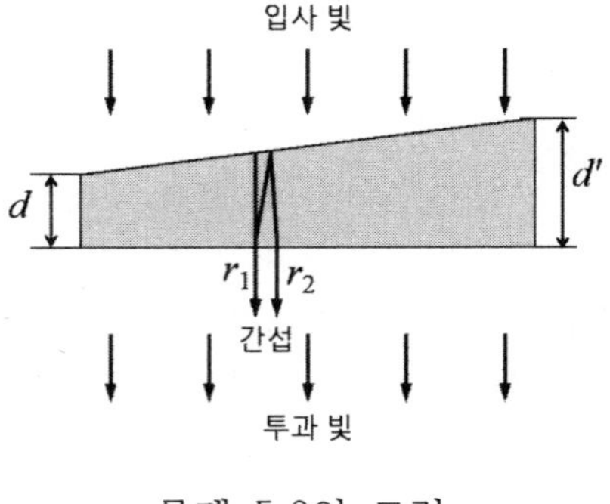

문제 5.6의 그림

[5.7] 굴절력이 $F=+2.5\,D$인 평볼록 렌즈 ($n=1.523$)가 볼록면을 아래 방향으로 하여 광학적 평면에 놓여 있다. 나트륨 등 ($\lambda=589.3\,nm$)을 수직 아래로 비춰 간섭무늬를 만들어 관측하였다. 다섯 번째 어두운 무늬의 반경은?

답] 0.785 mm

CHAPTER

06

빛의 회절(Diffraction of Light)

1. 프레넬과 프라운호퍼 회절
2. 단일 슬릿 회절
3. 단일 슬릿 회절 무늬
4. 회절 격자
5. 분해능
6. 이중 슬릿 간섭과 회절

회절 현상은 17세기 프란체스코 마리아 그리말디(Francesco Maria Grimaldi; 1618~1663, 이탈리아)가 처음 관찰한 것으로, 파동이 장애물을 만나거나 좁은 구멍을 통과할 때 발생하는 현상이다. 파동이 퍼짐으로써 장애물의 뒤쪽에도 빛이 도달할 수 있고, 독특한 무늬를 만든다. 회절은 파동의 기본적인 성질로서 파동성으로 회절에 의한 현상을 설명할 수 있다.

17세기에 호이겐스가 제안한 빛의 파동 이론은 파동의 특성을 이용하여 빛의 전파 현상을 설명했다. 호이겐스의 파동 이론으로 회절 현상은 물론 반사 및 굴절 현상을 설명할 수 있었다. 호이겐스의 파동 이론은 아이작 뉴턴이 미립자 이론으로 제시한 빛을 입자로 보는 일반적인 견해와 상반되는 것이었다. 파동 이론은 19세기 영과 프레넬과 같은 과학자들의 실험 결과로 더욱 확고해 졌다.

19C 초 프레넬은 실험 결과를 파동 이론으로 설명한 논문을 발표하였는데, 그림 (6.1)의 불투명한 원판 뒤쪽에 있는 스크린의 중앙에 밝은 점을 확인하였다. 이는 빛이 파동이어야만 가능한 현상으로 빛이 파동임을 보여주는 결과이다.

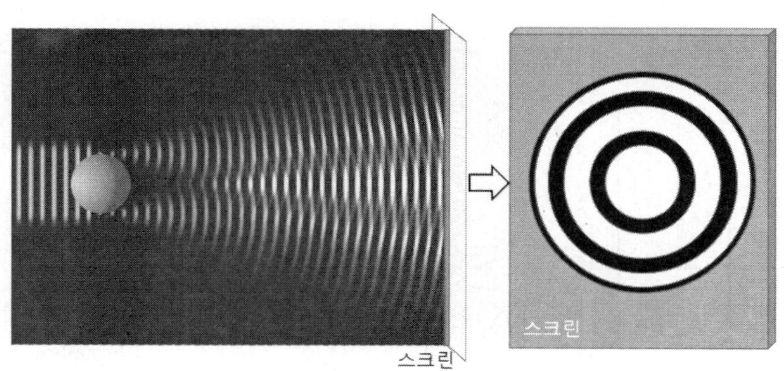

그림 6.1 프레넬 원 무늬

6.1 프레넬과 프라운호퍼 회절

프레넬 회절과 프라운호퍼 회절은 광파가 슬릿 또는 원형 구멍과 같은 조리개를 통과할 때 발생하는 현상을, 두 가지 유형으로 설명하는 것을 말한다. 두 가지 회절 유형의 주요 차이점은 조리개와 스크린 사이 거리에 따라 구분할 수 있다. 그림 (6.2)는 슬릿과 스크린 사이 거리에 따른 프레넬 회절 무늬와 프라운호퍼 회절 무늬를 보여주는 것이다. 호이겐스 원리에 의하면 조리개를 통과한 광파는 구면파이다. 스크린과 조리개 사이 거리가 충분히 멀면 스크린에 도달하는 빛을 평면파로 취급할 수 있다. 이런 조건에서 회절 무늬의 특성을 분석하는 것을 **프라운호퍼 회절**이라고 한다. 반면에 스크린과 조리개 사이 거리가 충분히 멀지 않은 경우, 스크린에 도달하는 빛은 여전히 구면파이다. 이런 경우의 회절 무늬 특성을 분석하는 것을 **프레넬 회절**이라고 한다.

회절 빛의 세기는 회절 파면의 위상과 진폭을 고려하는 복잡한 수학 공식인 프레넬 회절 적분을 사용하여 계산할 수 있다. 회절 빛의 파면 모양은 호이겐스-프레넬 원리를 사용하여 근사화할 수 있다. 파면의 모든 지점은 회절 무늬를 생성하기 위해 서로 간섭하는 2차 파원 역할을 한다는 것이 호이겐스 원리이다.

프라운호퍼 회절은 스크린이 조리개에서 멀어져서, 조리개와 스크린 사이의 거리가 조리개의 폭보다 훨씬 클 때 적용할 수 있고, 회절 빛의 세기는 프라운호퍼 회절 공식을 사용하여 계산할 수 있다. 이는 스크린에서 구면파로 취급하는 프레넬 회절 적분 방식이 단순화된 것이다. 이후 회절에 관한 모든 내용은 프라운호퍼 회절만을 다룬다.

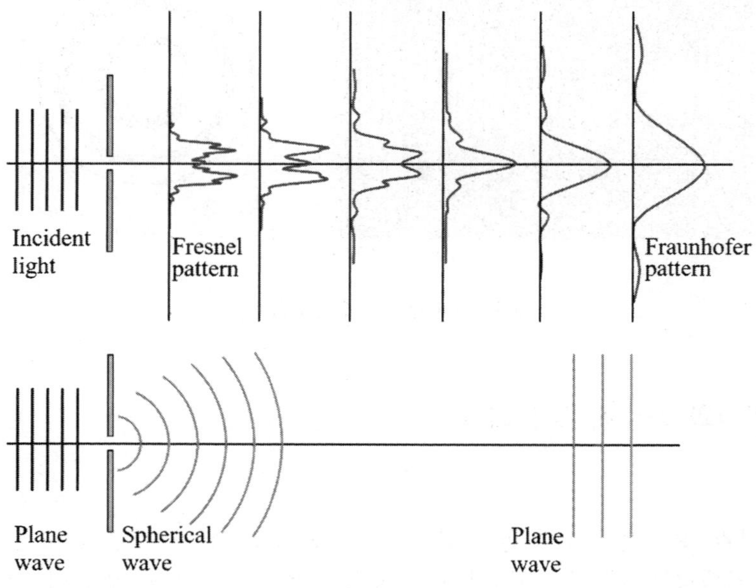

그림 6.2 프레넬 회절과 프라운호퍼 회절

6.2 단일 슬릿 회절

단일 슬릿 회절이란 빛이 단일 슬릿을 통과할 때 발생하여 회절 무늬를 만드는 것을 말한다. 일반적으로 그림 (6.3)에서 보여지는 바와 같이 슬릿의 폭은 매우 좁아서 빛이 슬릿을 통과할 때 크게 퍼진다.

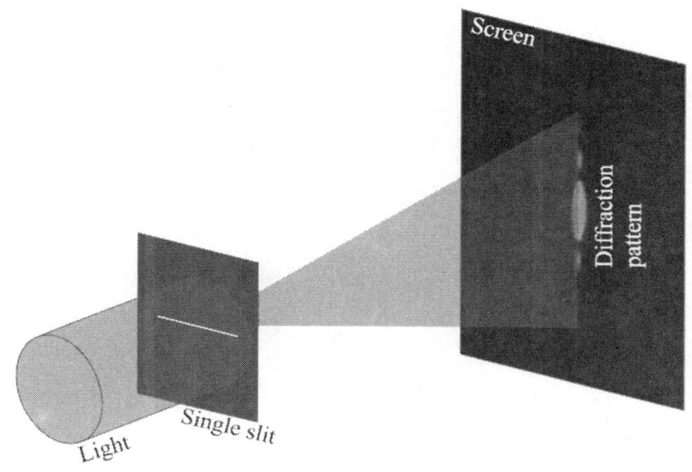

그림 6.3 단일 슬릿 회절 무늬

슬릿의 폭 a는 매우 좁지만, 그 좁은 틈 안에는 수없이 많은 점이 존재할 수 있다. 빛이 슬릿을 통과할 때 호이겐스 원리를 적용하면 슬릿의 각 점은 점 광원 (S_1, $S_2, S_3,\cdots$) 역할을 한다. 따라서 각 점에서 빛이 퍼져나가 스크린의 각 점에서 중첩에 의한 간섭으로 회절 무늬를 형성한다. 스크린 위의 각 점에서 보강 간섭에 의한 밝은 무늬와 상쇄 간섭에 의한 어두운 무늬가 반복적으로 나타난다. 보강 간섭 조건과 상쇄 간섭 조건을 유도해 보자.

그림 (6.4)은 단일 슬릿에 의한 회절을 나타낸 것이다. 슬릿 폭 a는 일반적으로 매우 좁고, 슬릿-스크린 사이 거리 L은 슬릿 폭보다 매우 큰 값이다. 즉, $L \gg a$이다. 하지만 회절 현상에 대한 이해를 돕기 위하여 그림 (6.4a)에서 슬릿 폭을 확대해서 크기 나타내었다. 슬릿의 각 점은 점 광원처럼 여러 방향으로 빛을 발산한다. 스크린 위의 점 P_1에서는 각 점 광원에서 방출된 빛이 중첩되어 간섭한다.

스크린의 중앙, 점 P_0에서는 밝은 무늬가 형성되는데, 이는 슬릿의 각 점 광원에서 방출되는 빛들은 중심축과 평행하게 스크린 중앙으로 향하기 때문이다. 이에 따라 모든 빛의 경로차가 0이고, 보강 간섭 조건을 만족한다.

점 P_1에서 첫 번째 상쇄 간섭될 조건을 유도하자. 그림 (6.4a)에서 슬릿의 S_1과 S_2에서 나온 빛이 점 P_1에서 중첩될 때 경로차 Δ는 그림 (6.4b)와 같이

$$\Delta = \left(\frac{a}{2}\right)\sin\theta \tag{6.1}$$

이다. 상쇄 간섭 조건은 경로차가 반파장이어야 하므로

$$\Delta = \frac{\lambda}{2} \tag{6.2}$$

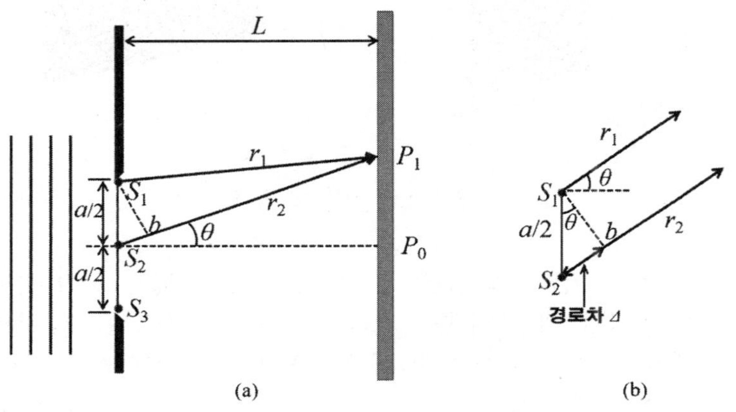

그림 6.4 단일 슬릿 회절의 1차 상쇄

따라서 첫 번째 상쇄 조건은

$$\frac{a}{2}\sin\theta = \frac{\lambda}{2} \tag{6.3}$$

$$a\sin\theta = \lambda \tag{6.4}$$

이다.

그림 (6.4b)에서 광원 S_1과 S_2에서 방출된 빛이 서로 나란하게 진행하는 것처럼 그려졌다. 일반적으로 슬릿 폭이 매우 좁고, 슬릿-스크린 사이 거리가 슬릿 폭에 비하여 매우 크기 때문에 실질적으로 광선들은 거의 평행하게 진행한다. 만일 광원 S_1과 S_2에서 방출된 빛이 상쇄 간섭하면, 광원 S_2과 S_3에서 방출된 빛도 상쇄 간섭한다. 이는 S_1, S_2, S_3간격이 등 간격이어서 경로차가 같기 때문이다.

2차 상쇄 간섭은 그림 (6.5)에서와 같이 슬릿 폭을 4 등분하여 각각의 점에서 방출되는 빛의 경로차가 $\lambda/2$가 될 때 상쇄 간섭한다. 상쇄 간섭 조건은

$$\Delta = \frac{a}{4}\sin\theta = \frac{\lambda}{2} \tag{6.5}$$

$$a\sin\theta = 2\lambda \tag{6.6}$$

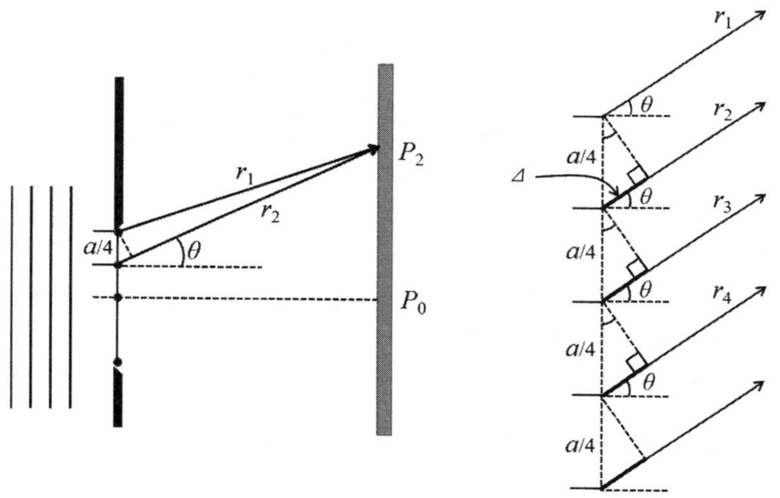

그림 6.5 단일 슬릿 회절의 2차 상쇄

그림 (6.6)은 각각 3차 상쇄 간섭을 위한 중첩을 나타낸 것이다. 3차 상쇄 간섭 조건은

$$\Delta = \frac{a}{6}\sin\theta = \frac{\lambda}{2} \tag{6.7}$$

이므로, 정리하면

$$a\sin\theta = 3\lambda \tag{6.8}$$

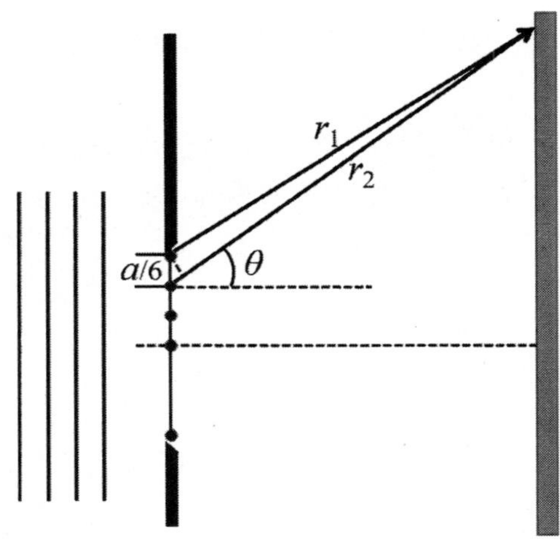

그림 6.6 단일 슬릿 회절의 3차 상쇄

위 1, 2, 3차 상쇄 간섭 조건으로부터, 단일 슬릿에 의한 상쇄 간섭의 일반식은

$$a\sin\theta = m\lambda,\ (m = 1, 2, 3,\ \cdots) \tag{6.9}$$

이다. 상쇄 간섭되는 지점은 어두운 무늬가 나타나고, 어두운 무늬들 사이에는 밝은 무늬가 생긴다. 따라서 보강 조건은

$$a\sin\theta = (m + \frac{\lambda}{2}),\ (m = 1, 2, 3,\ \cdots) \tag{6.10}$$

이다.

여기서 주목할 것은 슬릿 폭이 매우 작지만, 그 안에는 무수히 많은 광원이 있을 수 있다. 따라서 위에서 1차, 2차, 3차 상쇄 간섭에 따른 점 광원을 5개, 7개로 나눠 설명하였다. 광원이 더 많아 61개 있다고 가정하면, 1차 상쇄 간섭은 첫 번째 빛과 31번째 빛의 경로차가 $\lambda/2$이 된다. 또 31번째 빛과 61번째 빛이 역시 경로차 $\lambda/2$로 상쇄 간섭한다.

마찬가지로 2차 상쇄 간섭의 경우 첫 번째 빛과 16번째, 그리고 16번째 빛과 31번째 빛의 경로차가 $\lambda/2$로 상쇄 간섭한다. 그리고 3차 상쇄 간섭에서는 첫 번째 빛과 11번째 빛의 경로차가 $\lambda/2$가 된다. 위에서는 간섭 조건이 쉽게 이해될 수 있도록 적은 수의 광원으로 설명하였지만, 광원 수를 120개, 또는 240개 등의 큰 수로 늘려도 간섭 조건이 변하지 않는다.

[예제 6.1]
파장이 $\lambda = 650\,nm$인 단색광이 단일 슬릿을 통과한 후 스크린 위에 회절 무늬를 만들었다. 빛의 진행 방향과 $\theta = 15^\circ$ 위치에 열두($m = 12$) 번째 어두운 무늬가 생겼다면 슬릿 폭 a는?

풀이: 상쇄 간섭에 의한 어두운 무늬 조건 식 (6.9)를 이용한다.

$$a\sin\theta = m\lambda,\ (m = 1, 2, 3,\ \cdots)$$

$$a = \frac{m\lambda}{\sin\theta},\ (m = 1, 2, 3,\ \cdots)$$

$$= \frac{12 \times (650\,nm)}{\sin(15^\circ)}$$

$$= 30{,}137\,nm\ = 30.137\,\mu m = 0.030137\,mm$$

6.3 단일 슬릿 회절 무늬

단일 슬릿을 통과하여 회절된 빛이 스크린에 도달하면 그림 (6.7)과 같이 밝은 부분과 어두운 부분이 반복되는 무늬를 만든다. 중앙에는 위상차 없는 빛들이 중첩하여 매우 밝은 무늬가 나타난다. 중앙 극대의 위와 아래에 대칭적으로 상쇄 간섭 무늬와 보강 간섭무늬가 나타나는데, 차수 $m = 1, 2, 3, \cdots$로 구분한다.

6.3.1 회절 무늬 세기 정성적 분석

회절 무늬의 세기 I_θ는 중앙선을 기준으로 각 θ 방향의 스크린 위에 나타나는 세기이다. 세기를 구하기 위하여 슬릿의 폭을 N개의 작은 영역 Δx로 나누고 각 점은 호이겐스 점 광원으로 취급한다. 점 광원에서 방출된 광파가 스크린 위의 점 P

에서 중첩된 광파의 진폭 E_θ을 먼저 구한다. 진폭 E_θ의 제곱이 세기 I_θ가 된다.

그림 (6.7)에서, 슬릿을 미소 구간 Δx로 나누면 경로차 Δ와 위상차 $\Delta\phi$는 각각

$$\Delta = \Delta x \sin\theta \tag{6.11}$$

$$\Delta\phi = \frac{2\pi}{\lambda}\Delta = \frac{2\pi}{\lambda}\Delta x \sin\theta \tag{6.12}$$

이다.

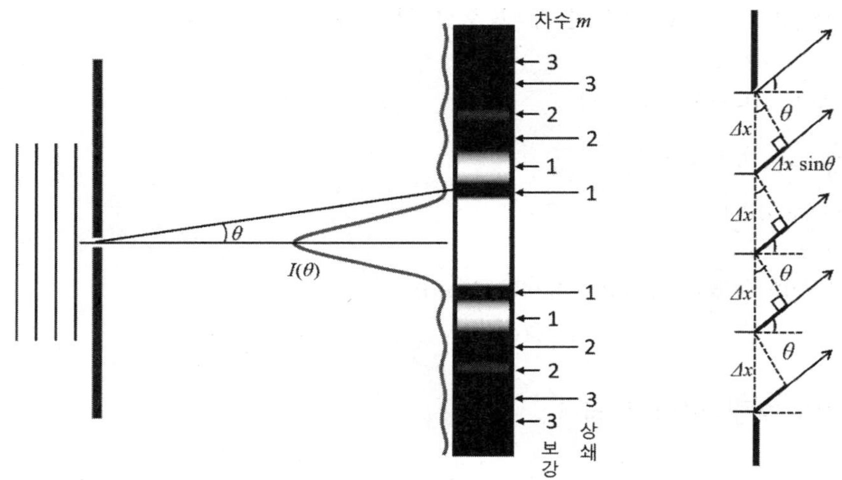

그림 6.7 단일 슬릿 회절 무늬의 보강, 상쇄 차수

중앙 극대에 대하여 $\theta = 0^\circ$ 이다. 각각의 호이겐스 점 광원에서 나온 빛을 나타내는 위상자는 모두 나란하고 이들 사이의 위상차 역시 0이다. 위상자 방법으로 중첩된 파동의 진폭 E_0은 각각의 진폭의 합이다. 진폭이 E인 광파 N개가 중첩되면, 그림 (6.8a)와 같이 중첩 파동의 진폭은

$$E_0 = NE\,(= E_m) \tag{6.13}$$

이다. 중앙에서의 합성 파동의 진폭으로 가장 큰 값으로 E_m으로 표기한다.

중앙으로부터 위쪽 또는 아래쪽으로 θ 방향의 진폭 E_θ는 그림 (6.8b)와 같이 일정 각도로 회전된 화살표를 겹쳐 구할 수 있는데, 중첩된 빛의 진폭은 현의 길이로 중앙 진폭 또는 호의 길이 E_m보다 작은 값이다. 일정한 각도로 회전된 위상자들을 겹치면 그에 해당하는 합성 진폭을 차례로 얻을 수 있다.

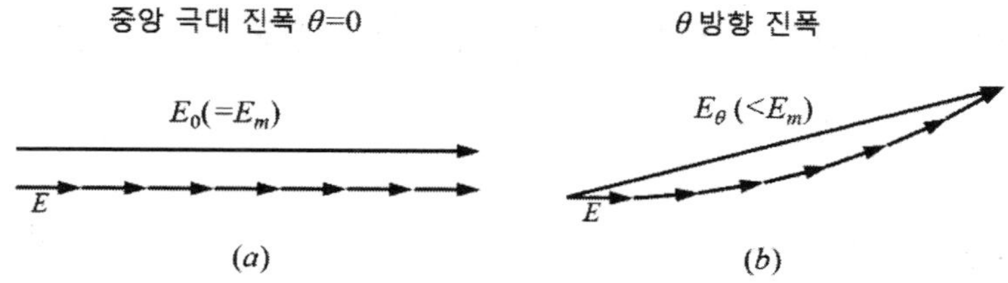

그림 6.8 단일 슬릿 회절에 대한 위상자 방법

중앙으로 향하는 N의 광파 진폭은 모두 E이므로 중앙에서의 합성파 진폭은 $E_m = NE$이다. **중앙 극대** 세기 I_m은 진폭의 제곱이므로

$$I_m = (NE)^2 \tag{6.14}$$

1차 극대의 경우 반경을 R이라 할 때, 그림 (6.9)의 두 번째 그림에 해당한다. 화살표들의 집합은 원을 1.5번 회전하므로 합성파 진폭 $E_m(=NE)$은 원주의 3/2배이므로

$$NE = (2\pi R)\frac{3}{2} = 3\pi R \tag{6.15}$$

진폭은 지름과 같으므로

$$\begin{aligned} E_\theta &= 2R \\ &= 2\left(\frac{EN}{3\pi}\right) \end{aligned} \tag{6.16}$$

이다. 따라서 세기는

$$I_\theta = (E_\theta)^2$$

$$= (E\,N)^2 \left(\frac{2}{3\pi}\right)^2$$

$$= I_m \frac{4}{9\pi^2} \tag{6.17}$$

이다. 같은 방법으로, **2차 극대**의 진폭과 세기를 구할 수 있다. 그림 (6.9)의 네 번째 그림에 해당한다. 반경을 R이라 할 때, 합성파의 진폭 E_m은 원주의 5/2배이므로

$$NE = (2\pi R)\frac{5}{2} = 5\pi R \tag{6.18}$$

진폭은 지름과 같아서

$$E_\theta = 2R$$

$$= 2\left(\frac{NE}{5\pi}\right) \tag{6.19}$$

이다. 세기는

$$I_\theta = (E_\theta)^2$$

$$= (NE)^2 \left(\frac{2}{5\pi}\right)^2$$

$$= I_m \frac{4}{25\pi^2} \tag{6.20}$$

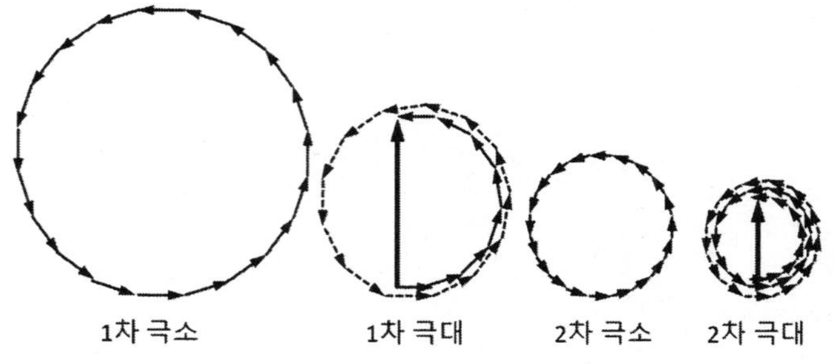

그림 6.9 위상자 방법에 의한 단일 슬릿 합성파 진폭

6.3.2 회절 무늬 세기 정량적 분석

위상자 방법으로 정량적인 합성파 진폭과 세기를 구해보자. 그림 (6.10)은 위상자 방법으로 합성파의 진폭을 표현한 것이다. 중앙 극대 진폭은 나란한 위상자를 이어 붙인 화살표의 크기는 E_m이다. 그리고 일정한 각도로 회전된 위상자들의 합성파 호의 길이도 역시 E_m이다. 합성파의 진폭은 현의 길이 E_θ이다.

원의 반지름 R과 반현 $E_\theta/2$, 그리고 사이각 $\alpha\ (=\phi/2)$ 관계는

$$\sin\frac{\phi}{2} = \frac{E_\theta/2}{R} \tag{6.21}$$

이고, 중심각 ϕ와 반지름 R과 호의 길이 E_m사이 관계는 호도법(Appendix B 참조)에 의해

$$\phi = \frac{E_m}{R} \tag{6.22}$$

이다. 위 두 식을 결합하여 E_θ로 정리하면

$$E_\theta = E_m\frac{\sin(\phi/2)}{\phi/2} = E_m\frac{\sin\alpha}{\alpha} \tag{6.23}$$

이 된다. 세기 I는 진폭의 제곱이므로

$$I_\theta = I_m\left(\frac{\sin\alpha}{\alpha}\right)^2 \tag{6.24}$$

이다. 여기서 $I_\theta = E_\theta^2$, $I_m = E_m^2$ 이다.

각 α는 위상차와 경로차 사이 관계식

$$\phi = \frac{2\pi}{\lambda}\Delta = \frac{2\pi}{\lambda}a\sin\theta \tag{6.25}$$

로부터

$$\begin{aligned} \alpha &= \frac{1}{2}\phi \\ &= \frac{1}{2}(\frac{2\pi}{\lambda}a\sin\theta) \\ &= \frac{\pi a}{\lambda}\sin\theta \end{aligned} \tag{6.26}$$

이다.

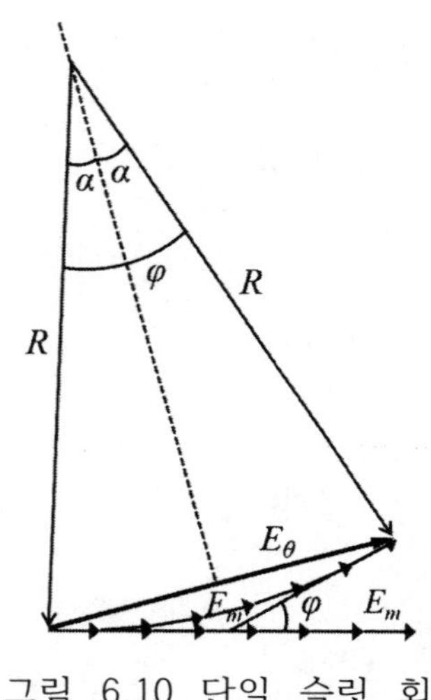

그림 6.10 단일 슬릿 회절 무늬 세기

상쇄 간섭으로 세기가 0이 되는 경우는 식 (6.24)에서

$$\sin\alpha = 0 \tag{6.27}$$

$$\alpha = m\pi,\ (m = 1,\ 2, 3,\ \cdots) \tag{6.28}$$

인 경우이다. 따라서 식 (6.26)과 (6.28)로부터 상쇄 간섭 조건은

$$m\pi = \frac{\pi a}{\lambda}\sin\theta,\ (m = 1, 2, 3,\ \cdots) \tag{6.29}$$

$$a\sin\theta = m\lambda,\ (m = 1, 2, 3,\ \cdots) \tag{6.30}$$

로 앞에서 얻은 결과 식 (6.9)와 같다.

표 (6.1)은 각도와 $\sin\theta$ 값, 높이 y, 세기에 대하여 정리된 것이다. 극대와 극소에 대하여 정리하면

1) $\phi = 0°$: 중앙 극대이고, 세기는

$$I = I_m \tag{6.31}$$

2) $\phi = (2m)\pi$: 상쇄 간섭 세기는

$$I = 0 \tag{6.32}$$

3) $\phi = (2m+1)\pi$: 보강 간섭 세기는

$$I = I_m\left(\frac{2}{(2n+1)\pi}\right)^2 \tag{6.33}$$

여기서 m은 간섭무늬 차수이고, n은 0과 자연수이다. 즉, $m = 1, 2, 3,\ \cdots$ 이고, $n = 0, 1, 2, \cdots$ 이다

α	0	$\pi/2$	π	$3\pi/2$	2π	$5\pi/2$
ϕ	0	π	2π	3π	4π	5π
$\sin\theta$	0	$\lambda/2a$	$2\lambda/2a$	$3\lambda/2a$	$4\lambda/2a$	$5\lambda/2a$
y	0	$\lambda L/2a$	$2\lambda L/2a$	$3\lambda L/2a$	$4\lambda L/2a$	$5\lambda L/2a$
I_θ	I_m	$4I_m/\pi^2$	0	$4I_m/9\pi^2$	0	$4I_m/25\pi^2$
위치	중앙 극대	중심-1차 극소 사이	1차 극소	1차 극대	2차 극소	2차 극대

표 6.1 위상각에 따른 단일 슬릿 회절 문늬 세기

[예제 6.2]
단일 슬릿 회절 무늬의 중앙 극대와 1차 극대의 비는?

풀이: 단일 슬릿 회절 무늬 세기 식(6.33)을 이용한다.

$$I_\theta = I_m \left(\frac{\sin\alpha}{\alpha} \right)^2$$

에서 극대가 일어나는 위치는, 표 (6.1)에서 확인할 수 있다. 즉,

$$\alpha = (m + \frac{1}{2})\pi$$

이다. 1차 극대 세기 $I_\theta = I_1$으로 쓰고, 중앙 극대 I_m의 비로 정리하면

$$\begin{aligned} \frac{I_1}{I_m} &= \left(\frac{\sin\alpha}{\alpha} \right)^2 \\ &= \left(\frac{\sin[(m+1/2)\pi]}{(m+1/2)\pi} \right)^2, \ (m=1) \\ &= \left(\frac{\sin(1.5\pi)}{1.5\pi} \right)^2 \\ &= 4.50 \times 10^{-2} = 4.5\% \end{aligned}$$

이다. 위 표의 결과를 이용하면

$$\begin{aligned} I_1 &= \frac{4}{9\pi^2} I_m \\ &= 0.0450 \approx 4.5\% \end{aligned}$$

으로 같은 결과를 얻는다. 두 번째 극대는 중앙 극대의

$$\begin{aligned} I_2 &= \frac{4}{25\pi^2} I_m \\ &= 0.0162 \approx 1.6\% \end{aligned}$$

으로, 주변 극대의 세기는 중앙 극대의 세기에 비하여 급격히 약해진다. 주변 극대 세기 일반적 표현은

$$I_n = \frac{1}{(2n+1)^2}\frac{4}{\pi^2}I_m, \ (n=1,2,3,\cdots)$$

6.4 회절 격자

폭이 같은 많은 수의 슬릿이 등 간격으로 배치된 것을 회절 격자라고 한다. 광파가 회절 격자를 통과하면 각각의 슬릿에서 회절하여 스크린에서 중첩에 의한 간섭으로 밝고 어두운 무늬를 만든다.

슬릿 사이 간격이 d인 경우, 인접한 슬릿 사이의 경로차는 그림 (6.11)과 같이

$$\Delta = d\sin\theta \tag{6.34}$$

이다. 여기서 θ는 광축으로부터 스크린 위에 광파가 중첩되는 점을 이은 선 사이 각이다.

슬릿 간격이 일정하므로, 인접한 두 슬릿에서 나오는 광파가 보강 간섭하면, 나머지 슬릿에 의한 빛은 모두 보강 간섭 한다. 따라서 보강 간섭 조건은 이중 슬릿 보강 조건과 같으므로

$$d\sin\theta = m\lambda, \ (m=0,1,2,\ \cdots) \tag{6.35}$$

이다. 같은 이유에서 상쇄 간섭 조건은

$$d\sin\theta = (m+\frac{1}{2})\lambda, \ (m=0,1,2,\ \cdots) \tag{6.36}$$

그림 (6.11)에서와 같이 회절 격자에서 회절된 빛이 스크린에 맺는 간섭무늬는 슬릿 수가 많을수록 더욱 선명하며, 간섭무늬 폭이 좁아진다. 또한, 강한 극대 사이에 생기는 약한 극대 수는 많아지는데 중앙 극대와의 비가 현저히 줄어들어 그림 (6.12)와 같은 세기 분포가 된다. 백색광을 사용하면 파장별 회절 정도가 각각 달

라서 분광효과를 낸다. 선명한 간섭무늬를 얻으려면 격자 간격은 빛의 파장 정도가 적당하다.

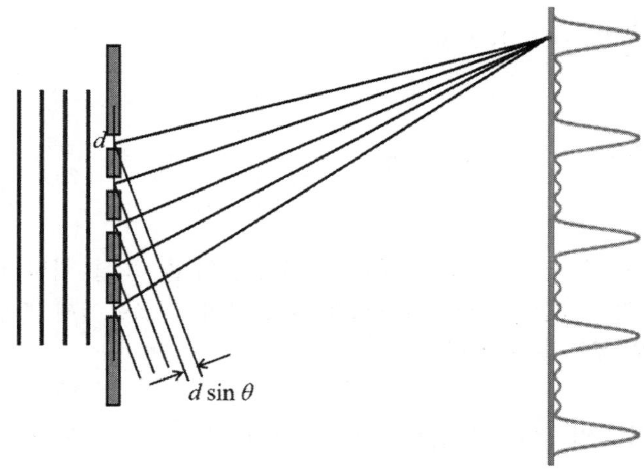

그림 6.11 5중 격자 회절 무늬

회절 격자의 가장 윗부분을 지나가는 꼭대기 광선과 가장 아랫부분을 지나가는 바닥 광선의 보강 간섭하는 경로차는

$$Nd\sin\Delta\theta_{hw} \approx Nd\Delta\theta_{hw} = \lambda \tag{6.37}$$

이다. 그림 (6.12)에서 볼 수 있는 바와 같이, θ 방향의 반너비각 $\Delta\theta_{hw}$[24]은

---

24) 슬릿 폭 a, 슬릿 간격 d인 회절 격자에 의한 무늬 세기는

$I(\theta) = I_0\left(\frac{\sin\beta}{\beta}\right)^2\left(\frac{\sin N\alpha}{\sin\alpha}\right)^2$이다. 여기서 $\beta = (ka/2)\sin\theta$ $\alpha = (kd/2)\sin\theta$.

어두운 무늬 조건은 $(\sin N\alpha/\sin\alpha) = 0$, $\alpha = \pm(\pi/N)$

격자회절 무늬의 양쪽 어두운 무늬 사잇각은 $\Delta\alpha = (2\pi/N)$

입사 빛이 비스듬하게 입사하는 경우, 그림 (6.12)에서 꼭대기 광선과 바닥 광선의 경로차는 $\Delta = AD - BC$이고, $\alpha = (kd/2)(\sin\theta_1 - \sin\theta_0)$이다. 따라서

$\Delta\alpha = (kd/2)(\cos\theta_1\Delta\theta_1 - \cos\theta_0\Delta\theta_0) = (2\pi/N)$

입사각 θ_0은 일정하므로 $\Delta\theta_0 = 0$, $\Delta\alpha = (kd/2)\cos\theta_1\Delta\theta_1 = (2\pi/N)$이다.

$\Delta\theta_1 = \frac{4\pi}{Ndk\cos\theta_1} = \frac{4\pi}{Nd\cos\theta_1}\frac{\lambda}{2\pi} = \frac{2\lambda}{Nd\cos\theta_1}$

이다. 반너비각은

$\Delta\theta_{hw} = \frac{\Delta\theta_1}{2} = \frac{\lambda}{Nd\cos\theta_1}$

$$\Delta\theta_{hw} = \frac{\lambda}{Nd\cos\theta} \tag{6.38}$$

이다. 중앙 무늬($\theta = 0$)의 반너비각 $\Delta\theta_{hw}$ 은

$$\Delta\theta_{hw} = \frac{\lambda}{Nd} \tag{6.39}$$

중앙 무늬가 아닌 주변 무늬에 대하여 $\cos\theta$는 1보다 작은 값이므로, 반너비각은 중앙 무늬 반너비각 보다 크다. 격자 수 Nd가 많아질수록 반너비각이 줄어들어 매우 폭이 좁은 회절 격자 무늬가 생긴다.

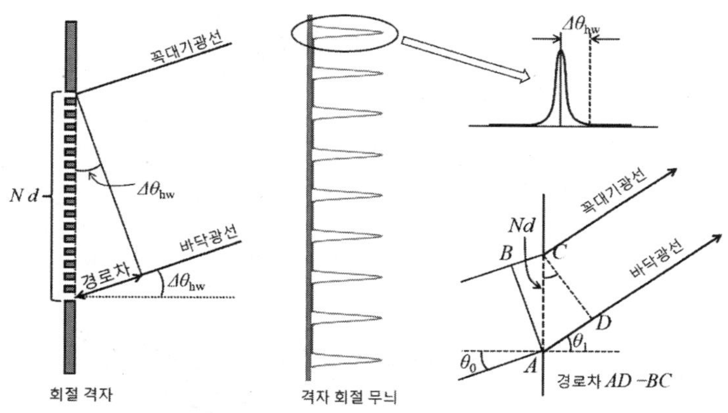

그림 6.12 회절 격자 회절 무늬

6.4.1 회절 격자와 분광기

회절 격자는 프리즘을 대신하여 빛을 스펙트럼으로 분산시키는 분광학에 널리 사용된다. 그림 (6.13)의 회절 격자를 이용한 분광기는 광원으로는 헬륨이나 나트륨 기체가 방전관에서 전압에 의해 가속된 전자가 원자와의 충돌로 여기 되었다가 떨어지면서 기체에 해당하는 고유한 파장의 빛을 방출한다. 빛이 좁은 슬릿과 렌즈를 통과한 후 평행광이 되어 회절 격자에 수직으로 입사된다. 격자에서 회절된 평행광선을 망원경으로 집속하여 관측한다.

분광 기능이란 거의 같은 파장 λ_1, λ_2 구분할 수 있는 능력을 말한다. 회절 격자 무늬의 m번째 분리 각에 대하여, 파장 λ_1인 빛이 회절 각 θ_1은

$$\sin\theta_1 \sim \theta_1 = m\frac{\lambda_1}{d} \tag{6.40}$$

이고, 파장 λ_2인 빛이 회절 각 θ_2는

$$\sin\theta_2 \sim \theta_2 = m\frac{\lambda_2}{d} \tag{6.41}$$

이다. 두 파장의 각 차이 $\Delta\theta$를 분리 각이라고 한다. 분리 각은

$$\begin{aligned}\Delta\theta &= \theta_2 - \theta_1 \\ &= m\frac{\Delta\lambda}{d},\ (m = 0, 1, 2, 3, \cdots)\end{aligned} \tag{6.42}$$

이다. 여기서 $\Delta\lambda = \lambda_2 - \lambda_1$이다.

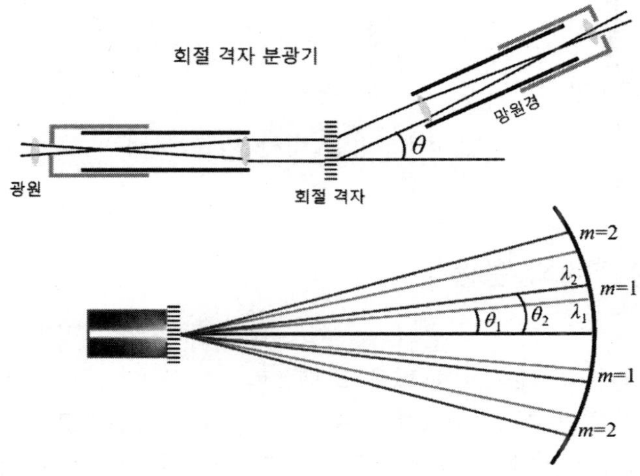

그림 6.13 회절 격자 분광기

[예제 6.3]

가시광선 스펙트럼의 파장 범위는 대략 $400 \sim 700\,nm$이다. 백색광이 1 cm당 8,000 개의 슬릿을 갖는 회절 격자에 수직 입사할 때, 격자에 의한 파란색($\lambda_B = 420\,nm$)과 빨간색($\lambda_R = 685\,nm$)의 1차 분리각 $\Delta\theta$는?

풀이: 먼저 슬릿 간격 d를 계산한다.

$$d = \frac{1 \times 10^{-2}\,m}{8,000} = 1.25 \times 10^{-6}\,m$$

식 (6.42)를 이용하여 분리각 $\Delta\theta$를 계산한다.

$$\begin{aligned}\Delta\theta &= \theta_R - \theta_B \\ &= m\frac{\Delta\lambda}{d},\ (m = 0, 1, 2, 3,\ \cdots) \\ &= 1 \times \frac{\Delta\lambda}{d} \\ &= 0.2128\,rad = 12.1925^{\circ}\end{aligned}$$

6.4.2 엑스선 회절

엑스선 또는 감마선은 전자기파의 일부로 파장은 대략 $\lambda = 10^{-10}\,m\ (= 0.1\,nm)$이고 에너지가 매우 크다. 엑스선 영역에 속한 전자기파의 파장을 측정할 때 광학용 회절 격자를 사용할 수 없다. 이는 파장에 너무 작아서 회절 무늬 간격이 매우 좁아야 하기 때문이다. 예를 들어 파장이 $\lambda = 10^{-10}\,m$인 빛을 이용하여 슬릿 폭이 $a = 3.0\,\mu m$인 슬릿을 통과시켜 회절 무늬를 만들면 무늬 사이 각은

$$\theta = \sin^{-1}\left(\frac{m\lambda}{a}\right) = 0.0019^{\circ} \tag{6.43}$$

이다. 이 값은 매우 작아서 측정하기 어렵다. 각 θ를 크게 하려면 슬릿 폭 a를 더 작게 해야 한다. 하지만 인공적으로 슬릿 폭은 작게 하는 데는 어려움이 따른다.

1912년 라우에(Max von Laue; 1879~1960, 독일)는 규칙적으로 배열된 결정 고체를 회절 격자로 활용하면 엑스선의 파장을 측정할 수 있다고 주장했다. 그림 (6.14)는 감마선 발생 장치 개념도이다.

순간적으로 고전압 및 고전류 펄스형 전자빔을 방출원 (F)와 금속판 (T)을 설치하여 전자빔에 의하여 2차로 생성되는 감마선을 얻을 수 있다. 전자빔에 의하여 발생하는 감마선은 전자빔의 에너지와 금속판의 재료 및 모양에 따라 다르다.

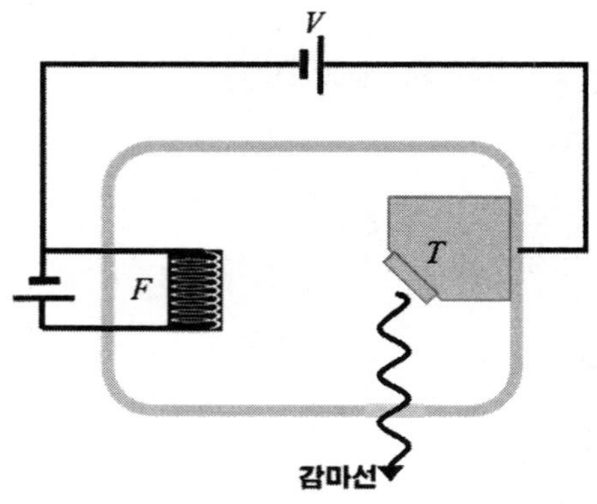

그림 6.14 감마선 발생 장치

그림 (6.15)는 파장이 매우 짧은 감마선 또는 엑스선의 파장 측정을 위한 고체 결정 구조(a)와 결정에 의한 회절 (b)을 나타낸 것이다. 회절 무늬의 극대 조건은

$$2d\sin\theta = m\lambda \tag{6.44}$$

이다. 식 (6.44)를 브래그(Sir William Lawrence Bragg; 1890~1971, 영국) 법칙이라고 하고, 고체 결정의 위층에서 회절되는 빛과 다음 아래층에서 회절되는 빛의 경로차는 $2(d\sin\theta)$이다. 회절 무늬 간격을 측정하면 실험에 사용된 빛의 파장을 도출할 수 있다.

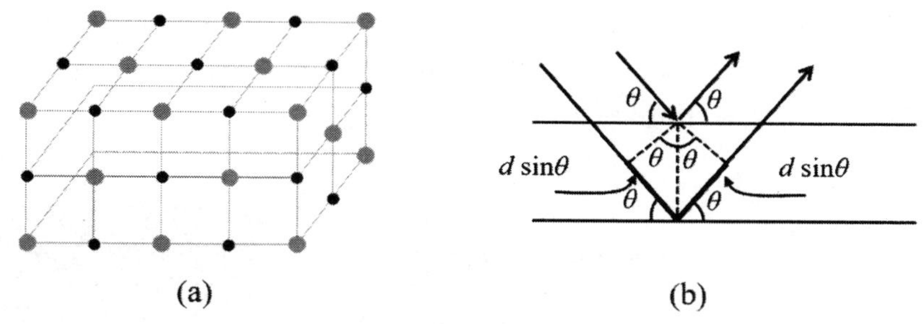

그림 6.15 결정체 구조에 의한 엑스선 회절

6.5 분해능

분해능은 가까이 있는 두 물체를 구별할 수 있는 광학계의 능력을 의미한다. 분해능은 광학계에 의한 회절에 의해 결정된다. 광학계의 회절이 줄어들수록 광학계 분해능은 높아지고, 광학계가 맺은 상의 해상도가 좋아진다.

6.5.1 원형 개구의 회절

그림 (6.16a)는 원형 개구의 회절 무늬이다. 개구의 모양이 원형이기 때문에 회절 무늬도 대칭 구조이다. 그림 (6.16b)는 회절 무늬와 세기 분포이다. 회절 무늬는 중앙에 원 모양의 매우 강한 밝은 무늬가 있고 주변으로 어두운 무늬와 밝은 무늬가 반복적으로 나타난다. 회절 무늬의 중앙선을 따라 그려진 세기 그래프에서 중앙 극대가 매우 밝고, 주변 극대는 중앙 극대에 비하면 매우 약하다.

중앙 극대를 에어리(George Biddell Airy; 1801~1892, 영국)의 이름을 따서 **에어리 원판**(Airy disk)라고 한다. 에어리 원판 주위의 첫 번째 어두운 무늬 위치(각도)는

$$\sin\theta = \frac{1.22\,\lambda}{D} \qquad (6.45)$$

이다.[25] 여기서 λ는 입사 빛의 파장이고, D는 원형 개구의 직경이다. 따라서 파장

이 크면 회절이 강해져서 원형 개구를 통과한 빛이 큰 각으로 퍼진다. 또한, 원형 개구의 직경이 작을수록 퍼짐이 강해진다. 따라서 입사 빛의 파장이 클수록, 원형 개구의 직경이 작을수록 회절 현상이 강하게 나타난다.

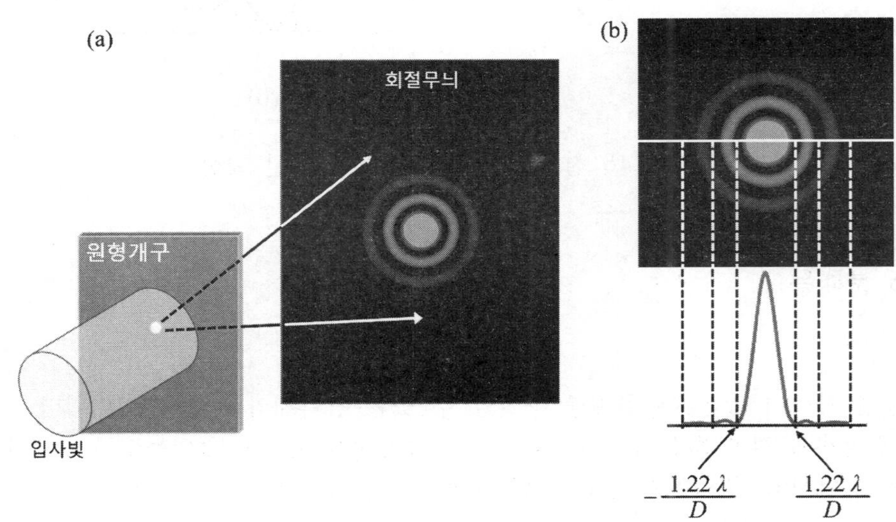

그림 6.16 원형 개구에 의한 회절

광학계의 분해능은 레일리(John William Strutt, 3rd Baron Rayleigh; 1842~1919, 영국) 기준으로 정의할 수 있다. 광원이 두 개인 경우, 각각의 광원에서 방출된 빛이 원형 개구를 통과하면서 회절 무늬를 만든다. 두 광원이 서로 가까워지면 회절 무늬가 겹쳐진다. 두 광원의 거리가 일정 간격 이내로 가까워지면 겹쳐진 회절 무늬가 하나인지 또는 두 개인지 구별하기 어려워진다. 그림 (6.17)에 그려진 것처럼, 회절 무늬 에어리 원판의 정 중앙이 다른 회절 무늬의 첫 번째 어두운 무늬와 겹칠 때까지는 두 개로 구분할 수 있는 것이 레일리 기준이다.

레일리 기준을 적용하여 두 물체를 구분할 수 있는 조건으로 얻어진 각을 **최소 분리각** 또는 **분해능**이라고 한다. 즉 두 물체의 최소 분리각은 중앙 극대점과 제1 극소점이 원형 개구와 이루는 각이므로 개구의 폭이 D이면

$$D \sin\theta = 1.22\lambda \tag{6.46}$$

25) 식 (6.45)은 유도 과정은 수학적으로 복잡하여 본 교과의 수준을 넘어선 것으로 판단하여 유도 과정 없이 결과 식만 썼다.

이다. 이 경우 각 θ를 최소 분리각 또는 레일리 기준을 만족하는 각이므로 θ_R로 표기하면

$$\theta_R = \sin^{-1}\left(\frac{1.22\lambda}{D}\right) \tag{6.47}$$

이다. 만일 각이 작다면 $\sin\theta \sim \theta$로 근사할 수 있으므로, 최소 분리각은

$$\theta_R = \frac{1.22\lambda}{D} \tag{6.48}$$

이다.

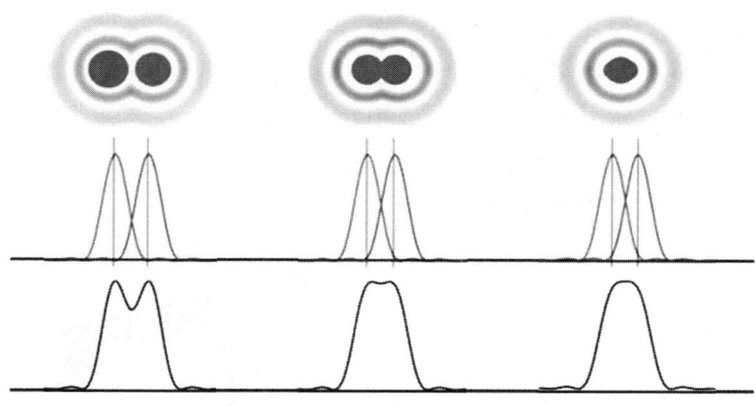

그림 6.17 분해능에 대한 레일리 기준

그림 (6.18)에서 사이 간격이 s인 두 물체가 직경이 D인 원형 개구로부터 거리 L 위치에 있다. 최소 분리각은 식 (6.48)과 같다. 두 물체를 구분하기 위해서는 최소 간격 s는 거리 L과 관계있다. 최소 분리각 θ_R과 두 물체를 잇는 선들 사이 각 θ는 같다. 따라서

$$\tan\left(\frac{\theta}{2}\right) = \frac{s/2}{L} \tag{6.49}$$

$$s = 2L\tan\left(\frac{\theta}{2}\right) \tag{6.50}$$

여기서 각 $\theta = \theta_R$이므로

$$\begin{aligned} s &= 2L\tan\left(\frac{\theta_R}{2}\right) \\ &= 2L\tan\left(\frac{1.22\,\lambda/D}{2}\right) \end{aligned} \tag{6.51}$$

이다. 만일 각이 작다면 $\tan(\theta/2) \sim \theta/2$이고

$$\begin{aligned} s &\sim (2L)\frac{1.22\,\lambda/D}{2} \\ &= 1.22\,\lambda\frac{L}{D} \end{aligned} \tag{6.52}$$

따라서 두 물체를 구분할 수 있는 물체 사이 간격 s는 입사 빛의 파장 λ과 거리 L에 비례하고, 원형 개구의 직경 D에 반비례한다. 입사 빛의 파장이 크고, 개구 직경이 작으면 해당 개구를 통과하여 형성되는 회절 현상이 강해져서 회절 무늬들의 겹침이 커진다. 따라서 물체의 구분이 어려워지므로, 물체를 구분할 수 있으려면 물체 사이 간격이 커져야 한다.

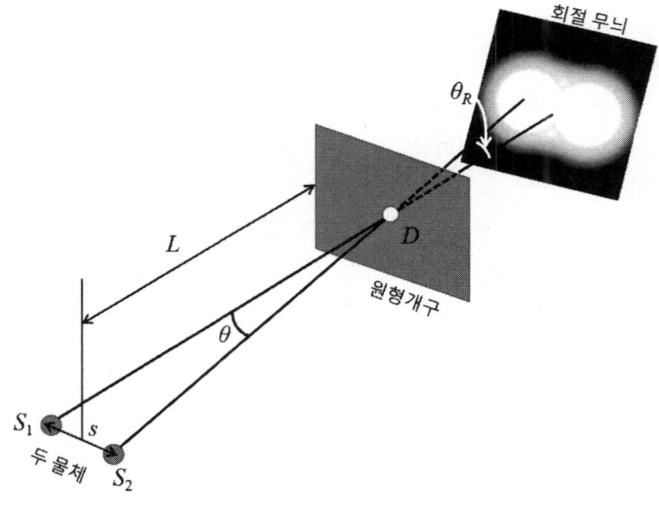

그림 6.18 분해각와 물체 거리

또 그림 (6.18)과 같이, 물체와 개구 사이 간격이 커지면 물체는 멀어져 보이고, 두 물체를 잇는 선 사잇각 θ이 작아진다. 호도법에 의해 물체 거리 s는

$$s = L\theta \tag{6.53}$$

이다. 각 θ가 최소 분리각 θ_R보다 작아지면 두 물체는 구분할 수 없음을 의미한다. 따라서 거리 L이 커지면 두 물체 사이 간격 s도 커져야만 구분이 가능해진다.

두 물체를 구분할 수 있는 조건은

$$\theta \geq \theta_R \quad \text{and} \quad s \geq 1.22\lambda\frac{L}{D} \tag{6.54}$$

이다.

현미경, 망원경 또는 카메라와 같은 광학 시스템의 해상도는 회절에 의한 근본적인 한계가 존재한다. 광학 기기의 회절에 의한 이론적 한계치의 분해능의 성능을 갖는 광학 시스템을 **회절 한계**에 있다고 한다.

[예제 6.4]
사람 눈의 동공의 크기가 $D = 5\,mm$일 때, 파장이 $\lambda = 580\,nm$인 노란색 두 물체의 최소 분리각 θ은? (각 θ가 작아서 $\sin\theta \sim \theta$로 근사 할 수 있고 가정한다.)

풀이: 각 분해능 식 (6.45)을 사용하여 계산한다.

$$\sin\theta \sim \theta = \frac{1.22\lambda}{D}$$

$$\theta = \frac{1.22 \times (580 \times 10^{-9}\,m)}{5.00 \times 10^{-3}\,m}$$

$$= 0.0001415\,rad = 0.008109^\circ$$

[예제 6.5]
위 예제에서 물체와 사람 사이 거리가 $L = 8\,m$이다. 사람 눈으로 두 물체를 구분할 수 있기 위한 두 물체 사이 간격은?

풀이: 식 (6.52)을 이용하여 계산한다. 두 물체 사이 거리 s는

$$s = L\theta$$
$$= (5.00\,m)\times(0.0001415\,rad)$$
$$= 0.001132\,m = 1.132\,mm$$

6.5.2 회절 격자의 분해능

회절 격자에 의한 회절 무늬는 입사 빛의 파장에 따라 회절 각이 각기 다르다. 따라서 회절 격자는 파장별로 빛을 나누는 분광 기능이 있는 데, 이 현상을 분산이라고 한다. 분산 D는

$$D = \frac{\Delta\theta}{\Delta\lambda} \tag{6.55}$$

으로 정의한다. 분산 D가 클수록 비슷한 파장의 빛의 회절 무늬 간격이 넓어진다. 중앙선으로부터 각도 θ에서의 분산은

$$D = \frac{m}{d\cos\theta} \tag{6.56}$$

이다.[26] 따라서 회절 격자의 슬릿 간격 d가 작을수록, 차수 m이 클수록 분산이 커진다. 분산은 회절 격자의 수 N과는 무관하다.

회절 격자의 분해능 R의 정의는

---

26) 회절 격자 극대 조건 $d\sin\theta = m\lambda$의 양변을 편미분 하면
$d(\cos\theta)d\theta = m\,d\lambda$
이다. 충분히 작은 각들에 대해서 미분을 작은 변화량으로 다시 표기하면
$d(\cos\theta)\Delta\theta = m\,\Delta\lambda$
이다. 이 식을 정리하면 분산 D는
$D = \dfrac{\Delta\theta}{\Delta\lambda} = \dfrac{m}{d\cos\theta}$

$$R = \frac{\lambda_{avg}}{\Delta\lambda} \tag{6.57}$$

이다. λ_{avg}는 겨우 분해할 수 있는 입사 빛의 파장 평균값이고, $\Delta\lambda$는 파장 차이다. R이 클수록 더 가까이 있는 물체에 의한 회절 무늬를 구분할 수 있다. 보강 간섭에 의한 밝은 무늬 조건으로부터

$$d\sin\theta = m\lambda \tag{6.58}$$

이고, 좌변과 우변을 각 θ와 파장 λ에 대하여 편미분하면

$$d\cos\theta\,\Delta\theta = m\,\Delta\lambda \tag{6.59}$$

이다. 반너비각 식

$$\Delta\theta_{hw} = \frac{\lambda}{Nd\cos\theta} \tag{6.60}$$

에서

$$d\cos\theta\,\Delta\theta_{hw} = \frac{\lambda}{N} \tag{6.61}$$

이 되므로 식 (6.58)에 대입하면

$$\frac{\lambda}{N} = m\,\Delta\lambda \tag{6.62}$$

$$R = \frac{\lambda_{avg}}{\Delta\lambda} = Nm \tag{6.63}$$

이 된다. 회절 격자의 분해능은 $R = Nm$이 되어서 격자 수가 많을수록 분해능이 우수하다.

[예제 6.6]

$N=1.26\times10^4$개의 격자가 폭 $w=25.4mm$ 안에 새겨졌다. 이 회절 격자에 소듐 증기 램프에서 나오는 빛 ($589.00nm$와 $589.59nm$의 두 파장의 빛이 섞여 있음)을 비추었다.

(a) 몇 도에서 파장 $589nm$의 빛이 1차 극대가 되는가?

풀이: 격자 간격 d는 폭 w을 격자 수 N으로 나누면 된다.

$$
\begin{aligned}
d &= \frac{w}{N} \\
&= \frac{25.4\times10^{-3}m}{1.26\times10^4} \\
&= 2.016\times10^{-6}\,m\ = 2016nm
\end{aligned}
$$

식 (6.58)에서 회절 격자 무늬의 1차 $(m=1)$ 조건으로 각 θ를 계산하면

$$
\begin{aligned}
\theta &= \sin^{-1}\left(\frac{m\lambda}{d}\right)\ (m=1) \\
&= \sin^{-1}\left(\frac{\lambda}{d}\right) \\
&= \sin^{-1}\left(\frac{589.0\,nm}{2016\ nm}\right) \\
&= 0.2922\,rad = 16.74\,^{\circ}
\end{aligned}
$$

(b) 두 빛에 대하여 1차 회절 무늬 사이의 분리각 $\Delta\theta$는?

풀이: 분산능 정의 식 (6.55)

$$D=\frac{\Delta\theta}{\Delta\lambda}=\frac{m}{d\cos\theta}$$

를 이용한다. 여기서 각 θ는 (a)의 결과를 이용한다.

$$D=\frac{m}{d\cos\theta}$$

$$= \frac{1}{(2016\,nm) \times (\cos 16.74^\circ)}$$
$$= 0.0005179\ rad/nm$$

$$D = \frac{\Delta\theta}{\Delta\lambda}$$
$$\Delta\theta = D\ \Delta\lambda$$
$$= 0.0005179 \times (589.59 - 589.00)$$
$$= 0.0003056\,rad = 0.01751^\circ$$

(c) 1차에서 소듐 이중선을 구별하기 위한 회절 격자 최소 개수는?

풀이: 분해능 식 (6.63)

$$R = \frac{\lambda_{avg}}{\Delta\lambda} = Nm$$

을 이용한다.

$$N = \frac{R}{m}$$
$$= \frac{1}{m}\frac{\lambda_{avg}}{\Delta\lambda}$$
$$= \frac{(589.59 + 589.00)nm/2}{(1)(589.59 - 589.00)\,nm}$$
$$= 998.81$$

이다. 따라서 최소 999개의 격자가 필요하다.

6.6 이중 슬릿 간섭과 회절

앞에서 이중 슬릿에 의한 간섭을 다뤘다. 이중 슬릿에 의한 간섭무늬는 밝은 무늬와 어두운 무늬가 일정한 간격으로 주기적으로 나타났다. 보강 간섭무늬의 세기 I 최댓값은 중첩되는 하나의 빛의 세기 I_0의 4배이고, 중심 부분과 주변 부분에서 세기가 일정하였다. 중심 부분과 멀리 떨어진 가장 부분의 세기가 같다는 것은 매우 이상한 결과이다.

이상한 결과가 도출된 것은 이중 슬릿을 다룰 때 각각의 슬릿에서 한 가닥 빛만이 나오는 것으로 취급했기 때문이다. 회절을 다루면서, 슬릿 폭이 아무리 작더라도 그 안에는 수많은 점 광원이 있고, 각각의 점 광원으로부터 구면파가 나온다. 이로 인하여 두 슬릿 모두에서 회절이 발생한다. 이중 슬릿의 간섭과 각각의 슬릿에 의한 회절을 동시에 고려해야 그림 (6.19)의 실제 이중 슬릿 실험 결과를 만족할 수 있는 세기 분포를 얻을 수 있다.

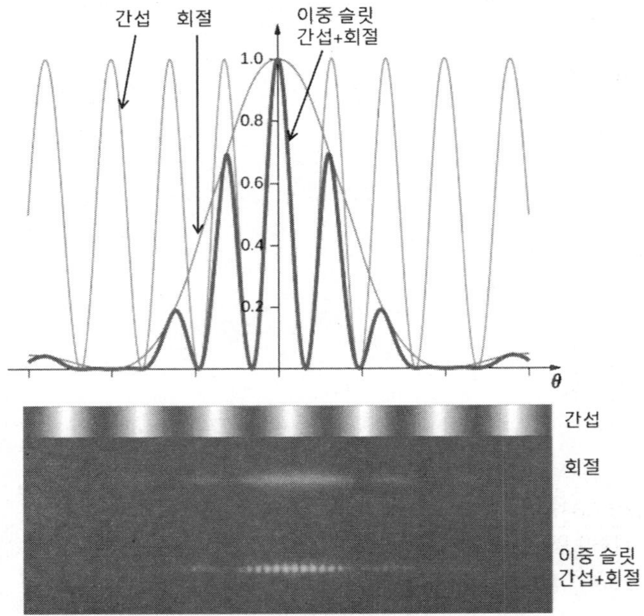

그림 6.19 이중 슬릿 간섭, 회절 무늬

이중 슬릿에 의한 간섭 및 회절에 의한 무늬 세기는

$$I_\theta = I_m \cos^2\beta \left(\frac{\sin\alpha}{\alpha}\right)^2 \tag{6.62}$$

이다. α와 β는 각각

$$\beta = \frac{\pi d}{\lambda}\sin\theta,\ \alpha = \frac{\pi a}{\lambda}\sin\theta \tag{6.64}$$

이다. a는 슬릿 폭, d는 슬릿 간격이고 λ는 입사 빛의 파장이다. 또 θ는 광축과 스크린 위의 점이 이루는 각도이다. 그림 (6.19)의 간섭무늬와 회절 무늬 세기 최대치는 1로 규격화[27] 하여 그려진 것이다.

[예제 6.7]
이중 슬릿 실험에서 파장이 $\lambda = 420\,nm$이고 슬릿 간격이 $d = 0.26\,mm$, 슬릿 폭은 $a = 0.06\,mm$이다. 회절 무늬의 중앙 극대 안에는 몇 개의 밝은 간섭무늬가 있는가?

풀이: 회절 무늬의 1차 극소점과 간섭무늬에 차 m극대점을 비교한다. 즉,
회절 무늬의 1차 극대 조건은

$$a\sin\theta = \lambda$$

이다. 간섭무늬의 m차 극대 조건은

$$d\sin\theta = m\lambda$$

이므로, 차수 m으로 정리하면

$$m = \frac{d}{\lambda}\sin\theta$$

이 식에 회절의 첫 번째 극소 조건에서 $\sin\theta = \lambda/a$로 정리하여 대입하면

$$\begin{aligned} m &= \frac{d}{\lambda}\sin\theta \\ &= \frac{d}{\lambda}\left(\frac{\lambda}{a}\right) \end{aligned}$$

27) 수치 그래프의 규격화란 데이터의 범위, 단위, 축의 눈금 등을 조정하여 그래프를 일관된 형식으로 표현하는 것을 말한다. 이를 통해 데이터를 시각적으로 더욱 명확하게 전달할 수 있고, 그래프 간의 비교나 추이 파악을 쉽게 하게 한다. 규격화는 그래프의 가독성과 효과를 향상시키는 데 중요한 역할을 한다.

$$= \frac{d}{a}$$

$$= \frac{0.26\,mm}{0.06\,mm} = 4.33$$

따라서 간섭무늬의 중앙 극대 1개와 위로 4개, 그리고 아래로 4개 하여 모두 9개의 간섭무늬가 회절 무늬 1차 극대 안에 들어 간다.

요약

6.1 프레넬 회절과 프라운호퍼 회절

프레넬 회절: 입사 빛은 평면파, 스크린 도달 빛은 구면파

프라운호퍼 회절: 입사 빛과 스크린 도달 빛 모두 평면파

6.2 단일 슬릿 회절

보강 조건: $a\sin\theta = (m + \frac{\lambda}{2})$, $(m = 1, 2, 3, \cdots)$

상쇄 조건: $a\sin\theta = m\lambda$, $(m = 1, 2, 3, \cdots)$

6.3 단일 슬릿 회절 무늬 세기

1차 극대: $I_m \frac{4}{9\pi^2}$

2차 극대: $I_m \frac{4}{25\pi^2}$

6.4 회절 격자

보강 조건: $d\sin\theta = m\lambda$, $(m = 0, 1, 2, \cdots)$

반너비각: $\Delta\theta_{hw} = \frac{\lambda}{Nd\cos\theta}$

회절 격자 분광: $\Delta\theta = \theta_2 - \theta_1 = m\frac{\Delta\lambda}{d}$, $(m = 0, 1, 2, 3, \cdots)$

6.5 분해능

원형 개구의 분해각: $\theta_R = \sin^{-1}\left(\frac{1.22\lambda}{D}\right)$

회절 격자의 분해능: $R = \frac{\lambda_{avg}}{\Delta\lambda}$

6.6 이중 슬릿 간섭과 회절

회절무늬 세기: $I_\theta = I_m \cos^2\beta \left(\frac{\sin\alpha}{\alpha}\right)^2$

연습문제

[6.1] 슬릿 폭이 a이 단일 슬릿에 파장이 $\lambda = 650\,nm$인 빨간색을 비추었다. 중심축으로부터 $\theta = 15^\circ$ 방향에서 첫 번째 극소가 나타났다면 슬릿 폭 a는?

답] $2.511\,\mu m$

[6.2] 위 문제에서 입사 빛이 백색광일 때, 빨간색의 첫 번째 극소 위치에 첫 번째 극대가 일어나는 빛의 파장 λ'는?

답] $433.3\,nm$

[6.3] 두 녹색 점($\lambda = 520\,nm$) 중심 간 거리는 $D = 1.5\,mm$이다. 눈동자의 지름이 $d = 4.0\,mm$일 때, 그림의 점들을 구별할 수 있는 최대 거리 L은?

답] 9.45 m

[6.4] 달의 표면을 관찰하려고 한다. 서로 $s = 120\,km$ 떨어진 달의 두 지점을 구분하여 볼 수 있는 망원경의 최소 지름 D은? (지구와 달 사이 거리는 약 $L = 385{,}000\,km$이고, 실험에 사용한 빛 파장은 $\lambda = 520\,nm$이다.)

답] $2.035\,mm$

[6.5] 지름 $d = 32.0\,mm$이고 초점거리 $f = 24\,cm$인 렌즈를 사용하여 물체의 영상을 얻고자 한다. 이때 사용하는 빛의 파장은 $\lambda = 550\,nm$이다.

(a) 렌즈의 회절을 고려할 때 멀리 있는 물체에 대해 레일리의 기준을 만족시키는 분리각은?

답] $\theta_R = 0.00002096\,rad$

(b) 렌즈의 초점면 위의 회절 무늬에서 두 중앙 극대의 중심 사이의 거리 Δx는?

답] $\Delta x = 5.03\,\mu m$

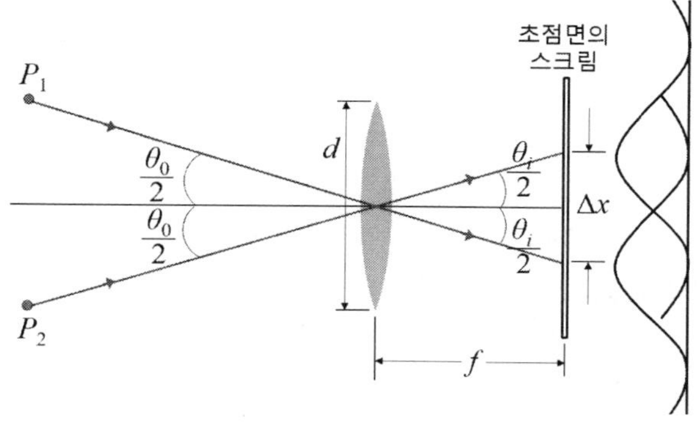
초점면의
스크림
P_1
P_2
d
$\frac{\theta_0}{2}$
$\frac{\theta_0}{2}$
$\frac{\theta_i}{2}$
$\frac{\theta_i}{2}$
Δx
f

문제 6.5의 그림

CHAPTER

07

편광(Polarization)

1. 편광
2. 흡수와 편광
3. 반사와 편광
4. 복굴절에 의한 편광
5. 산란과 편광

편광은 전자기파를 구성하는 전기장이나 자기장이 특정한 방향으로 진동하는 현상이다. 빛은 흡수, 반사 및 산란을 통해 편광될 수 있으며, 복굴절 물질에 의해 편광될 수 있다. 편광에는 선 편광, 원 편광 및 타원 편광으로 구분할 수 있다. 선 편광이나 원 편광은 타원 편광의 특수한 경우이다.

편광은 무선 통신 시스템에서 신호 품질을 개선하고 간섭을 줄이기 위해 활용된다. 서로 다른 편광 상태의 신호를 전송함으로써 동일한 주파수 대역 내에서 여러 채널을 사용할 수 있다. 안테나는 전자파를 효율적으로 송수신하도록 설계된다. 편광 상태 성정은 안테나 성능을 최적화하는 데 중요하다. 안테나의 송신 또는 수신 신호의 편광 상태를 일치시킴으로써 통신 시스템의 신호 강도 높일 수 있다.

위성 통신에서 편광은 대기의 물체에서 반사되는 신호로 인해 발생하는 간섭을 줄이기 위해 사용된다. 광섬유 통신 시스템에서는 광파를 사용하여 데이터를 전송한다. 전송된 빛의 편광 상태를 유지 시켜야 장거리 전송에서 정확하고 신뢰할 수 있는 데이터 전송을 보장할 수 있다. 이밖에도 편광은 3D 이미징 및 디스플레이 기술에 활용된다. 서로 다른 편광 필터 또는 안경을 사용하여 각 눈에 별도의 이미지를 제공하여 입체 효과를 만들고 깊이 인식을 향상 시킬 수 있다.

7.1 편광

태양 빛, 촛불과 같은 자연광, 그리고 형광등, 백열등, LED에서 방출된 빛 모두 편광되지 않은 비편광 빛이다. 비편광 빛이 편광판을 통과하면 편광된다. 전자기파가 편광되면 전기장 벡터는 파동의 전파 방향에 수직 평면에서 한 방향으로 진동한다. 따라서 편광은 횡파에서만 나타나는 현상이다.

그림 (7.1)은 전자기파의 전기장과 자기장의 진동을 나타낸 것이다. 전기장과 자기장 모두 진행 방향에 수직 방향으로 진폭이 주기적으로 변한다. 따라서 전자기파는 횡파이다. 전자기파의 편광 현상을 다루는 데 있어 전기장만을 설명할 것이다. 이는 전기장과 자기장의 파동적 성질이 같아서 전기장에 대한 편광 현상을 이해하면 자기장에 대한 편광 현상도 알 수 있기 때문이다.

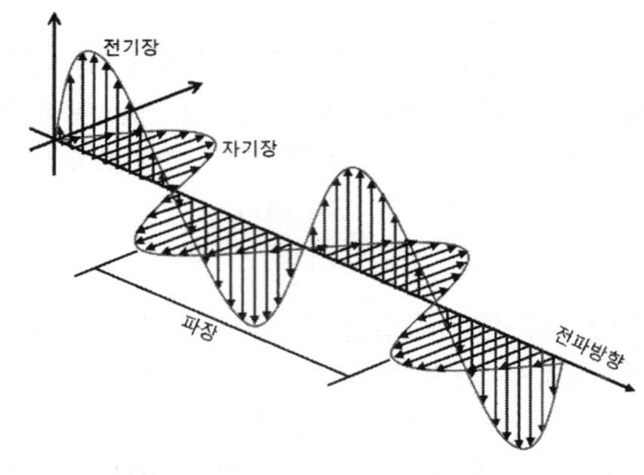

그림 7.1 전자기파

7.1.1 구분

앞에서 설명한 바와 같이 자연 발생한 모든 빛은 편광되어있지 않는 비편광 빛이다. 비편광 빛이 편광판을 통과하면 완전 편광된다. 뿐만아니라 반사된 빛 또는 산란된 빛은 부분적으로 편광된다.

표 7.1은 편광 빛과 비편광 빛의 표기 방법을 비교한 것이다. 편광(선 편광) 빛과 비편광 빛은 전기장의 진동 방향을 화살표 또는 파동으로 나타낸다. 편광 빛은 하나의 화살표로 표기하고, 비편광 빛은 두 개 이상의 화살표를 표기한다. 파동 표기에서도 편광 빛은 하나로, 비편광 빛은 두 개 이상의 파동으로 표기한다.

구분	편광 빛	비편광 빛
화살표 표기		또는
파동 표기		

표 7.1 편광 빛과 비편광 빛 표기

편광된 빛은 선 편광과 타원 편광으로 구분할 수 있다. 선 편광된 빛은 전기장이 계속 특정한 한 방향으로 진동한다. 반면 타원 편광은 파동의 진동 방향이 주기적으로 계속 바뀌는 것을 말한다. 진동 방향이 각기 다른 파동 여러 개가 섞여 있는 비편광 빛과는 다르다. 원 편광은 타원 편광의 특수한 경우로 수평축과 수직축의 최대 진폭의 비가 1인 경우이다.

구분	파동 표기	종류
선편광		수직 편광, 수평 편광
원 편광		우(시계방향) 원 편광, 좌(반시계방향) 원 편광
타원 편광		우(시계방향) 타원 편광, 좌(반시계방향) 타원 편광

표 7.2 편광의 구분

그림 (7.2)는 $x-y$평면에서 진동하면서 z방향으로 전파되는 선 편광된 전기장의 $x-$성분과 $y-$성분을 나타낸 것이다. 함수로 표현하면

$$
\begin{aligned}
\vec{E} &= E_x(z,t)\hat{x} + E_y(z,t)\hat{y} \\
&= (E_0 \cos\theta)\sin(kz-\omega t)\hat{x} + (E_0 \sin\theta)\sin(kz-\omega t)\hat{y} \\
&= (E_0 \cos\theta\,\hat{x} + E_0 \sin\theta\,\hat{y})\sin(kz-\omega t) \\
&= (E_{0x}\,\hat{x} + E_{0y}\,\hat{y})\sin(kz-\omega t) \qquad (7.1)
\end{aligned}
$$

E_{0x}와 E_{0y}는 각각 $x-$방향과 $y-$방향의 전기장 진폭이고, sin항은 주기적인 진동을 나타낸다. 또 $\hat{x}$와 $\hat{y}$는 각각 $x-$방향과 $y-$방향의 단위벡터이다. 벡터에 대하

여는 Appendix A에서 자세히 다룬다.

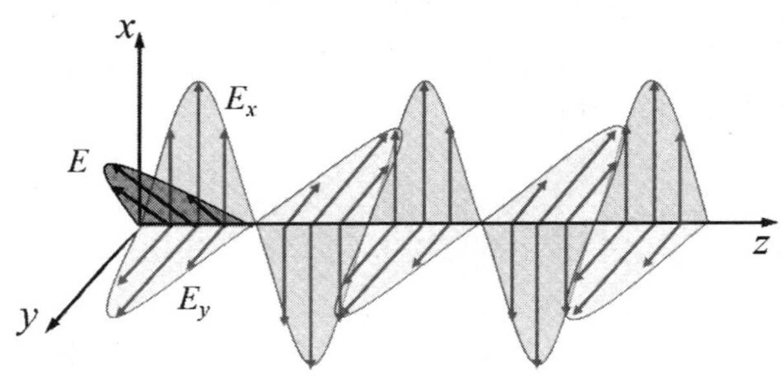

그림 7.2 선 편광 빛의 전기장 성분

그림 (7.3)은 타원 편광인 경우, 전기장의$x-$성분과 $y-$성분 사이의 위상차 ϕ가 있음을 나타낸 것이다. 선 편광, 원 편광은 모두 타원 편광의 일종인데, 위상차에 따라 결정된다. 그림 (7.3)의 타원 편광을 파동함수로 표현하면

$$\vec{E} = E_{0x}\cos(kx - \omega t)\hat{x} + E_{0y}\cos(kx - \omega t + \phi)\hat{y} \tag{7.2}$$

이다.

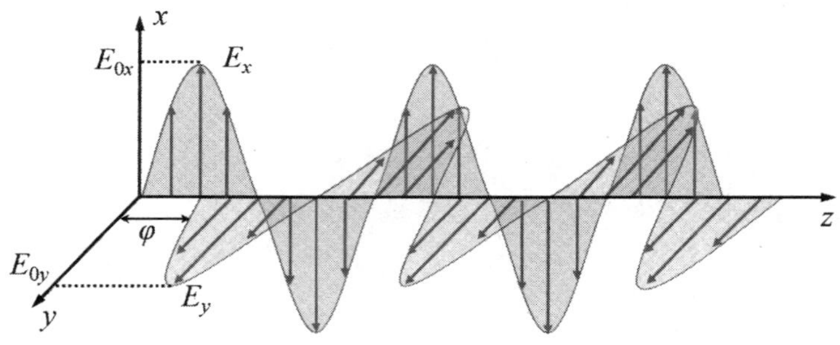

그림 7.3 선 편광 빛의 전기장 성분

그림 (7.4)는 타원 편광으로부터 위상차 ϕ에 의한 선 편광, 원 편광을 구분하여 보여준다. 타원 편광의 $x-$성분 E_{0x}와 $y-$성분 E_{0y}의 크기가 서로 다르다. 또한, 두 성분의 위상차는 ϕ이다. 위상차가 있는 경우. $x-$성분과 $y-$성분의 최대치 위치가 다르다. 즉 두 성분 사이에 시간차가 발생한다.

원 편광은 두 직각 성분의 크기가 같아서 $E_{0x} = E_{0y} = E_0$로 쓸 수 있다. 그리고 두 성분의 위상차는 $\pi/2$이다. 선편광은 두 성분의 위상차가 0인 경우이다. 따라서 두 성분의 최대치, 최저치 위치가 정확히 일치한다.

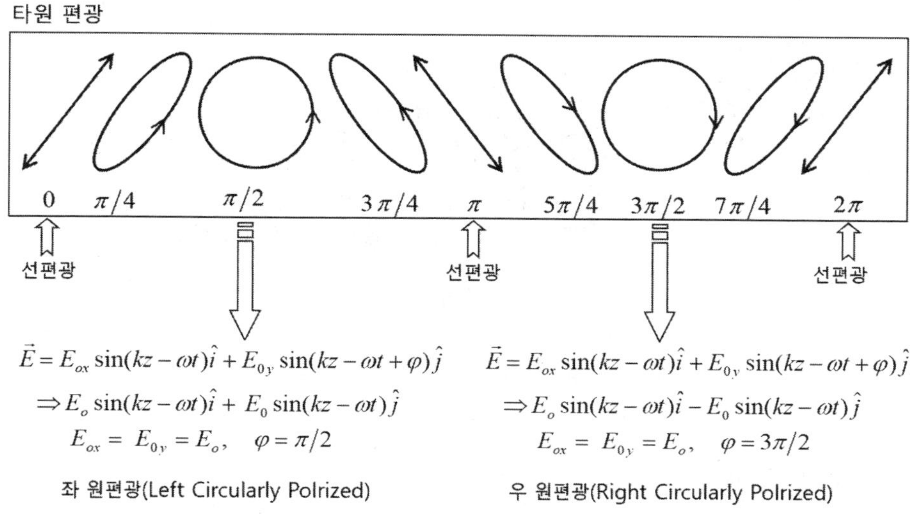

그림 7.4 위상차에 따른 편광 구분

표 (7.3)은 타원 편광의 $x-$성분과 $y-$성분의 진폭 관계 및 위상차에 따른 편광상태를 비교한 것이다.

편광	진폭	위상차
타원 편광	$E_{0x} \neq E_{0y}$	임의의 ϕ
원 편광	$E_{0x} = E_{0y}$	$\phi = \pi/2$
선 편광	같을 수도, 다를 수도 있음	$\phi = 0$

표 7.3 편광의 진폭과 위상차 비교

편광되지 않은 자연 빛이 편광판을 통과하면 선 편광 된다. 레이저는 성질이 같은 빛만 발생시키기 때문에 레이저 빛은 그 자체로 편광된 빛이다. 선 편광 빛이 위상 지연자를 통과하면 타원 편광이 발생한다. 위상 지연자는 방해석과 같은 비등방성 물질을 일컫는데, 수직축과 수평축의 굴절률이 다르다. 이에 따라 선 편광 된 빛이 위상 지연자를 통과할 때, 두 축 방향으로의 전파 속도가 달라서 전기장의 진동의 위상 지연이 발생하여 타원 편광된다. 그림 (7.5)는 비편광 빛이 편광판을 통과하여 편광되고, 위상 지연자(1/4판)을 통과한 후 타원 편광되는 것을 차례로 보여준다.

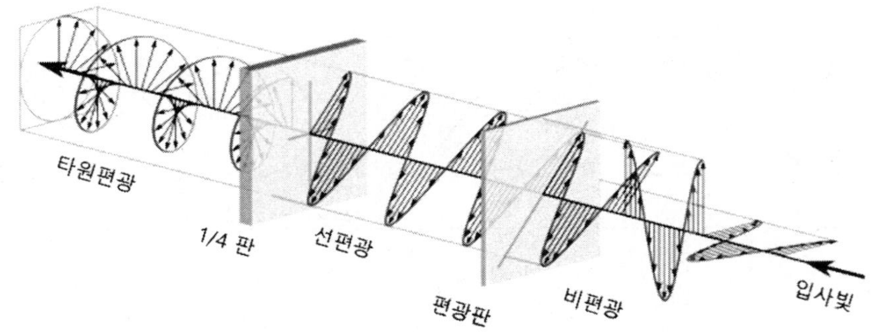

그림 7.5 위상 지연판에 의한 타원 편광

7.2 흡수와 편광

빛이 광학 물질의 표면으로 입사하면 일부는 흡수되고 나머지는 반사 또는 투과한다. 반사와 투과는 각각 **반사 법칙**과 **굴절 법칙**(스넬의 법칙)에 따라 진행 방향이 결정된다. 흡수는 광학 물질을 구성하는 분자 성분 및 분자의 진동 방향에 따라 결정된다. 즉, 물질을 구성하는 분자는 각자 고유한 방향으로 진동하는데, 입사하는 빛의 진동 방향에 따라 분자에 흡수될 수도 있고 흡수 없이 통과할 수도 있다.

일반적인 광학 물질을 구성하는 분자들은 진동 방향이 무작위이다. 따라서 비편광 빛이 입사하는 경우, 흡수되는 성분의 방향성이 없다. 그러므로 투과되는 빛의 방향성도 없어 비편광 빛이다. 일부 자연에 존재하는 광물이나 인위적으로 제작된 물체(편광자)의 경우, 물체를 구성하는 분자들이 특정 방향으로 정렬되어 있다. 이러한 물체를 통과하는 빛 중에서 특정 방향으로 진동하는 빛은 흡수되고, 흡수 없이 통과하는 빛의 진동 방향으로 선 편광 된다.

그림(7.6)은 편광판을 투과한 빛의 편광 현상을 나타낸 것이다. 입사 빛은 비편광 빛으로 여러 개의 화살표 또는 여러 진동 방향의 파동으로 나타내었다. 일반적으로는 화살표 표기나 진동 방향 표기 중 한 가지로 표시한다. 편광판은 격자처럼 그려졌는데, 편광 방향을 표시한 것이다. 편광판 방향과 같은 방향 성분은 통과하고 수직 방향의 성분은 흡수되어, 통과된 빛은 편광판 방향으로 편광 빛이 된다.

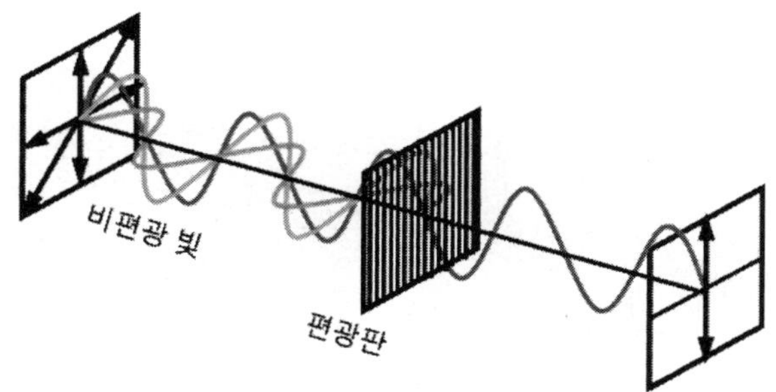

그림 7.6 편광판에 의한 선편광

7.2.1 편광도

그림 (7.7)은 편광자(편광판)에 의한 투과 빛의 편광 상태와 편광 여부를 확인하기 위한 검광자를 나타낸 것이다. 편광자가 슬릿 모양으로 그려졌는데, 실제로는 슬릿이 있는 것이 아니라 구성 분자들의 정렬 방향에 의해 흡수 없이 통과되는 빛의 진동 방향을 표현한 것이다. 검광자도 편광자와 같은 역할을 하는 것으로, 빛이 편광 여부를 확인하는 역할을 하므로 '**검광자**'로 표기한 것이다.

편광된 빛을 검광자로 측정하면 검광자 방향에 따라 빛의 세기가 다르다. 검광자와 편광자의 방향이 일치하면 측정된 빛의 세기가 최대이다. 반면 검광자와 편광자의 방향이 서로 수직하면 측정된 빛의 세기가 최저이다. 두 값으로 편광 빛의 편광도 P를 정의 할 수 있다.

$$P = \frac{I_{\max} - I_{\min}}{I_{\max} + I_{\min}} \tag{7.3}$$

여기서 $I_{\max}$와 $I_{\min}$는 각각 세기의 최댓값과 최솟값으로, 검광자를 회전시키면서 세기를 측정하여 얻을 수 있다.

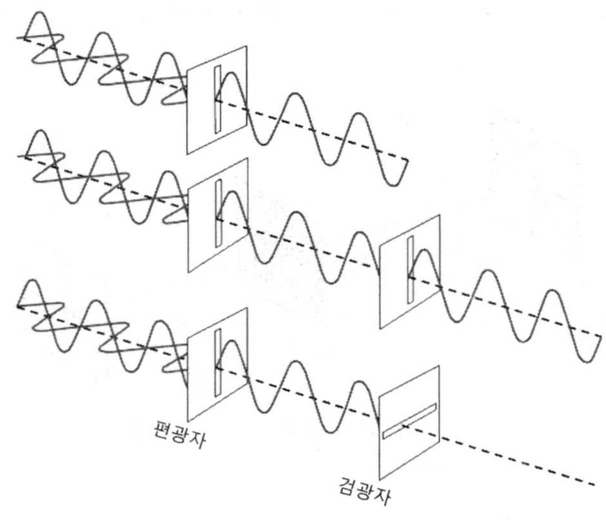

그림 7.7 편광자와 검광자 역할

7.2.2 말러스의 법칙

말러스의 법칙은 편광판을 투과하는 편광 빛의 세기기에 관한 것으로, 편광판의 투과 축과 입사광의 편광 방향 사이의 각도 관계를 나타낸 것이다. 비편광 빛이 편광판을 통과할 때, 편광판과 수평 성분은 흡수 없이 통과하지만 수직 성분은 흡수된다. 따라서 투과 빛의 세기는 입사 빛의 세기보다 줄어든다.

그림 (7.8)은 편광된 빛이 편광판에 입사하는 것을 보여준다. 입사 빛의 전기장 진폭은 E_0이고 편광판의 편광 방향과의 사잇각은 θ이다. 입사 빛의 편광판 방향 성분은 $E_0 \cos\theta$이므로 투과된 빛의 진폭도 역시 $E_0 \cos\theta$이다. 코사인 함수는 1보다 같거나 작은 값이므로 투과 빛의 진폭은 입사 빛의 진폭보다 작은 값이다.

세기는 진폭의 제곱이므로 투과 빛의 세기는

$$
\begin{aligned}
I &= (E_0 \cos\theta)^2 \\
&= |E_0|^2 \cos^2\theta \\
&= I_0 \cos^2\theta \qquad (7.4)
\end{aligned}
$$

이다. 여기서 I_0는 입사 빛의 세기이다. 식 (7.4)를 말러스의 법칙(Malus' law)라고 한다. 여기서 명심해야 할 것은 식 (7.4)는 **편광된 빛이 입사**할 때 적용된다는 것이다.

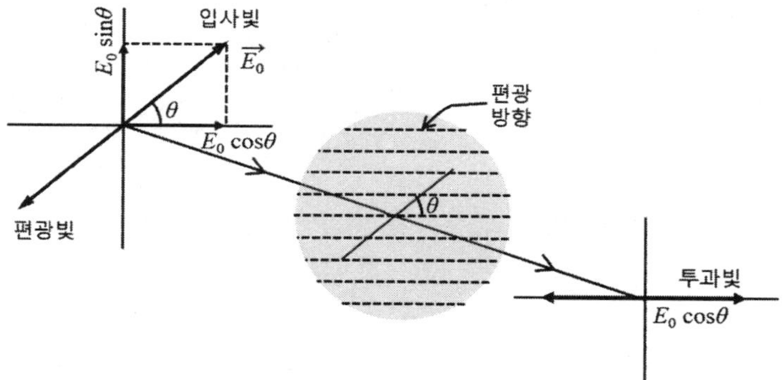

그림 7.8 편광 빛이 입사하는 경우 투과 빛의 진폭

비편광 빛이 입사하는 경우에는 투과 빛의 세기는 어떻게 되는가? 비편광 빛은 모든 방향으로 진동하는 빛이 섞여 있다. 따라서 비편광 빛이 편광판을 통과하면 각각의 빛은 편광판을 통과하여 세기가 $\cos^2\theta$ 비율로 줄어든다. 입사 빛에는 모든 방향으로 진동하는 빛이 섞여 있기 때문에 출력 빛의 세기를 구하기 위해서는 $\cos^2\theta$를 각 θ에 대하여 적분하여 평균값을 구해야 한다.

$$\begin{aligned} I &= \frac{1}{2\pi}\int_0^{2\pi} |E_0|^2 \cos^2\theta \, d\theta \\ &= \frac{1}{2} I_0 \end{aligned} \tag{7.5}$$

계산 과정은 아래에 서술하였다.[28] 즉, 비편광 빛이 입사하여 편광판을 통과하면, 통과된 빛의 세기는 1/2이 된다. 비편광 빛이 입사하는 경우에도, 말러스의 법칙이 적용된다는 것을 의미한다..

28)
$$\begin{aligned} I &= \frac{1}{2\pi}\int_0^{2\pi} |E_0|^2 \cos^2\theta \, d\theta = \frac{|E_0|^2}{2\pi}\int_0^{2\pi} \cos^2\theta \, d\theta = \frac{|E_0|^2}{2\pi}\int_0^{2\pi} \frac{1}{2}(\cos 2\theta - 1)\, d\theta \\ &= \frac{|E_0|^2}{2\pi}\frac{1}{2}\left[\frac{\sin 2\theta}{2} - \theta\right]_0^{2\pi} = \frac{|E_0|^2}{2\pi}\frac{1}{2}(2\pi) = \frac{|E_0|^2}{2} = \frac{I_0}{2} \end{aligned}$$
여기서 삼각 함수 공식 $\cos(\theta+\theta) = \cos^2\theta - \sin^2\theta = 2\cos^2\theta - 1$을 이용하였다.

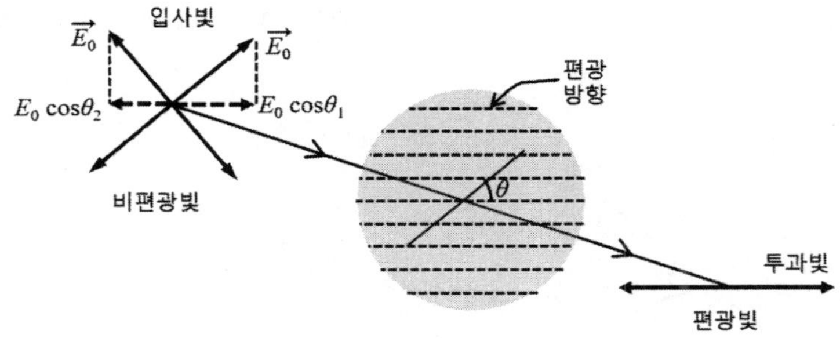

그림 7.9 비편광 빛이 입사하는 경우 투과 빛의 진폭

[예제 7.1]
세기가 I_0인 비편광 입사 빛이 편광자와 검광자를 차례로 통과한다. 편광자와 검광자의 방향이 $\theta = 37^\circ$ 이다. 검광자를 통과한 빛의 세기는?

풀이:
편광자를 지나면 세기는 $I_0/2$가 된다. 다시 검광자를 지나면 말러스의 법칙에 의해

$$
\begin{aligned}
I &= \frac{I_0}{2}\cos^2(37^\circ) \\
&= \frac{I_0}{2}\times 0.6378 \\
&= 0.3189\, I_0
\end{aligned}
$$

7.3 반사와 편광

자연에 존재하는 자연광은 비편광 빛으로 모든 방향의 세기가 같다. 따라서 지면에 대하여 수직 방향 세기와 수평 방향 세기가 같다. 하지만 수면이나 눈 표면에서 반사된 빛은 지면에 수평 방향 세기가 더 강하다. 따라서 바닷가와 눈이 쌓인 스키장을 방문할 때는 편광 기능이 있는 선글라스를 착용하여야 눈을 효과적으로 보호할 수 있다. 편광 기능이 있는 선글라스는 상대적으로 세기가 강한 성분(지면에 수평 방향의 세기)을 더 많이 감소시키기 때문이다.

7.3.1 반사광 편광

그림 (7.10)은 비편광 빛이 경계면에 입사하여 투과와 반사되는 빛을 나타낸 것이다. 입사 광선과 반사 광선, 그리고 굴절 광선을 포함하는 면이 입사면이고, 입사면은 경계면 또는 지면에 수직 평면이다. 입사면에 표기된 화살표는 입사면에 대하여 빛의 수평 성분(지면의 수직 성분)을 나타낸다. 그리고 점은 입사면에 빛의 수직 성분(지면에 수평 성분)이다.

반사 광선과 굴절 광선이 서로 수직 할 때, 또는 입사각 θ_1과 굴절각 θ_2는

$$\theta_1 + \theta_2 = 90^\circ \tag{7.6}$$

관계에 있으면 입사면에 수직 성분만이 반사되어 완전 선 편광된다. 반면 투과 빛은 입사면에 수직 성분과 수평 성분이 모두 섞여 있어 여전히 비편광 빛이다. 하지만 투과 빛은 입사면에 수직 성분 세기보다 수평 성분 세기가 강하다.

반사 빛의 선편광 조건은 식 (7.6)이고, 이때 입사각을 브루스터(Sir David Brewster; 1781~1868, 스코틀랜드) 각이라고 한다. 브루스터 각은 두 매질의 굴절률로 표현될 수 있다.

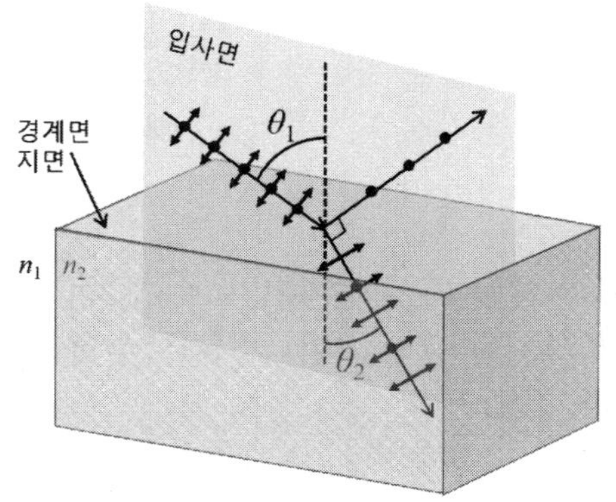

그림 7.10 반사에 의한 편광

스넬의 법칙

$$n_1 \sin\theta_1 = n_2 \sin\theta_2$$

으로부터

$$\theta_1 + \theta_2 = 90^\circ \tag{7.7}$$

관계식을 적용하면

$$n_1 \sin\theta_B = n_2 \sin(90^\circ - \theta_1)$$

$$n_1 \sin\theta_B = n_2 \cos\theta_1 \tag{7.8}$$

이 된다. 여기서 삼각 함수 관계

$$\sin(90^\circ - \theta_1) = \cos\theta_1 \tag{7.9}$$

를 이용하였다. 식 (7.8)을 정리하면

$$\frac{\sin\theta_B}{\cos\theta_B} = \tan\theta_B = \frac{n_2}{n_1} \tag{7.10}$$

역함수를 취하면 브루스터 각 θ_B은

$$\theta_B = \tan^{-1}(\frac{n_2}{n_1}) \tag{7.11}$$

이 된다. 그림 (7.11)은 비편광 빛이 물 표면으로 입사하여 반사와 굴절되는 것을 보여준다. 그림 (7.11)에 표기된 수평, 수직 방향은 지면을 기준으로 한 것이다. 반사된 빛이 부분 편광되어 입사면에 수직 성분 (지면 또는 수면에 수평 성분) 세기가 상대적으로 강하다. 눈을 효과적으로 보호하기 위하여 편광 방향이 입사면에 수평(지면에 수직)인 편광 기능을 갖춘 선글라스를 착용하는 것이 필요하다.

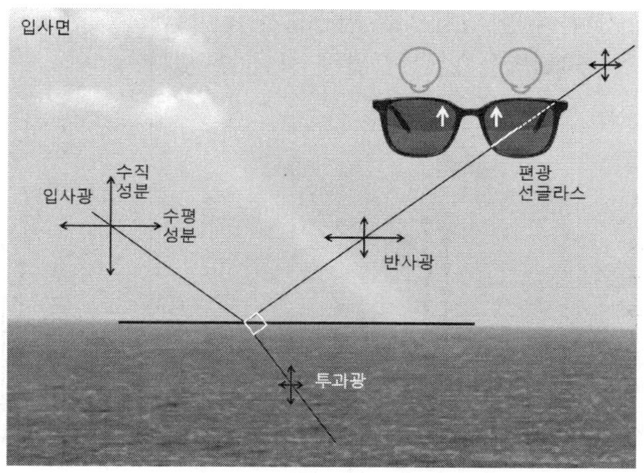

그림 7.11 반사에 의한 편광과 편광 기능이 있는 선글라스

[예제 7.2]
빛이 투명한 유리판($n = 1.52$) 위에서 반사되어 자연 편광될 때, 편광각은?

풀이: 식 (7.11)을 이용하여 브루스터 각을 구한다.

$$\theta_B = \tan^{-1}(\frac{n_2}{n_1})$$
$$= \tan^{-1}(\frac{1.52}{1.00})$$
$$= 56.66°$$

7.3.2 투과광 편광

브루스터 조건을 만족하면 반사 빛은 편광되지만, 투과 빛은 여전히 비편광 빛이다. 반사광이 입사면에 수직 성분으로 편광되어 수직 방향 세기가 강하고 투과광은 수평 성분 세기가 상대적으로 강하다.

비편광 빛이 투명한 평판으로 입사하면 투과된 빛은 입사면에 수평 방향으로 부분 편광된다. 그림 (7.12)에서 보여지는 바와 같이 여러 개의 평판을 순차적으로 통과시키면 투과광은 점차 수평 방향으로 편광도가 높아진다. 이론적으로 무한히 많은 평판을 통과시키면 투과 빛을 완전히 편광 시킬 수 있다.

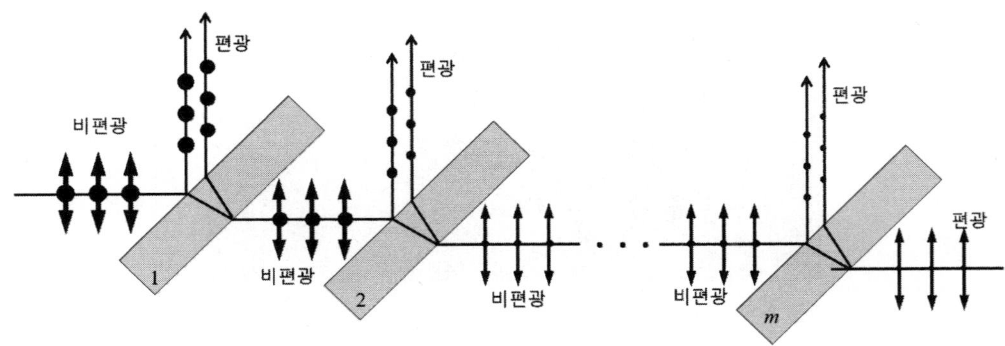

그림 7.12 투과 빛이 편광

평판의 수가 증가할수록 투과광의 편광도는 높아진다. 편광도는

$$P = \frac{I_{\parallel} - I_{\perp}}{I_{\parallel} + I_{\perp}} = \frac{m}{m + \left(\frac{2n}{1-n^2}\right)^2} \tag{7.12}$$

이다. 여기서 m은 평판의 수이고 n은 평판의 굴절률이다. 또 $I_{\parallel}$과 $I_{\perp}$는 입사면에 수평 성분 세기와 수직 성분 세기이다.

평판 수가 커지면

$$m \gg \left(\frac{2n}{1-n^2}\right)^2 \tag{7.13}$$

이므로 식 (7.12)의 분모는

$$m+\left(\frac{2n}{1-n^2}\right)^2 \approx m$$

이다. 따라서 편광도는

$$P \approx \frac{m}{m} = 1 \tag{7.14}$$

가 되어 1에 가까워 진다.

[예제 7.3]
그림 (7.12)에서 굴절률이 1.50인 평판을 겹쳐 투과광을 편광 시키려 한다. 판 수가 20개 일 때 편광도는?

풀이: 식 (7.12)를 이용하여 계산한다.

$$\begin{aligned} P &= \frac{m}{m+\left(\frac{2n}{1-n^2}\right)^2} \\ &= \frac{20}{20+\left(\frac{2\times 1.50}{1-1.50^2}\right)^2} \\ &= 77.64\,\% \end{aligned}$$

7.4 복굴절에 의한 편광

복굴절은 이방성 구조를 가진 물질에서 발생하며, 이는 결정 구조에 따라 광학적 특성이 다를 수 있음을 의미한다. 그림 (7.13)과 같이 선 편광된 빛이 복굴절 물질에 입사하면 두 광선으로 나뉘는데, 하나는 스넬의 법칙을 만족하는 방향으로 굴절되고 다른 하나는 굴절 방향이 다르다. 스넬의 법칙을 만족하는 광선을 정상 광선(o-ray; ordinary ray), 다른 하나는 이상 광선(e-ray; extraordinary ray)이라고 한다. 복굴절 물질에 의해 굴절 광선이 두 개로 나뉘는 이유는 입사 빛의 진동 방향에 따라 굴절률이 다르기 때문이다.

정상 광선은 스넬의 법칙을 따르므로 유리나 물과 같은 등방성 물질을 통과하는 빛과 유사하게 굴절한다. 반면에 정상 광선에 수직 방향 성분인 이상 광선은 재료의 이방성 구조와의 상호 작용으로 인해 더 복잡한 경로를 따라 이동하여 두 광선 사이에 위상 차이가 발생한다. 그림 (7.13)는 광선이 입사하여 두 개의 굴절 광선을 나뉘는 현상과, 같은 이유로 문자가 두 개로 보이는 현상을 보여 준다.

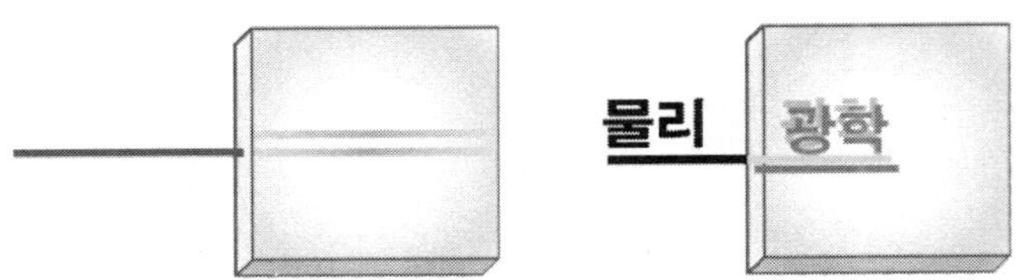

그림 7.13 복굴절 물질에 의한 굴절

복굴절 물질을 사용하여 타원 편광을 생성하기 위해 일반적으로 선 편광된 광원과 파장판의 두 가지 구성 요소가 사용된다. 파장판은 일반적으로 석영 또는 방해석과 같은 복굴절 재료로 만들어진다. 타원 편광을 만들기 위한 목적으로 사용되는 두 가지 유형은 1/2-파장 판(half-wave plate)와 1/4-파장 판(quarter-wave plate)이다. 1/2-파장 판의 두께는 정상 광선과 이상 광선의 광학적 거리가 입사 빛 파장의 1/2, 즉

$$t_{1/2}(n_o - n_e) = (m + \frac{1}{2})\lambda, \quad (m = 0,\ 1,\ 2,\ 3,\ \cdots) \tag{7.15}$$

이고, 1/4-파장 판의 두께는 정상 광선과 이상 광선의 광학적 거리가 입사 빛 파장의 1/4, 즉

$$d_{1/4}(n_o - n_e) = (m + \frac{1}{4})\lambda, \quad (m = 0,\ 1,\ 2,\ 3,\ \cdots) \tag{7.16}$$

이다. 여기서 n_o와 n_e는 각각 정상 광선과 이상 광선의 굴절률이다.

1/2-파장 판은 정상 광선과 이상 광선 사이에 반 파장의 위상 지연을 발생시킨다. 선 편광된 빛이 1/2-파장 판을 통과하면, 두 편광 성분 사이에 180도 위상 지연이 생긴다. 위상 지연으로 인해 선 편광이 원 편광으로 바뀐다.

반면에 1/4-파장 판은 정상 광선과 이상 광선 사이에 1/4 파장의 위상 지연을 유

발한다. 그 결과 1/4-파장 판을 통과한 선 편광 빛은 타원 편광으로 변환된다. 파장 판의 방향과 입사 편광 각도에 따라 타원형 편광을 조정하여 원 편광을 얻을 수 있다.

원 편광은 광학 및 포토닉스 분야에서 다양한 응용 분야가 있다. 전기 통신, 광학 이미징, 현미경 및 분광기와 같은 영역에서 일반적으로 사용된다. 예를 들어 원 편광은 광학 현미경의 대비와 해상도를 향상시켜 특정 시료의 이미지 분석 효율을 높일 수 있다.

7.5 산란과 편광

산란에 의한 편광은 빛이 산란 매질에서 입자와 상호 작용하면서 편광되는 현상을 말한다. 산란은 빛이 파장보다 작은 물체와 상호 작용하여 빛의 전파 방향을 변경시킬 때 발생한다. 그림 (7.14)는 비편광 빛이 분자에 의해 산란되는 것을 나타낸 것이다.

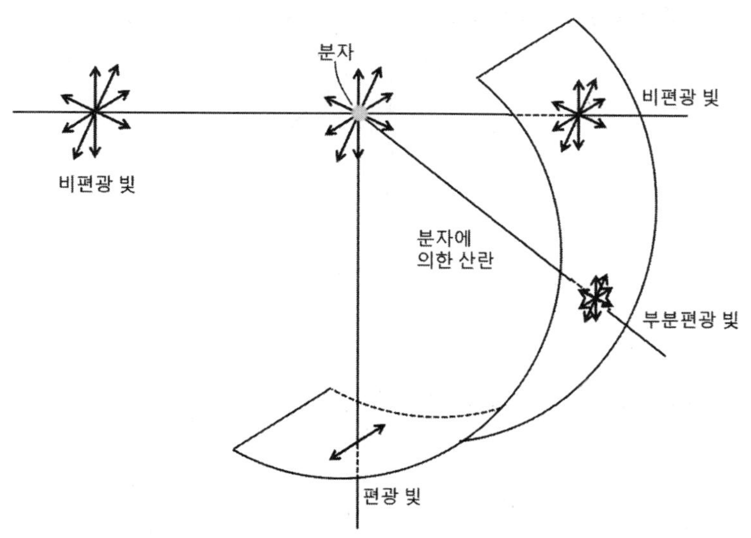

그림 7.14 산란에 의한 편광

산란된 빛은 산란 방향에 따라 편광 여부가 다르다. 그림 (7.15)는 비편광 빛이 입사하여 산란되는 경우, 산란 방향에 따른 편광 여부를 나타낸 것이다. 입사 방향으로 산란된 빛은 여전히 비편광 상태에 있다. 반면 수직 방향으로 산란된 빛은 편광된다. 이외의 방향으로 산란 빛은 부분 편광된다.

편광되지 않은 빛이 지구 대기의 분자 또는 작은 입자와 같은 산란 입자와 상호 작용하면 다양한 방향으로 산란된다. 이 과정에서 산란된 빛은 부분적으로 편광되며, 전기장의 진동이 특정 방향으로 정렬된다.

그림 (7.16)은 **편광된 빛**이 분자에 의해 산란되는 것을 보여준다. 그림 (7.16a)는 x방향으로 편광된 빛이 z방향으로 진행한다. 진행 방향인 z방향(①번 평면)으로 투과 빛은 편광상태가 변하지 않는다. 즉, 투과 빛의 편광상태는 입사 빛의 편광상태와 같다. 편광 방향의 수직 방향, y방향(②번 평면)으로는 일부 산란된 빛이 관측된다. 반면 편광 방향, x방향(③번 평면)에서는 빛이 관측되지 않는다. 다만 x방향 평면이긴 하지만 회전된 방향(④번 평면)에서는 약한 빛이 관측된다. 이 경우에는 빛의 진동 방향(또는 편광 방향)이 회전된 상태로 관측된다. 그리고 $x-y$평면의 사선 방향(⑤번 평면)에서는 원래의 편광 방향으로 진동하는 빛이 약하게 관측된다.

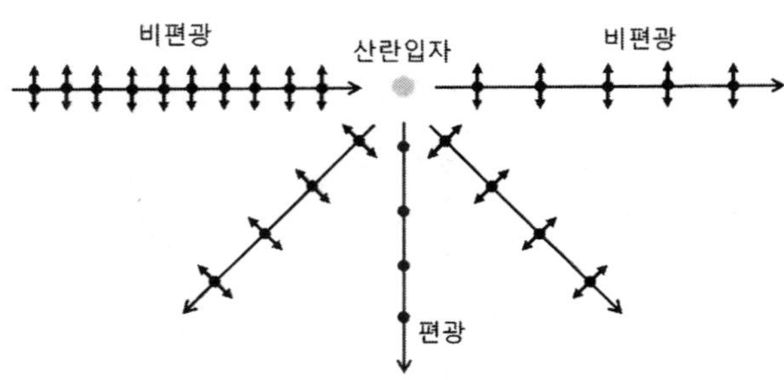

그림 7.15 산란 방향에 따른 편광

그림 (7.16b)는 y방향으로 편광된 빛이 z방향으로 전파되는 과정에서 입자에 의해 산란되는 것을 보여준다. 각 평면에서 관측되는 빛의 특성은 (a)의 설명과 같은 이유로 이해할 수 있다.

그림 (7.17)은 **비편광 빛**이 입자에 의해 산란되는 것을 보여준다. 이 경우에도 투과된 빛(①번 평면)은 입사 빛의 특성과 같아서 비편광 빛이다. 빛이 진행 방향과 수직인 방향 y방향(②번 평면)에서는 x축으로 편광된 빛이 관측된다. 반대로 빛이 진행 방향과 또다른 수직인 방향 x방향(③번 평면)에서는 y축으로 편광된 빛이 관측된다. x방향 평면이나 회전된 방향(④번 평면)과 $x-y$평면의 사선 방향(⑤번 평면)에서는 비편광 빛이 관측된다.

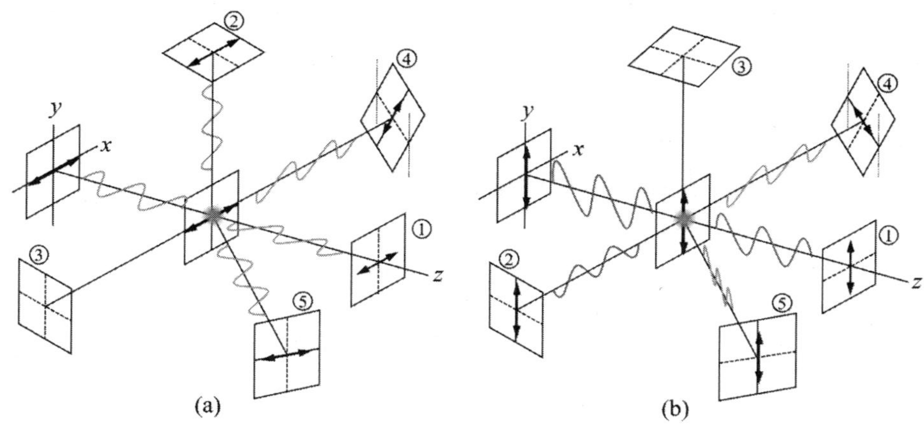

그림 7.16 **편광된 빛**이 입사하는 경우, 산란 방향에 따른 편광

산란 빛의 편광 정도는 입사 빛의 파장뿐만 아니라 산란 입자의 크기, 모양, 굴절률 등 여러 요인에 따라 달라진다. 입사 파장보다 작은 산란 입자는 빛을 전방으로 더 강하게 산란시키는 경향이 있어 편광도를 높인다. 표 (7.4)은 산란 입자의 크기에 따른 산란을 비교한 것이다.

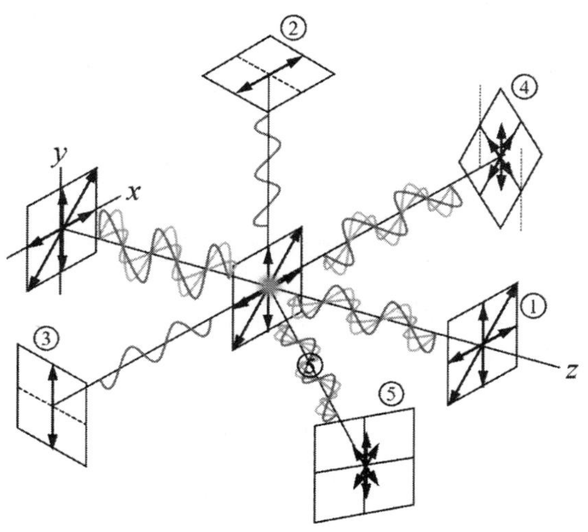

그림 7.17 **비편광 빛** 입사하는 경우, 산란 방향에 따른 편광

미(Gustav Mie; 1868~1957, 독일) 산란은 빛이 입사광의 파장과 크기가 비슷한 입자와 상호 작용할 때 발생한다. 산란 입자의 크기는 일반적으로 빛의 파장 이상 정도이다. 미 산란에서는 가시광선의 모든 파장이 어느 정도 산란되고, 스펙트럼 전체에서 비슷한 비율로 산란된다. 이로 인해 모든 파장의 빛이 섞여서 흰색 또는 무색 외곽선이 나타난다. 미 산란은 에어로졸 및 빛의 파장과 비슷한 직경을 가진 입자에서 일반적으로 관찰된다. 예를 들면 구름, 안개, 미스트의 물방울과 우유의 입자가 있다.

틴들(John Tyndall; 1820~1893, 아일랜드) 산란은 콜로이드 입자 또는 투명한 매질에 떠 있는 더 큰 입자에 의한 빛의 산란을 의미한다. 틴들 산란에서 산란 입자의 크기는 일반적으로 빛의 파장보다 크다. 이러한 입자의 크기는 수백 나노미터에서 마이크로미터에 이른다. 빛이 이와같이 더 큰 입자를 포함하는 매질을 통과할 때 짧은 파장의 빛이 긴 파장의 빛보다 더 효과적으로 산란된다. 그 결과 산란광은 파란색으로, 투과광은 노란색이나 빨간색으로 나타난다. 틴들 산란의 예는 광원에 의해 조명될 때 연기, 안개 또는 특정 보석의 파란색에서 볼 수 있다.

레일리(John William Strutt, 3rd Baron Rayleigh; 1842~1919, 영국) 산란은 빛이 입사광의 파장보다 훨씬 작은 입자 또는 분자와 상호 작용할 때 발생한다. 산란 입자의 크기는 일반적으로 빛 파장의 약 1/10 미만이다. 결과적으로 레일리 산란은 파장에 크게 의존한다. 파란색 및 보라색 빛과 같은 짧은 파장은 빨간색 및 주황색 빛과 같은 긴 파장보다 더 강하게 산란된다. 이 산란 현상으로 낮 동안 하늘의 파란색으로 보인다. 레일리 산란에 관여하는 입자에는 지구 대기의 질소 및 산소 분자와 같은 분자가 포함될 수 있다.

산란 종류	산란 입자 크기	비교
Mie 산란	$\sim 1\mu m$	산란 입자가 빛의 파장의 10배 예] 흰 구름
Tyndall	$\sim 0.1\mu m$	산란 입자가 빛의 파장의 ~5배 예] 빛의 경로가 보임
Rayleigh	$\sim 0.01\mu m$	산란 입자가 빛의 파장의 0.1배 예] 파란 하늘과 붉은 노을

표 7.4 입자 크기에 따른 산란 구분

낮에 하늘이 파랗게 보이는 이유와 저녁노을이 붉은색으로 보이는 현상의 원인이 같다. 대기 입자에 의하여 태양 빛이 산란은 파장이 짧은 보라색과 파란색의 산란 비율이 높다. 그림 (7.18)은 대기에 의한 태양 빛의 산란을 나타낸 것이다.

낮에 하늘이 파란색으로 보이는 이유는 역시 대기에 의한 태양 빛의 산란 때문이다. 태양에서 방출되어 지구에 도달하는 빛은 백색광이다. 백색광이 지구를 감싸고 있는 대기층을 통과할 때, 보라색과 파란색 계열의 빛이 상대적으로 높은 비율로 산란 된다. 따라서 파란색 계열의 빛이 공기 중에 오래 머무르게 되어 하늘이 파란색으로 보인다. 파란색보다는 보라색이 더 많이 산란 되지만 파란색으로 보이는 이유는 사람 눈의 시 세포가 파란색에 더 민감하게 반응하기 때문이다.

저녁노을은 지평선 너머로 해가 지고 있을 때 발생하므로 햇빛이 관측자 눈에 도달하는 거리가 멀다. 즉, 빛이 관측자 눈에 도달하기까지 더 긴 공기층을 통과해야 한다. 이 과정에서 백색광을 구성하는 파란색 계열의 빛은 관측자로부터 먼 지점에서 산란 된다. 따라서 관측자에게 도달할 때에는 파란색 계열의 빛이 상대적으로 약하다. 반면 붉은색은 산란이 덜 되기 때문에 관측자까지 도달하는 비율이 높고, 관측자 주변에서 산란 되는 세기가 상대적으로 높아서 하늘이 붉은색으로 보인다. 낮에 파란 하늘과 저녁노을의 붉은 하늘은 같은 원리로 인한 것이다.

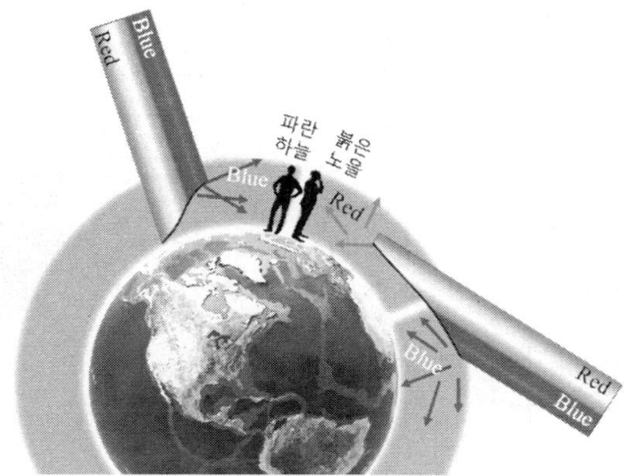

그림 7.18 대기에 의한 태양 빛의 산란

산란에 의한 편광은 특정 상황에서 지구의 지구 자기장의 영향을 받을 수 있다. 전자나 이온과 같은 하전 입자가 지구 자기장을 통해 이동할 때 자기력선을 따라

나선형으로 움직이는 힘을 받는다. 하전 입자에서 산란 된 빛은 자기장의 방향에 수직인 평면에서 높은 비율로 편광된다. 지구 자기장에 의한 산란에 의한 편광의 한 예는 남북 효과 또는 **패러데이 효과**라고 불리는 현상이다. 햇빛이 하전 입자를 포함하는 지구의 전리층과 상호 작용할 때 발생한다. 이러한 하전 입자에서 산란 된 빛은 편광되고 편광도와 방향은 관찰자에 대한 지구 자기장 방향에 따라 달라진다.

그림 (7.19)는 편광되지 않은 태양 빛이 입사하여 중심에 있는 하전 입자에 의해 산란 되는 것을 나타낸 것이다. 편광되지 않은 빛을 입사시키면 작은 하전 입자는 입사 파동의 진동수로 강제 진동을 일으키고, 진동은 방향에 따라 변화하는 진폭을 가진 구면 산란파를 발생시킨다. 입사 방향에 대하여 0°와 180°로 산란 되는 빛은 전혀 편광되지 않는다. 반면 90°방향으로 산란 되는 빛은 완전 편광된다. 물론 공기 중에는 하전 입자로부터 산란 되지 않고 떠돌아다니는 빛이 섞여 있기 때문에 실제로는 부분 편광 상태이다. 그 외 각으로 산란 되는 빛들은 부분 편광 상태에 있다. 이 현상은 편광판을 하늘을 향하게 들고, 편광판을 돌려가면서 관측하면 밝기가 달라지는 것을 볼 수 있는데, 하늘을 떠돌고 있는 빛이 부분 편광되어 있기 때문이다.

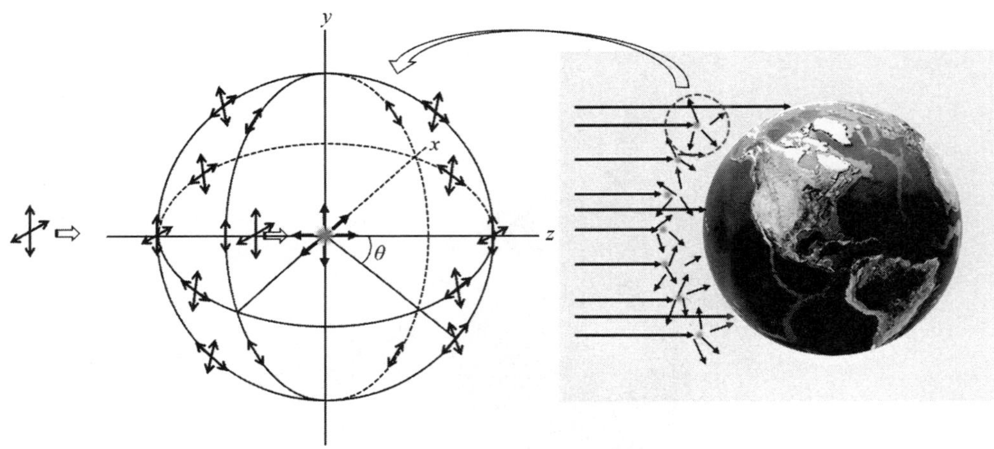

그림 7.19 태양 빛 산란에 대한 지구 자기장 효과

요약

7.1 편광

구분: 타원평광, 원편광, 선편광

7.2 흡수와 편광

편광도: $P = \frac{I_{\max} - I_{\min}}{I_{\max} + I_{\min}}$

말러스의 법칙: 편광된 입사빛 $I_0 \cos^2\theta$

비편광 입사빛 $\frac{1}{2} I_0$

7.3 반사 및 투과에 의한 편광

반사광 편광(브루스터 각): $\theta_B = \tan^{-1}(\frac{n_2}{n_1})$

투과광 편광: 편광도: $P = \frac{m}{m + \left(\frac{2n}{1-n^2}\right)^2}$

7.4 복굴절에 의한 편광

이방성 물질에서 정상 광선과 이상 광선으로 복굴절

1/2파장-판: 원 편광

1/4파장-판: 타원 편광

7.5 산란과 편광

진행 방향으로는 편광 없음

90도 방향으로 부분 편광

입자의 크기에 따른 산란: 미 산란, 틴들 산란, 레일리 산란

연습문제

[7.1] 입사 빛이 입사각 $\theta_i = 58^\circ$ 로 투명한 유리판으로 입사한다. 반사 빛이 자연 편광되었다면 유리판이 굴절률은? (유리판은 공기 중에 놓여 있다.)

답] 1.60

[7.2] 편광되지 않은 빛이 굴절률 $n_t = 1.49$인 아크릴판으로 투과하였다. 반사된 빛이 자연 편광되었다면, 굴절각은?

답] 33.87°

[7.3] 굴절률이 1.50인 투명한 유리판을 여러 장을 위치시켜 투과광 편광시키려고 한다. 투과광의 편광도가 90%이상이 되기 위한 최소 **판의 개수**는?

답] 52 개

[7.4] 공기 중에 놓여있는 투명한 아크릴판($n_t = 1.49$)의 표면에서 반사된 태양 빛이 완전 직선편광이 되었다고 가정한다. 수면에 수평 성분의 반사율은 $R = \sin^2(\theta_i - \theta_t)$이다. 비편광 빛이 입사하여 자연 편광 조건을 만족하여 반사된 빛의 반사율은?

답] 14.36%

[7.5] 파장이 $\lambda = 680\,nm$인 빛에 대한 1/2-파장 판과 1/4-파장 판의 최소 두께는? (정산 광선과 이상 광선의 굴절률은 각각 $n_0 = 1.5532$, $n_e = 1.5440$이다.)
답] 1/2판; 36.96 μm, 1/4판; 18.48 μm

[7.6] 해변의 자연광은 수면과 백사장에서 반사에 의해 부분적으로 편광된다. 해질 무렵 어느 해변에서 빛의 전기장 벡터의 수평 성분이 수직 성분의 1.4배였다. 사람이 지면에 대하여 빛의 수직 방향 성분만 통과하는 선글라스를 착용하고 있다.

(a) 색안경을 착용하기 전에 비하여 눈에 들어가는 세기 비율은?

답] 34 %

(b) 사람이 옆으로 누웠다면 색안경을 착용하기 전에 비하여 눈에 들어가는 세기 비율은?

답] 66 %

CHAPTER

08

열복사와 스펙트럼(Thermal Radiation and Spectrum)

1. 광원
2. 스펙트럼
3. 원자 구조
4. 열전달
5. 태양의 온도
6. 수소 원자의 스펙트럼

빛을 포함한 전자기파는 하전 입자의 가속 운동(또는 진동), 원자의 궤도 변화에 의해 생성된다. 전자와 같은 하전 입자의 가속 운동 또는 진동으로 전기장과 자기장을 유발하여 전자기파가 발생한다. 또 들뜬 상태(여기 상태)에 있는 원자나 분자가 낮은 에너지 상태(기저 상태)로 전이할 때 광자 형태로 에너지를 방출한다. 이 과정에서는 열에너지, 전기에너지 또는 화학 반응에 의한 에너지를 흡수하여 원자가 여기 되고, 전자기파 발생으로 이어진다. 원자가 에너지를 흡수하면 높은 에너지 상태로 전이되는데 이를 여기 상태라고 한다. 시간이 지나면 바닥 상태, 낮은 에너지 상태로 돌아오는데 이 과정에서 전자기파가 발생한다. 따라서 빛은 원자와 직접적인 관계가 있다.

8.1 광원

빛을 방출하는 모든 물체를 광원이라고 칭한다. 태양과 같은 자연 광원일 수도 있고, 전구나 레이저와 같은 인공적인 광원일 수도 있다. 빛의 특성은 광원에 따라 제각각 다르다. 각각의 광원에 대한 발광 원리와 빛의 특성을 알아보자.

8.1.1 백열등

백열등의 발광 원리는 필라멘트 와이어를 고온으로 가열하여 빛을 방출하는 것이다. 필라멘트는 일반적으로 녹는점이 높고 발광에 필요한 고온을 견딜 수 있는 텅스텐으로 만들어진다. 백열등은 광범위한 파장을 포함하는 연속 스펙트럼의 빛을 발산한다.

백열등에서 방출된 빛의 특성은 일정한 온도를 유지하는 물체에 의한 연속 스펙트럼 방출 원리로 설명할 수 있다. 흑체(blackbody)는 입사하는 그 어떤 방사선[29]을 반사하지 않고 모두 흡수하고, 다양한 파장이 포함된 전자기 스펙트럼의 방사선을 방출한다. 그림 (8.1)은 파장 별 흑체 복사 세기 분포이다.

흑체 복사의 원리에 따르면 흑체의 방출 스펙트럼은 전적으로 온도에만 의존한다. 방출되는 방사선의 세기 분포 $u(\lambda)$는 온도의 변화에 따른다. 세기 그래프는 플랑크의 법칙과 열평형의 개념으로 설명된다.

29) 방사선은 입자 또는 파동이 매질 또는 공간을 전파하는 과정으로서 에너지의 흐름이다. 방사선은 자연적으로 존재하는 방사선과 인위적으로 생성한 인공방사선이 있다.

흑체의 온도가 낮으면 주로 적외선 영역에 있는 긴 파장의 복사가 방출된다. 예를 들어, 사람의 체온은 36도 (대략 300 K)이기 때문에, 사람 몸에서 방출되는 전자기파는 모두 적외선이어서 사람 눈으로 관측되지 않는다. 온도가 상승함에 따라 방사선의 세기 최고치는 더 짧은 파장으로 이동하여 가시광선 스펙트럼으로 바뀌고, 극도로 높은 온도에서는 자외선 및 X-레이 범위의 주파수가 더 높은 전자기 복사를 방출한다.

흑체 복사 연구는 양자 역학의 발전과 에너지의 양자화된 특성을 이해하는 데 결정적인 역할을 했다. 플랑크 상수 및 에너지 준위의 양자화와 같은 개념에 대한 이론적 기초를 제공하였다. 흑체 복사는 또한 뜨거운 물체에서 방출되는 색상과 우주 전체에서 관찰되는 우주 마이크로파 배경 복사[30)]를 포함하여 다양한 현상을 이해 하는데 도움이 된다.

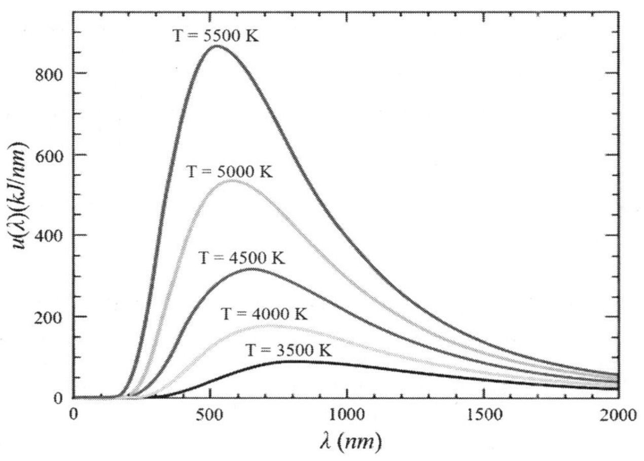

그림 8.1 파장별 흑체 복사 세기 분포

8.1.2 형광등

형광 램프는 특정 물질에 의한 여기와 형광 원리에 의한 가시광선 방출에 기반하여 작동한다. 형광등의 주요 구성 요소는 저압 가스(일반적으로 아르곤 및 수은 증기)로 채워진 유리관과 관 내부 표면에 코팅되는 형광체이다.

30) 우주 전역에서 발견되는 약 160GHz의 주파수를 가진 전자기파 복사이다. 과거 뜨거웠던 우주에서 발생한 흑체 복사이며, 현재까지 남아 전파의 형태로 관측되고 있다. 1948년 조지 가모프, 랄프 앨퍼, 로버트 허만에 의해 처음으로 예견되었다.

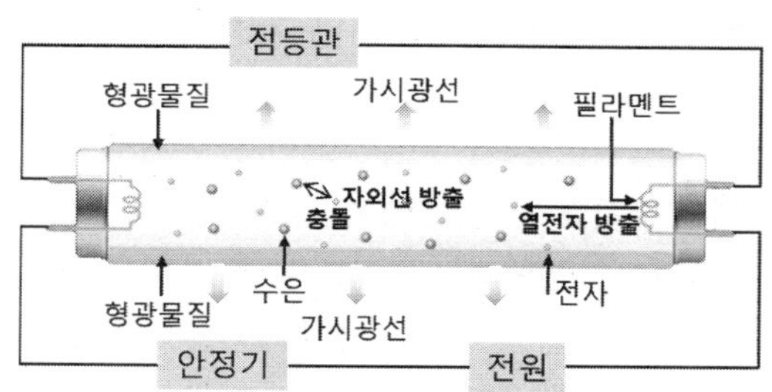

그림 8.2 형광등 발광 원리

전류가 램프를 통해 흐르면, 형광등 안에 채워져 있는 가스를 이온화하여 전자가 발생하고 전자의 흐름이 생긴다. 전자는 수은 원자와 충돌하여 수은 원자를 높은 에너지 상태로 여기 시킨다. 여기 된 수은 원자는 낮은 에너지 상태로 돌아가면서 자외선을 방출한다.

형광등 내부에서 생성되는 자외선은 사람의 눈으로 인식되지 않는다. 그러나 유리관 내부 표면에 코팅된 형광체가 UV 방사선을 흡수하여 가시광선을 방출한다. 형광체는 가시광선 스펙트럼에서 빛을 방출할 수 있는 다양한 화합물이 포함되어 있다. 형광체 화합물은 특정 파장 또는 파장 범위의 빛을 방출하며, 이로 인하여 형광등에서 생성되는 빛의 스펙트럼이 결정된다. 그림 (8.3)은 형광등에 의한 발광 스펙트럼을 보여준다.

형광체의 다양한 조합으로 제조업체는 따뜻한 흰색, 차가운 흰색 및 일광을 포함하여 다양한 색상으로 빛을 방출하는 형광 램프를 만들 수 있다. 형광등의 특징 중 하나는 기존 백열등에 비해 높은 에너지 효율이다. 형광등은 전기에너지의 상당 부분을 열이 아닌 가시광선으로 변환되기 때문에 효율이 높다. 형광등은 백열등보다 수명도 길다. 하지만 형광체 코팅은 시간이 지남에 따라 점차 열화되어 광 출력이 감소하여 시간이 지남에 따라 밝기가 약해지거나 색상이 약간 변할 수 있다.

또한, 형광등은 대부분의 전기에너지가 열이 아닌 빛으로 변환되기 때문에 백열등에 비해 낮은 온도에서 작동한다. 그러나 램프를 통해 흐르는 전류를 조절하기 위해 안정기가 필요하다.

형광등은 에너지 효율이 높고 수명이 길어서 주거용, 상업용, 산업용 조명 등 다양한 분야에 널리 사용되고 있다. 그러나 일부 지역에서는 LED(Light Emitting

Diode) 램프와 같은 보다 에너지 효율인 높은 광원으로 대체되고 있으며, 무엇보다 형광등 내부에 들어가는 가스의 환경 오염 가능성 때문에 점차 단계적으로 생산이 중단되고 있다.

형광등의 스펙트럼은 자연광처럼 연속적이지 않고 램프에 사용되는 다양한 형광체에 의한 방출선으로 구성된다. 형광체는 특정 파장의 빛을 방출하므로 개별 스펙트럼 선들의 조합이다. 형광등의 전체 스펙트럼은 일반적으로 특정 파장에서 피크가 나타난다. 피크의 수와 위치는 램프에 사용되는 형광체 조성에 따라 다르고, 특정 형광체는 형광등의 색온도[31]와 연색 지수[32](CRI)를 결정한다.

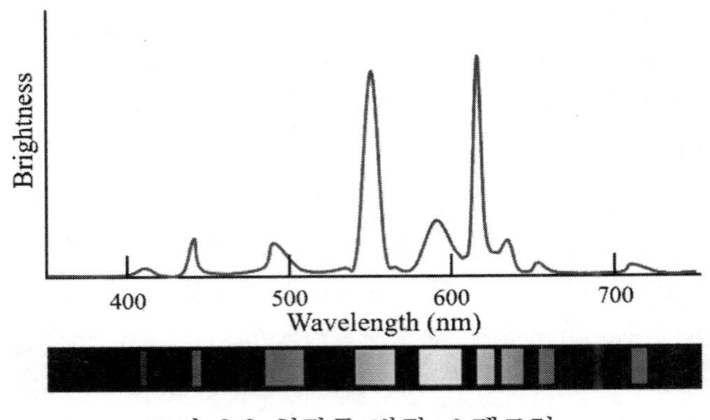

그림 8.3 형광등 발광 스펙트럼

일반 조명용으로 설계된 형광등은 대체적으로 차가운 백색광 스펙트럼을 갖는다. 가시광선 영역의 청색 및 녹색 영역의 피크를 보이며 적색 영역의 강도는 상대적으로 낮다. 차가운 백색 형광등은 종종 사무실, 학교 및 상업 시설에서 사용된다.

반면 온백색 형광등은 빨간색과 노란색 영역에서 더 높은 강도의 스펙트럼을 가진다. 이러한 스펙트럼은 백열등의 따뜻한 스펙트럼과 유사하며 주거 및 휴식 공간에서 아늑하거나 편안한 분위기를 조성하는 데 사용한다.

---

31) 색온도는 광원의 색을 절대 온도를 이용해 숫자로 표시한 것이다. 붉은색 계통의 광원일수록 색온도가 낮고, 푸른색 계통의 광원일수록 색온도가 높다.

32) 광원의 성질 중 하나이고 단위는 CRI이다. 조명 빛이 비춰진 사물의 색 재현 충실도를 나타낸다. 자연광에서 본 사물 색과 특정 조명에서 본 사물의 색이 어느 정도 유사한가를 수치화한 것이다. 기준 광원(백열전구) 대비 백분율(%)로 표기하며, 100에 가까울수록 연색성이 좋음을 의미한다. 태양광의 연색성은 100%로, 광원의 경우 그 파장이 태양광 파장과 유사하게 균일하게 분포된 것이 연색성이 우수하다.

일부 형광등은 자연광을 모방하도록 설계되었으며 태양광의 색온도 및 분광 분포에 근접한 스펙트럼을 보인다. 사진 스튜디오나 아트 갤러리와 같이 색상 정확도가 중요한 응용 분야에서 자주 사용된다.

8.1.3 전기 아크

전기 아크 조명의 발광 원리는 전기 아크를 발생하는 가스 또는 증기의 통전으로 강도가 높은 빛을 발생한다. 전기 아크는 넓은 스펙트럼에 걸쳐 빛을 방출하는 고온 플라즈마를[33] 생성한다.

전류가 가스나 증기를 통과하면 원자나 분자가 이온화되어 높은 에너지 상태에 놓이게 된다. 활성화된 입자가 낮은 에너지 상태로 돌아가면 가시광선을 포함한 전자기 복사의 형태로 에너지 차에 해당하는 빛을 방출한다. 그림 (8.4)는 아크 발광 스펙트럼의 예를 보여준다.

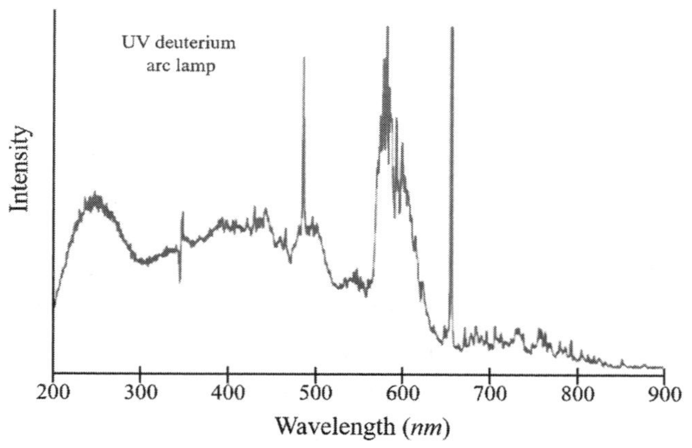

그림 8.4 아크 발광 스펙트럼

전기 아크 조명의 스펙트럼 특성은 사용된 특정 가스 또는 증기와 아크 온도에 따라 다르다. 다양한 가스 또는 증기는 스펙트럼에서 뚜렷한 방출선을 가지므로 고유한 스펙트럼 특성이 나타난다. 예를 들어, 전기 아크 조명에 사용되는 일반적인 가

33) 플라스마는 고체, 액체, 기체에 이어 4번째 상태로 원자핵과 자유전자가 따로따로 떠돌아다니는 상태이다. 자유 전하로 인해 플라스마는 높은 전기전도도를 가지며, 전자기장에 대한 매우 큰 반응성을 갖는다.

스는 청록색 빛을 방출하는 수은 증기이다. 다른 가스나 증기는 특징적인 노란색 빛을 방출하는 나트륨 증기 램프와 같은 다른 색상을 발생시킬 수 있다.

전기 아크 광원은 다양한 응용 분야에서 널리 사용된다. 전기 아크를 사용하는 고압 나트륨 증기 램프와 메탈할라이드 램프는 높은 효율성과 긴 수명으로 인해 가로등에 일반적으로 사용된다. 탄소 아크 램프 또는 크세논 아크 램프와 같은 전기 아크 램프는 연극 및 무대 조명에 사용되어 다양한 무대 효과를 위해 강한 조명과 다양한 색온도를 제공한다. 전기 아크 램프는 높은 밝기와 색상 정확도로 인해 영화 프로젝터, 슬라이드 프로젝터 및 기타 프로젝션 시스템의 광원으로 사용된다. 또 전기 아크에 방식의 고강도 방전(HID) 램프는 밝고 효율적이며 오래 지속되는 조명이 필요한 일부 자동차 헤드라이트에 사용된다. 이밖에도 전기 아크 램프는 강하고 집중된 빛이 필요한 용접, 절단 및 재료 가공과 같은 산업 공정에서 응용 분야가 다양하다.

전기 아크 광원은 높은 발광 효율이 높다. 소비되는 전력 단위당 상당한 양의 가시광선을 생성한다. 그러나 상당한 열을 발생시킬 수 있으며 작동 및 제어를 위한 특수 장비가 필요하다.

8.1.4 레이저

레이저(LASER: Light amplification by stimulated emission of radiation) 빛의 생성 원리는 유도 방출 현상을 기반으로 한다. 레이저는 **"방사선 유도 방출에 의한 광증폭"**을 의미한다. 여기 상태의 원자 또는 분자의 상호 작용을 통해 세기가 크고 위상이 일정하며 간섭성이 높은 빛이 발생된다. 그림 (8.5)는 레이저 방출 원리를 보여 준다.

유도 방출에 의한 레이저 출력 과정은 여기 상태에 있는 원자 또는 분자 수가 기저 상태에 있는 수보다 많은 밀도 반전(population inversion) 상태이어야만 가능하다. 밀도 반전은 일반적으로 전기 방전, 광 펌핑 또는 화학 반응을 통해 시스템에 에너지를 공급함으로써 얻을 수 있다.

그림 (8.5)에서 보여지는 바와 같이, 입사된 광자가 여기 상태에 있는 원자를 자극하면 입사 광자와 에너지, 위상 및 방향이 같은 광자의 방출을 유도한다. 이 과정을 유도 방출이라고 한다. 유도 방출은 방출된 광자가 더 많은 방출을 자극하여 빛의 증폭으로 이어진다. 레이저의 양 끝에는 거울이 설치되어 있다. 한쪽에는 100% 거울, 다른 쪽에는 부분 반사 거울을 설치한다. 증폭된 빛이 양쪽 거울을 왕복하면서 충분한 세기에 도달하면, 부분 거울 방향으로 레이저 빛이 방출된다.

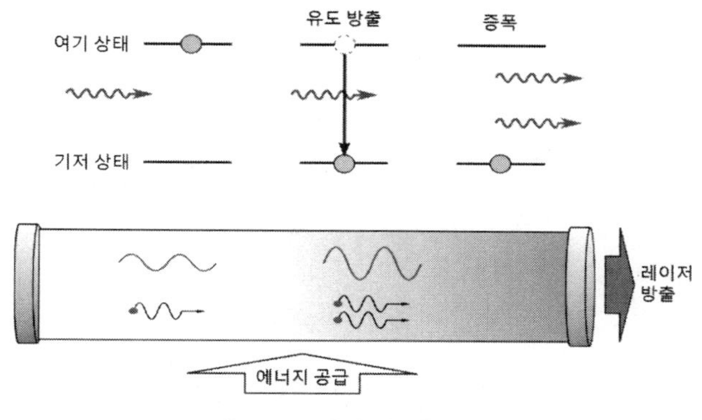

그림 8.5 레이저 방출 원리

레이저의 이론적인 원리는 1917년 아인슈타인이 발견한 '유도 방출' 과정을 기반으로 한다. 1960년 맨 처음 레이저를 만든 시어도어 메이먼(Theodore Maiman, 1927~2007, 미국)은 증폭 매질로 루비를 이용했다. 이후 레이저 기술이 발달하면서 고체, 액체, 기체를 매질로하는 다양한 레이저가 개발되었으며, 반도체를 이용해 레이저도 개발되어 사용되고 있다.

레이저 빛은 일정한 위상이 유지되기 때문에 **간섭성**이 매우 높다. 높은 간섭성 때문에 레이저 빛은 먼 곳까지 퍼짐이 최소화된 상태로 전파될 수 있고, 아주 좁은 영역에 빔에 집중될 수 있다. 레이저 빛은 일반적으로 **단일 파장**이다. 이는 유도 방출 과정과 관련된 특정 에너지를 갖는 빛으로 파장 대역폭이 좁다. 레이저 빛은 방향성이 매우 강하여 정밀한 타겟팅 및 포커싱이 가능하다. 레이저 빛은 방출 방향으로의 세기가 매우 높다. 즉 좁은 영역에 높은 출력이 집중되어 있다.

레이저 빛은 간섭성이 높을 뿐만 아니라 간섭 거리가 길어서 광파 사이의 위상 관계가 오랫동안 일정하게 유지된다. 이 속성으로 레이저를 이용한 실험에서 간섭 및 회절 무늬를 쉽게 관찰할 수 있다.

레이저를 이용하는 기술은 과학 연구, 통신, 산업, 의학 등을 포함한 광범위한 응용 분야를 가진다. 레이저는 특히 레이저 수술, 레이저 절단, 레이저 인쇄, 바코드

스캐닝, 광섬유, 홀로그래피 및 분광학과 같은 분야에서 사용된다. 레이저 빛의 고유한 특성으로 인해 다양한 과학, 산업 및 기술 영역에서 매우 중요한 도구로 사용되고 있다.

8.2 스펙트럼

전자기 스펙트럼은 고주파 감마선에서 저주파 전파에 이르는 모든 유형의 방사선을 포함하는 전자기 방사선의 범위를 일컫는 것이다. 전자기 스펙트럼은 특성에 따라 몇 가지 유형의 스펙트럼으로 분류할 수 있다. 그림 (8.6)과 같이 연속 스펙트럼, 선 스펙트럼, 흡수 선 스펙트럼으로 구분할 수 있다.

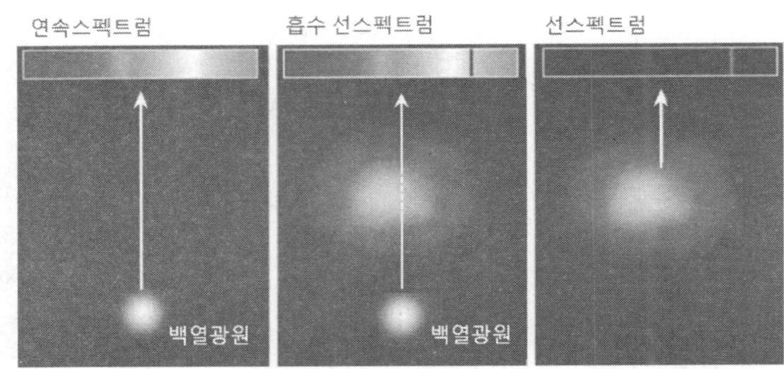

그림 8.6 스펙트럼 종류

연속 스펙트럼은 특정 범위 내의 모든 파장을 포함하는 스펙트럼이다. 연속 스펙트럼은 흑체와 같이 모든 파장의 방사선을 방출하는 광원에 의해 생성된다. 연속 스펙트럼의 예로는 백열전구의 방출 스펙트럼과 태양에서 방출되는 방사선이 있다.

선 스펙트럼(방출 선 스펙트럼)은 특정 파장에서 불연속적인 선으로 구성된 스펙트럼으로 특정 원자나 분자에서 발생한다. 각각의 선은 원자의 에너지 궤도 전이 또는 분자의 에너지 밴드 전이에 맞는 파장의 빛이다. 선 스펙트럼은 물질을 구성하는 원자나 분자를 식별하는 데 사용된다. 선 스펙트럼의 예로 수소 또는 나트륨 원자에서 방출되는 스펙트럼을 들 수 있다.

흡수 선 스펙트럼은 연속 스펙트럼의 빛이 특정 원자나 분자 영역을 통과하면, 일부 파장의 빛이 흡수된다. 이로써 연속 스펙트럼에서 특정 파장의 선들이 나타나지 않고 검은 선으로 표시된다. 예를 들어 백열 광원에서 방출된 연속 스펙트럼 빛이 나트륨 가스가 있는 영역을 통과하면, 나트륨 원자들에 의해 노란색 계열의 빛만 흡수되어 연속 스펙트럼에서 노란색 부분만 검게 나타나는 흡수 선 스펙트럼이 된다.

흡수 선 스펙트럼의 대표적인 예로는 그림 (8.7)의 프라운호퍼 선을 들 수 있다. 프라운호퍼는 지표면에 도달하는 태양 빛의 스펙트럼을 분석하였는데, 연속 스펙트럼에서 일부 선들이 빠져있는 것을 발견하였다. 이는 태양 주변의 입자들과 지구를 감싸고 있는 대기 분자들에 의해 일부 파장의 빛들이 선택적으로 흡수되어 나타난 현상이다. 흡수된 파장의 빛들을 F선 (파랑색 계열), D선 (노랑색 계열), C선 (빨강색 계열) 등으로 프라운호퍼 이름을 따서 명명한 것이다.

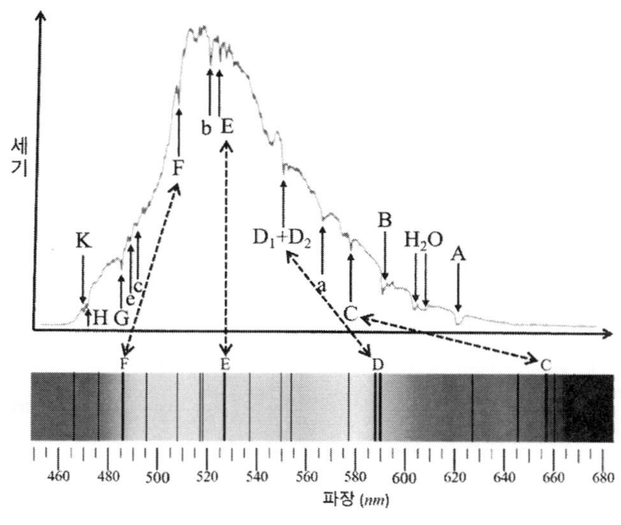

그림 8.7 프라운호퍼 선

8.3 원자 구조

원자는 모든 물질의 기본 구성 요소로서 우주의 근간이 된다. 또한, 빛과의 관계에서 원자의 궤도 에너지를 빛 에너지 형태로 방출 또는 흡수하기도 한다. 따라서 원자는 우주 만물을 이해하는 차원뿐만 아니라 광학에서 매우 중요한 의미를 내포하고 있다. 따라서 원자를 이해하는 것이 빛을 이해하는 첫걸음이라고 할 수 있다.

8.3.1 고대 그리스

원자의 개념은 기원전 약 400년경 그리스의 데모크리토스(Democritus; BC460 무렵~BC380 무렵, 고대 그리스)에서부터 시작한다. 당시 고대 그리스에서는 물질은 무한히 작게 나눌 수 있으며 연속적이라고 생각하였으나, 데모크리토스는 물질을 계속해서 쪼개 나가면 궁극적으로는 더 이상 쪼갤 수 없는 작고 단단한 입자에 도달할 것으로 생각하고, 이것을 원자(atom)라고 불렀다.

데모크리토스는 사물이 입자로 구성되었다고 주장한 최초의 사람이었으나, 당시 과학 발전 상황에서는 이를 입증할 수 있는 여건이 안되었기 때문에 크게 주목받지는 못했다. 이후 원자 구조에 대한 이해는 시간이 지남에 따라 다양한 이론과 실험 결과를 통해 발전해 왔다.

8.3.2 돌턴의 원자 이론

1803년 19세기에 들어 돌턴(John Dalton; 1766~1844, 영국)은 원자가 단순한 정수 비율로 결합하여 화합물을 형성하는 분해할 수 없고 파괴할 수 없는 입자라는 원자 이론을 제안했다. 돌턴에 따르면 모든 물체는 특정 속성을 가진 고유한 원자로 구성된다.

8.3.3 톰슨의 전자 발견

1897년 톰슨(J.J. Thomson; 1856~1940, 영국)은 음극선관으로 실험을 수행하여 음극선이 음전하를 가진 입자임을 발견했다.

그림 (8.8)은 톰슨의 음극선 실험 장치이다. CRT(Cathode Ray Tube) 실험으로 알려진 톰슨 실험은 전자의 특성을 이해하는 데 중요한 역할을 했다. 이 실험에서 톰슨은 진공관의 음극에서 방출되는 전자의 흐름인 음극선의 성질을 분석하였다.

톰슨은 음극선이 전기장과 자기장에 의해 편향되는 것을 확인하였다. CRT에 전압이 가해지면 음극선은 양전하를 띤 판(양극)에 끌리는 힘을 받아서, 반대편에 있는 음전하를 띤 판(음극)의 반대 방향으로 편향되었다. 이 움직임은 음극선이 음전하를 띤다는 것을 의미한다. 또한, 톰슨은 음극선이 자기장이 있는 공간에서 이동 경로가 휘어지는 것을 확인하였으며, 이는 음극선이 하전 입자로 구성되었음을 나타내는 것이다. 자기장에 의한 경로를 관측함으로써 음극선의 입자가 띄는 전하가 음수임을 예측할 수 있게 되었다.

인가된 전기장과 자기장의 세기에 따른 편향 정도를 측정함으로써 음극선의 전하 대 질량비(e/m)를 계산할 수 있었다. 그는 CRT에 사용되는 가스의 종류에 관계없이 e/m 비율이 동일하다는 것을 발견했으며 이는 음극선을 구성하는 입자가 기본적이며 특정 가스에 의존하지 않는 것을 알았다.

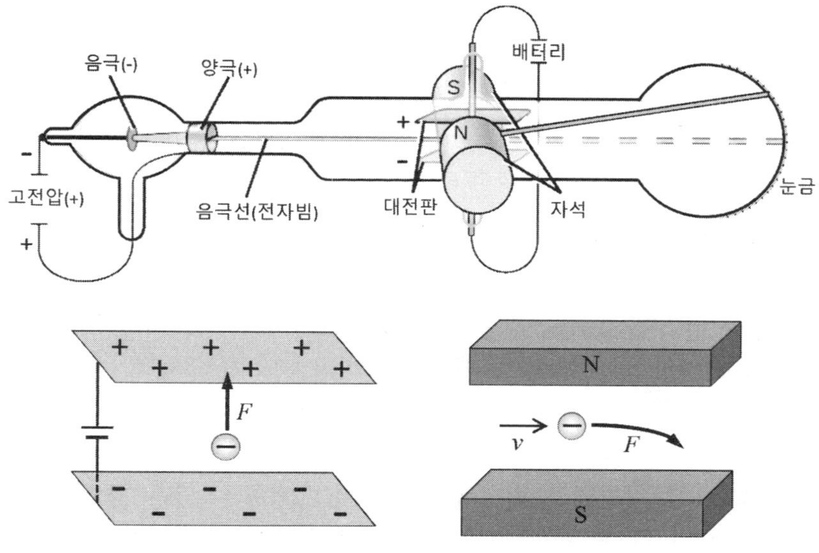

그림 8.8 톰슨의 실험 장치

이 실험 결과를 바탕으로 톰슨은 전자라고 하는 아원자 입자의 존재를 최초로 제안했다. 그는 전자가 원자 전체의 질량에 비해 상대적으로 작은 질량을 가진 음전하를 띤 입자라고 발표하였다.

그는 이러한 입자를 '**전자**'라고 불렀고, 그림 (8.9)와 같은 구조의 '**푸딩**' 원자 모델을 제안했다. 푸딩 원자 모델은 부드러운 푸딩 위에 박혀있는 건포도처럼 전자가 분포하고 있다는 것이다. 전자는 음(-) 전하를 띄고 있고, 원자는 중성이므로 전자를 제외한 푸딩은 전체적으로 양(+) 전하를 띄고 있다고 제안하였다.

톰슨의 실험은 원자 구조와 아원자 입자의 존재에 대하여 이해할 수 있는 토대를 마련했다. 그의 연구는 푸딩 모델과 이후 발표된 러더퍼드 원자 모델과 같은 원자 모델에서 전자의 존재와 성질을 이해하는 데 매우 중요한 역할을 하였다.

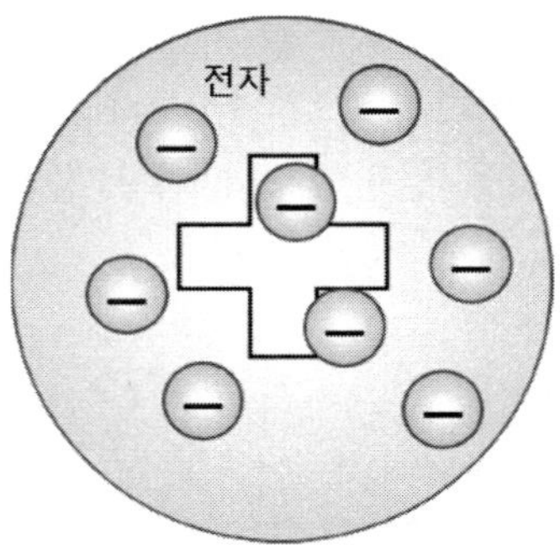

그림 8.9 톰슨의 원자모형

8.3.4 러더퍼드의 핵 발견

러더퍼드(Ernest Rutherford; 1871~1937, 뉴질랜드)는 1911년에 유명한 금박 실험을 수행하여 러더퍼드 모델 또는 행성 모델이라고도 하는 당시 톰슨의 모델과는 다른 새로운 개념의 원자 모델을 제안하였다.

그림 (8.10a)의 금박 실험에서 러더퍼드와 그의 동료들은 얇은 금박 시트에 알파 입자(양전하를 띤 입자) 투사하였다. 균일하게 분포된 양전하 푸딩 모델과 같은 구조를 제안한 톰슨 원자 모델을 기반으로, 알파 입자가 거의 편향 없이 금박 호일을 통과할 것으로 예상했다. 톰슨 모델은 원자가 부드러운 푸딩처럼 질량이 넓게 퍼져서 원자 내 대부분 공간이 가벼운 구조일 것이기 때문이다. 그러나 실험 결과는 러더퍼드의 팀을 놀라게 했다. 그림 (8.10b)와 같이 대부분의 알파 입자가 휘어짐이 거의 없이 호일을 통과하였다. 하지만, 일부 입자는 상당히 큰 각으로 편향되었고, 심지어는 일부 알파 입자는 반대 방향으로 튕겨 나오기까지 하였다.

실험 결과를 바탕으로 러더퍼드는 새로운 원자 모델을 제시하였다. 대부분의 알파 입자가 휘지 않고 금박을 통과했다는 사실은 원자의 대부분이 빈 공간 임을 의미한다. 반면 일부 알파 입자의 큰 각으로의 편향 또는 후방으로의 되 튀김은 원자 내에 질량이 매우 큰 양전하를 띤 영역이 있음을 나타낸다. 러더퍼드는 원자의 중심에 양전하를 띄고, 질량 대부분을 차지하는 "핵"이라고 불리는 물질로 구성된 원자 모델을 제안했다.

그림 (8.11)의 러더퍼드의 원자 모델에서는 음전하를 띤 전자가 특정 에너지 준위 또는 궤도에서 양전하를 띤 핵 주위를 공전한다고 제안했다. 전자가 원자의 주변에 위치하는 것으로 생각되었기 때문에 대부분의 알파 입자가 편향되지 않고 호일을 통과하는 이유를 잘 설명할 수 있었다.

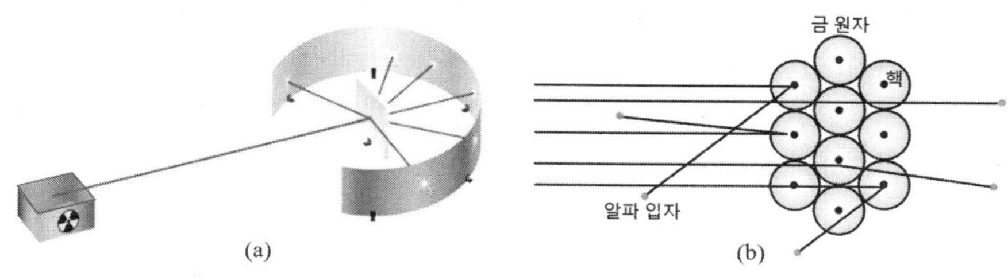

그림 8.10 러더퍼드 금박 실험

러더퍼드의 원자 모델은 밀도가 높은 핵의 개념과 궤도를 도는 전자의 존재를 도입함으로써 원자 구조에 대한 이해에 혁명을 일으켰다. 다만 러더퍼드 모형은 일부 모순이 있다. 전자가 원자 주위를 공전하는 것은 가속 운동이기 때문에 전자는 방사선을 방출해야 한다. 에너지를 방출한 전자는 에너지 감소로 속력이 줄어들고, 공전 상태를 유지하는 힘의 균형이 깨진다. 이로 인하여 정전기력이 우세하게 되어, 핵으로 끌려 들어가야 한다. 따라서 원자는 안정되지 못하고 궁극적으로는 모든 원자 붕괴가 발생한다. 이는 어떤 물질도, 현재와 같은 우주도 존재할 수 없다는 모순적인 결론으로 이어진다.

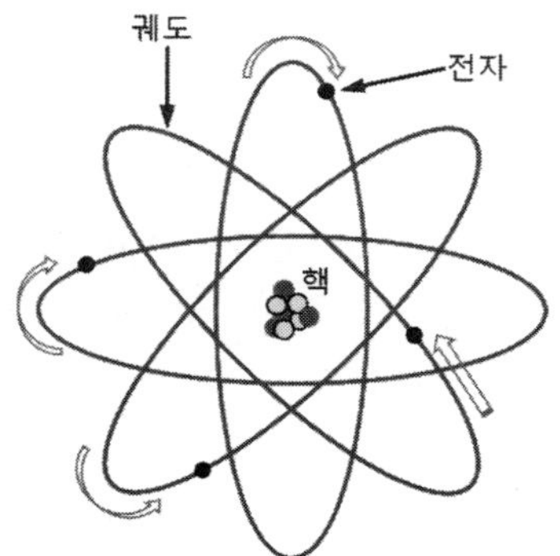

그림 8.11 러더퍼드의 원자 모델

톰슨의 원자 모델이 완전하지는 못했지만, 모순점을 보완함으로써 새로운 원자 이론을 정립과 양자 역학의 탄생에 중요한 역할을 하였다.

8.3.5 보어의 원자 모델

그림 (8.12)의 보어-러더퍼드 모델로도 알려진 닐스 보어 원자 모델은 1913년 물리학자 닐스 보어(Niels Bohr; 1885~1962, 덴마크)가 제안했다. 이 모델은 양자화된 에너지 준위 개념을 도입하여 원자의 안정성을 설명함으로써 초기 러더퍼드 모델의 모순점을 개선하려 했다.

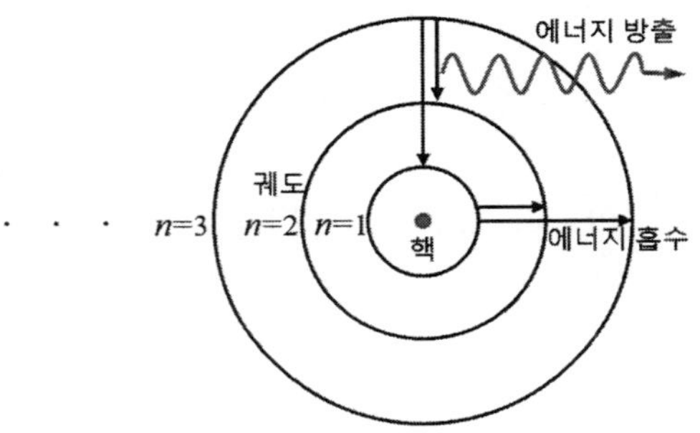

그림 8.12 보어 원자 모델

보어의 모델에 따르면 전자는 양자화된 불연속 에너지 준위 또는 전자 궤도에서 원자의 핵 주위의 원 궤도를 공전한다. 각각의 궤도는 특정 에너지가 부여되고, 전자는 더 높은 에너지 궤도로 여기 되지 않는 한 가장 낮은 궤도에 존재한다.

전자는 에너지를 흡수하거나 방출함으로써 에너지 궤도를 전이할 수 있다. 전자가 에너지를 흡수하면 더 높은 에너지 궤도로 양자 도약[34]한다. 반대로 낮은 에너지 궤도로 떨어질 때는 에너지를 방출한다. 전자의 에너지 궤도 전이는 특정 진동수를 갖는 광자의 방출 또는 흡수와 관련이 있다. n번째 궤도에 있던 전자가 m번째 궤도로 전이할 때, 흡수 또는 방출 에너지는

$$\Delta E = |E_n - E_m| \tag{8.1}$$

34) 양자 도약(quantum jump)은 양자의 에너지가 불연속적으로 흡수 또는 방출되는 현상이다. 전자가 원자 내부에서 불연속적으로 궤도를 '도약'하는 현상이다.

이다. 이에 해당하는 광자의 진동수 f와 파장 λ는

$$\Delta E = hf = \frac{hc}{\lambda} \tag{8.2}$$

여기서 플랑크 상수는 $h = 6.626 \times 10^{-34}\ J\,s$이고, c는 빛의 속력이다.

보어의 모형에 따르면 안정된 궤도는 전자의 각운동량이 양자화되어 일정한 조건을 만족하는 궤도이다. 각운동량에 대한 양자 조건은

$$mvr = n\frac{h}{2\pi} \tag{8.3}$$

이다. 안정된 궤도에 있는 전자는 에너지를 방출하지도 않으며 핵 속으로 나선형으로 끌려 들어가지 않고 각각의 에너지 준위를 안정적으로 유지한다.

보어 모델은 원자 구조의 단순화된 표현이므로 한계가 있다. 그림 (8.13)에서 보여지는 바와 같이, 전자의 복잡한 거동을 완전히 설명하지 못하고, 전자스핀이나 다중 전자를 가진 원자에서 관찰되는 상세한 스펙트럼 선과 같은 현상을 설명하지 못한다.

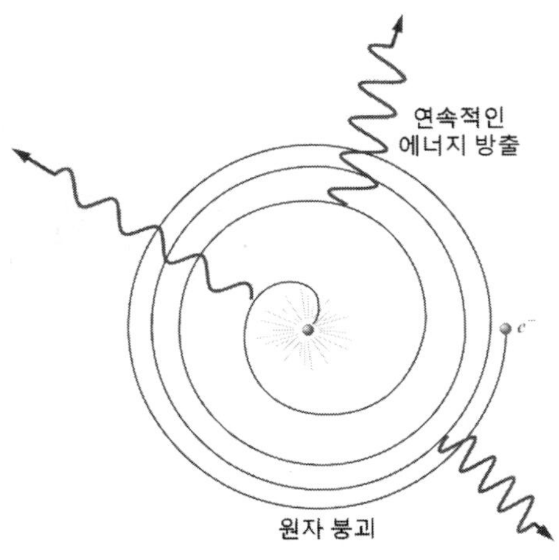

그림 8.13 보어 원자 모델의 모순

이러한 한계에도 불구하고 보어 모델은 원자 구조에 대한 이해의 토대를 마련했으며 전자의 거동에 대한 돋보이는 통찰력을 제공했다. 양자화된 에너지 준위의 개념을 도입했고, 나중에 양자 역학의 발전과 원자의 더 발전된 모델로 이어졌다.

8.3.6 양자 역학과 현대 원자 모델

1920년대 이후 양자 역학의 발전은 원자 구조에 대한 이해의 혁명을 일으켰다. 하이젠베르크(Werner Heisenberg; 1901~1976, 독일) 및 슈레딩거(Erwin Schrödinger; 1887~1961, 오스트리아)와 같은 과학자들은 전자의 행동을 입자와 파동으로 설명하는 수학 방정식을 제안했다. 양자 역학 모델은 전자 궤도의 고전적 개념을 전자 확률 구름 또는 궤도로 대체했다. 이 모델은 원자의 전자 분포에 대한 보다 정확한 설명을 한다. 파동역학 모델 또는 양자 역학 모델과 같은 현재의 양자 역학 기반 원자 모델은 보어 모델과 같은 이전 모델보다 원자 구조 및 동작에 대한 보다 정확한 설명이 가능하게 하였다.

양자 역학은 전자를 포함한 입자가 파동과 같은 행동과 입자와 같은 행동을 모두 나타낼 수 있다. 전자는 핵 주변의 특정 위치에서 전자를 찾을 확률 분포를 나타내는 파동함수로 설명된다. 고정된 궤도 대신 양자 역학은 그림 (8.14)와 같이 특정 에너지 준위와 오비탈이라고 하는 핵 주위의 영역을 차지하는 전자를 확률적 위치를 설명한다.

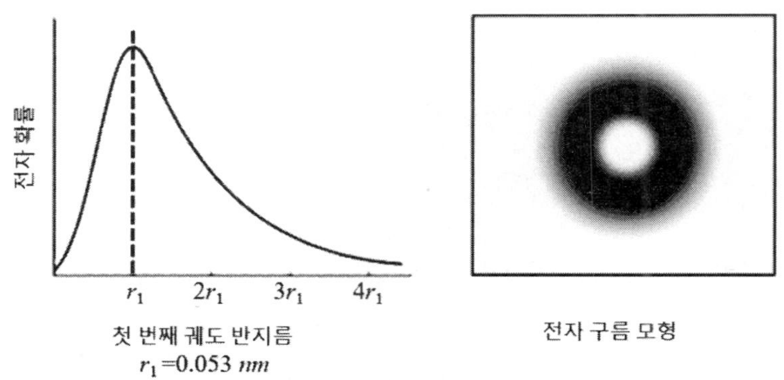

그림 8.14 현재의 원자 모델

오비탈은 전자가 가장 많이 발견되는 3차원 영역이다. 각 오비탈은 특정 스핀 방향을 가진 특정 최대 수의 전자를 수용할 수 있다. 양자 역학의 기본 개념인 **불확정성 원리**[35]는 입자의 정확한 위치와 운동량을 동시에 알 수 없다는 것이다. 이 원리는 원자 내에서 전자의 위치와 속도에 불확실성이 있다는 것이다.

양자 역학은 전자의 에너지, 각운동량 및 방향을 설명하기 위해 양자수를 도입한다. 양자수는 원자 내 전자의 특정 상태와 성질을 정의한다. 양자 역학은 전자구름 또는 확률 밀도로 핵 주변의 전자 분포를 나타낸다. 구름은 전자가 발견될 가능성이 가장 큰 영역을 나타내지만 정확한 궤적이나 경로를 알려주는 것은 아니다. 양자 역학은 전자가 고유한 각운동량 또는 스핀을 가지고 있음을 보여준다. 전자의 스핀은 위 또는 아래의 두 가지 가능한 방향을 가질 수 있으며 원자 내에서 전자의 동작과 상호 작용을 결정하는 역할을 한다.

8.4 열전달

열전달은 온도 차로 인해 한 물체 또는 물질에서 다른 물질로 열에너지가 전달되는 과정을 말한다. 다양한 시스템과 환경에서 열이 어떻게 흐르고 분배되는지 설명하는 데 도움이 되므로 물리학 및 공학의 기본 개념이다. 열전달은 전도, 대류 및 복사를 통해 이뤄질 수 있으며 각각 고유한 열에너지 전달 방식이 있다. 열전달을 이해하는 것은 효율적인 난방 및 냉방 시스템 설계, 날씨 패턴 예측, 재료 성질 연구 및 기타 여러 실용적인 응용 분야에서 중요하다.

그림 8.15 열 전달 방식

35) 하이젠베르크 불확정성 원리는 양자 역학에서 두 개의 관측가능량(예, 위치와 속도 또는 시간과 에너지)을 동시에 측정할 때, 둘 사이의 정확도에는 물리적 한계가 있다는 원리이다

8.4.1 전도

전도는 물질 입자 간의 직접적인 접촉을 통한 열에너지의 전달 방법이다. 고체에서 열은 전도로 인해 에너지가 높은 입자에서 에너지가 낮은 입자로 전달된다. 금속은 자유롭게 움직이는 전자 때문에 열을 잘 전달한다. 예를 들어, 뜨거운 팬의 손잡이를 만지면 손으로 열이 전달되는 것을 느낄 수 있다. 금속 막대의 한쪽 끝을 가열하고 일정 시간이 지나면 다른 쪽 끝이 뜨거워진다. 또 뜨거운 커피잔에 숟가락을 넣으면 곧 열전도로 손잡이가 따뜻해진다.

8.4.2 대류

대류는 유체(액체 또는 기체)의 움직임을 통한 열에너지 전달 방식이다. 유체 내에서 에너지가 높아 더 뜨거운 부분의 입자들이 더 차가운 영역으로 순환되어 에너지 전달이 발생한다. 냄비 바닥에서 물에 열이 전달되면, 물이 뜨거워지고 위로 올라가 대류가 발생한다. 히터는 주변의 공기를 데우고, 공기의 상승 및 순환하여 방 전체를 데우는 대류가 발생한다. 온도 차로 인한 해양의 따뜻한 물과 차가운 물의 이동으로 대규모 대류가 발생한다.

8.4.3 복사

복사를 통한 열전달은 방사선[36]을 통해 열에너지가 전달되는 과정이다. 지구에 열과 빛을 발산하는 태양, 멀리 있는 모닥불에 의한 온기, 뜨거운 금속 물체가 빛을 내며 적외선 방출 등이 복사의 예이다. 전도 및 대류와 달리 복사는 전파하는 데 매질이 필요하지 않으며 진공 상태에서도 발생할 수 있다.

열복사는 물체가 온도로 인해 전자기 복사를 방출하는 과정으로 방출된 방사선은 물체의 온도와 방사율의 함수이다. 고온의 물체로부터 열복사 에너지가 방출되면

36) 방사선(radioactive rays)은 입자 또는 파동이 매질 또는 공간을 전파하는 과정으로서 에너지의 흐름이다.

복사선은 모든 파장이 섞여 있는 연속 스펙트럼이다. 연속 스펙트럼 속에 가시광선이 포함되려면 물체의 표면 온도가 최소 500도 이상이어야 한다.

1860년 초에 키르히호프(G. Kirchhoff, 1824~1887, 독일)는 '흑체 복사 세기 분포는 벽의 물질이나 빈 구멍(Cavity)의 모양, 크기와는 상관이 없고 **오직 온도와 빛의 파장에만 관계**된다는 것이다'는 것을 밝혔다. 즉, 물체가 무엇인지 구분없이 같은 온도로 달구어진 모든 물체에서 방출하는 빛의 분포가 똑같다는 것이다.

1879년 오스트리아의 물리학자 요제프 슈테판(Josef Stefan, 1835~1893)이 실험적으로 전체 복사 에너지가 절대 온도의 4제곱에 비례한다는 사실을 발견하였다. 또 1884년 오스트리아의 물리학자 루트비히 볼츠만(Ludwig Eduard Boltzmann, 1844~1906)이 슈테판의 공식을 맥스웰 방정식을 사용하여 유도하였다. 이 법칙을 오늘날 **슈테판-볼츠만법칙**으로 부른다.

특정 온도에서 물체의 단위 면적에서 1초 시간 동안에 방사되는 에너지를 복사능 E(Emissive power)이라고 한다. 복사능은

$$E = \gamma T^4 \ (erg/cm^2 \sec) \tag{8.4}$$

으로 표현된다. 여기서 슈테판-볼쯔만 상수는 $\gamma = 5.67 \times 10^{-8}\ W/m^2 K^4$이다. 에너지의 세기가 최대치를 이루는 파장 $\lambda_{\max}$은 흑체의 표면 온도 T가 높을수록 파장이 짧은 쪽으로 이동하고, 이들 사이에는

$$\lambda_{\max} T = 0.2898\, cm\, K \tag{8.5}$$

관계에 있다.

8.5 태양의 온도

흑체 복사는 입사하는 모든 복사를 흡수하는 이상적인 물체에서 방출되는 전자기 복사를 말한다. 이 방사선은 광범위한 주파수를 포함하며, 분포는 물체 온도에만

의존한다. 흑체 복사의 스펙트럼은 연속적이며 플랑크의 법칙으로 설명할 수 있다.

태양의 온도에서 흑체 복사는 주로 전자기 스펙트럼의 가시광선과 자외선 범위에 있다. 태양의 표면 온도는 약 5,500°C이며, 피크 파장은 약 500 nm이다. 이것은 태양이 방출하는 복사는 대부분 스펙트럼의 가시 범위에 있다는 것을 의미하며, 이것이 우리에게 태양이 밝은 황백색 물체로 보이는 이유이다.

그러나 태양은 또한 적외선과 자외선 범위에서 상당한 양의 방사선을 방출한다. 태양 에너지 대부분은 적외선이어서 지구 표면을 따뜻하게 하는 원인이 되며, 이로 인하여 온실 효과가 나타난다.

지구 대기권 밖에서 태양 광선에 수직 단위 면적(1 cm^2)에 단위 시간(1 분) 동안의 쏟아지는 복사 에너지, 즉 태양 상수 I는

$$I = 1.93\,cal/\,cm^2\,\mathrm{min}\,(erg/cm^2\,\mathrm{sec}) \tag{8.6}$$

대기권 안에서 흡수와 산란 되면서 태양 상수가 감소한다. 태양을 완전 흑체로 가정할 때, 스테판-볼츠만 공식은

$$E = 4\pi r^2 \gamma\, T^4\ (erg/cm^2\,\mathrm{sec}) \tag{8.7}$$

이다. 여기서 r은 지구 단면적의 반경이고, γ는 슈테판-볼쯔만 상수이다. 지구-태양 거리를 R이라 하면

$$E = 4\pi R^2 I \tag{8.8}$$

이다. 위 두 식으로부터

$$4\pi r^2 \gamma T^4 = 4\pi R^2 I \tag{8.9}$$

이다. 온도 T는

$$T = \left(\frac{R}{r}\right)^{1/2}\left(\frac{I}{\gamma}\right)^{1/4}$$

$$= 5,760\,K \tag{8.10}$$

따라서 태양의 표면 온도는 대략 $5,700\,K$이다.

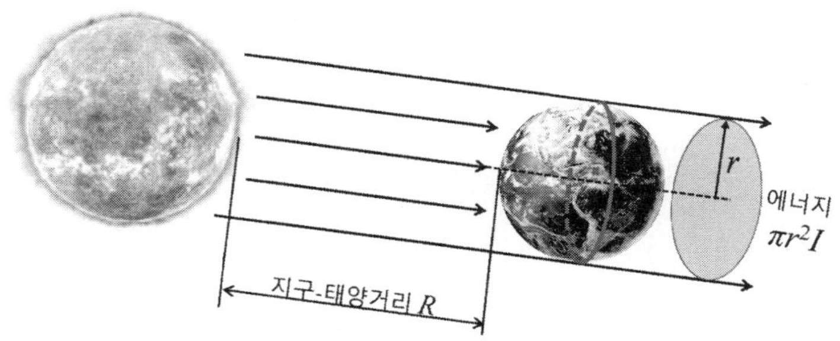

그림 8.16 지구에 도달하는 태양 에너지

8.6 수소 원자의 스펙트럼

수소 원자는 우주에 존재하는 원자들 중에서 가장 가볍고 구조가 가장 간단하다. 핵은 (+) 전하를 띠고 있는 양성자 하나로 구성되어 있고, (-) 전하를 띠고 있는 전자 하나가 그 주변 원 궤도를 돌고 있다. 현대 이론에 의하면 전자가 핵 주위를 돌고 있는 것은 아니고 확률적으로 분포되어 있다. 하지만 수소 원자에서 방출되는 전자기파의 특성을 알아보기 위하여, 보어 원자 이론에 따라 전자가 돌고 있다고 가정하자. 보어의 원자 이론은 다소 모순이 있지만, 원자 내의 전자 궤도 전이에 의한 에너지 흡수와 방출을 잘 설명한다.

8.6.1 궤도 반지름과 에너지

수소 원자에서 방출되는 스펙트럼은 전자의 다양한 에너지 준위에 해당하는 불연속 선으로 구성된다. 수소 원자의 전자는 무거운 핵 (양성자 p의 질량은 대략 전자 e질량의 1800배) 주위를 구심력 역할을 하는 정전기력에 의해 원 궤도를 공전한다. 전자의 전하량 q_e과 양성자의 전하량 q_p의 크기는 같고 부호만 반대이다. 즉

$$q_e = -1.602 \times 10^{-19}\ C \qquad (8.11)$$

$$q_p = +1.602 \times 10^{-19}\ C \qquad (8.12)$$

보어 원자론에 따라 전자의 안정된 궤도의 각운동량 L은 플랑크 상수 $\hbar$의 정수배이다.

$$\begin{aligned} L &= n\hbar \\ &= n\frac{h}{2\pi},\ (n = 1, 2, 3,\ \cdots) \end{aligned} \qquad (8.13)$$

각운동량은 $L = mvr$이므로, 식 (8.13)은

$$mvr = n\frac{h}{2\pi} \qquad (8.14)$$

이다. 여기서 m은 전자의 질량이고, v는 전자의 공전 속력, 그리고 r은 전자의 공전 궤도 반경이다. 전자는 정전기력에 의해 원운동을 유지하므로 정전기력은 원심력과 같아야 한다.

$$\frac{mv^2}{r} = \frac{kq^2}{r^2} \tag{8.15}$$

여기서 k는 쿨롱 상수로 $k = 8.99 \times 10^9 Nm^2 C^{-2}$이고, q는 전자 또는 양성자의 전하량이다. 위 두 식을 조합하면

$$\frac{mv^2/r}{mvr} = \frac{kq^2/r^2}{nh/2\pi} \tag{8.16}$$

이고, 이로부터 속력

$$v = \frac{2\pi kq^2}{nh} \tag{8.17}$$

을 얻는다. 궤도 반지름 r은

$$\frac{mv^2}{r} = \frac{kq^2}{r^2} \tag{8.18}$$

$$r = \frac{kq^2}{mv^2} = \frac{kq^2}{m}\left(\frac{nh}{2\pi kq^2}\right)^2 = \frac{h^2}{4\pi^2 mkq^2}n^2 \tag{8.19}$$

반지름 r은 정수 n의 제곱에 비례하므로 그림 (8.17)처럼 궤도 간격이 점점 커진다. 첫 번째 궤도 $(n = 1)$의 반지름은 $r = 5.3 \times 10^{-11} m$이다. 따라서 수소 원자의 첫 번째 궤도 직경은 대략 $1 \times 10^{-10} m = 0.1 nm$임을 알 수 있다. 그림 (8.17)은 수소 원자의 구조를 보여준다.

전자의 안정된 궤도는 드 브로이에 의해 파동성을 갖는 전자 개념으로 재해석되었다. 전자의 안정된 궤도는 전자 파장의 정수배이다. 즉,

$$n\lambda = 2\pi r \tag{8.20}$$

이다.

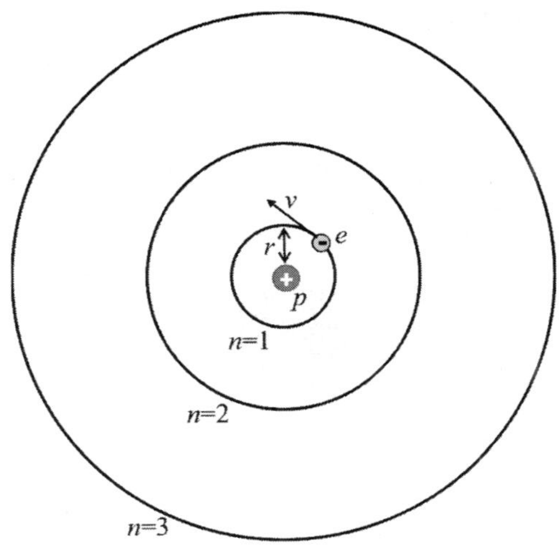

그림 8.17 수소 원자 구조

그림 (8.18)의 점선은 전자의 안정된 궤도이고, 실선은 이에 해당하는 전자 파장의 정수배를 나타낸 것이다.

공전하는 원자의 에너지는 궤도에 따라 다르다. 전자의 에너지는 운동 에너지 K와 정전기 퍼텐셜 에너지 P이다. 따라서 전자의 에너지는

$$\begin{aligned} E &= K + P \\ &= \frac{1}{2}mv^2 - k\frac{q^2}{r} \\ &= -\frac{1}{2}\frac{4\pi^2 m(kq^2)^2}{h^2}\frac{1}{n^2} \end{aligned} \qquad (8.21)$$

이다. 에너지 결과로부터 두 가지 의미를 찾을 수 있다. 우선 에너지가 (-)값을 갖는다는 것이다. 에너지는 스칼라이므로 방향이 없다. 따라서, (-) 부호는 전자가 자유롭지 못하고 핵에 포획된 상태에 있는 속박전자라는 의미이다. 다음은 각 궤도의 에너지가 궤도수 n의 역제곱이라는 것이다. 따라서 궤도 수 n이 커짐에 따라 궤도 에너지의 절댓값은 줄어든다. 하지만 에너지값이 (-)이기 때문에 높은 궤도일수록 에지는 커진다. 앞에 상수를 정리하면 각 궤도에 대한 에너지는

$$E = -13.6 \frac{1}{n^2} eV \tag{8.22}$$

이다. 여기서 (eV)는 에너지의 단위로 $1eV = 1.602 \times 10^{-19} J$이다. 이 값은 전자의 전하량에서 온 것이다.

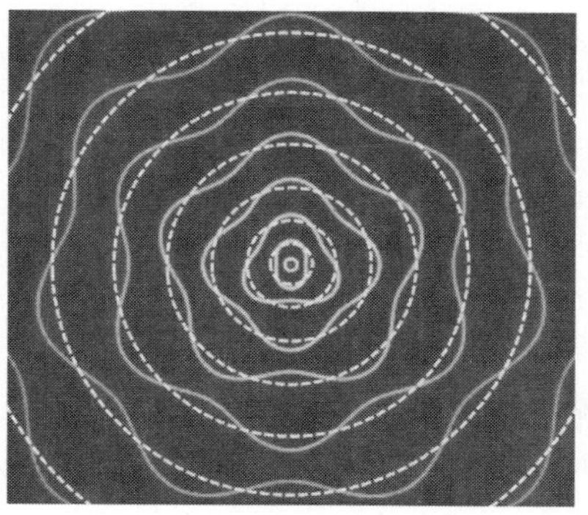

그림 8.18 수소 원자의 궤도

8.6.2 궤도 전이와 파장

전자는 에너지를 얻으면 높은 궤도로 올라가고, 낮은 궤도로 내려갈 때는 에너지를 방출한다. 궤도 전이에 따른 에너지와 파장을 구해보자. 궤도 n에서 궤도 m으로 낮아질 때 방출하는 에너지는

$$\begin{aligned} \Delta E &= E_n - E_m \\ &= (-13.6\,eV)\left(\frac{1}{n^2} - \frac{1}{m^2}\right) \end{aligned} \tag{8.23}$$

이다. 에너지 E와 파장 λ 관계는

$$\begin{aligned} E &= hf \\ &= h\frac{c}{\lambda} \end{aligned} \tag{8.24}$$

여기서 h는 플랑크 상수, f는 진동수, c는 빛 속력이다. 따라서 파장은

$$\frac{1}{\lambda} = \frac{E}{hc} \tag{8.25}$$

이다. 궤도 전이에 따라 흡수되거나 방출되는 빛의 에너지는 ΔE이므로

$$\begin{aligned} \frac{1}{\lambda} &= \frac{\Delta E}{hc} \\ &= \frac{-13.6\,eV}{hc}\left(\frac{1}{n^2} - \frac{1}{m^2}\right) \\ &= R\left(\frac{1}{n^2} - \frac{1}{m^2}\right) \end{aligned} \tag{8.26}$$

상수 R은 전자의 첫 번째 궤도 에너지 $-13.6\,eV$와 플랑크 상수 h, 빛 속력 c를 계산된 값으로 리드베리(Johannes Robert Rydberg; 1854~1919, 스위스) 상수 $R = 1.097 \times 10^7 m^{-1}$로 불린다.

수소 원자 스펙트럼은 전자가 에너지 준위 사이에서 전이를 겪을 때 수소 원자에 의해 방출되거나 흡수되는 전자기 복사의 파장 집합이다. 수소 원자는 전자가 하나만 있는 가장 단순한 원자 시스템이기 때문에 원자 구조와 양자 역학을 연구하는데 특히 중요하다.

라이먼(Theodore Lyman IV; 1874~1954, 미국) **계열**은 전자가 높은 에너지 준위($n \geq 2$)에서 바닥 상태($n = 1$)로 이동하는 전이를 나타낸다. 방출된 방사선은 전자기 스펙트럼의 자외선 영역에 속한다.

발머(Johann Jakob Balmer; 1825~1898, 스위스) **계열**은 높은 에너지 준위($n \geq 3$)에서 두 번째 준위($n = 2$)로의 전이에 해당한다. 이 시리즈에서 방출되거나 흡수된 방사선은 스펙트럼의 빨강, 파랑 및 녹색과 같은 가시광선을 포함한다.

파셴(Louis Carl Heinrich Friedrich Paschen; 1865~1947, 독일) **계열**은 더 높은 에너지 준위($n \geq 4$)에서 세 번째 준위($n = 3$)로의 전이이다. 방출되거나 흡수된 방사선은 적외선 영역이다.

그림 (8.19)는 라이먼, 발머, 파셴 계열의 전이에 의한 방출선을 나타낸 것이다. 또

한, 표 (8.1)은 이에 대한 파장이다. 발머 계열은 가시광선을 포함한다.

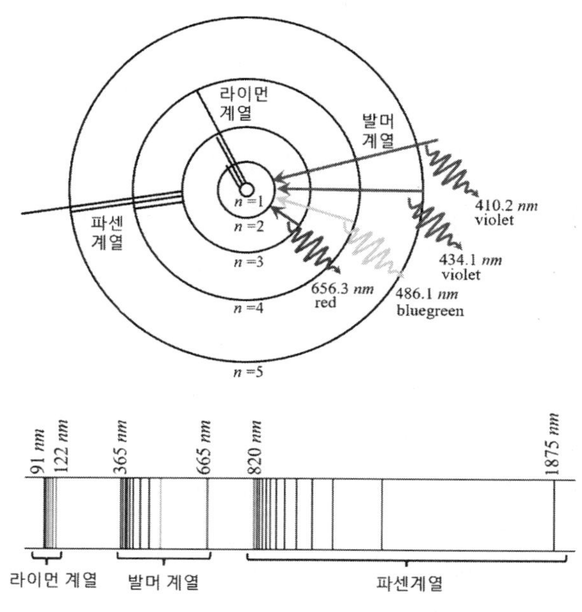

그림 8.19 수소 원자의 궤도 전이

계열	궤도 번호		파장(nm)	구분
	초기 궤도	나중 궤도		
라이먼	6	1	94	자외선
	5		95	
	4		97	
	3		103	
	2		122	
발머	7	2	397	
	6		410	가시광선
	5		434	
	4		486	
	3		656	
파센	8	3	954	적외선
	7		1000	
	6		1090	
	5		1,280	
	4		1,870	

표 8.1 수소 원자 궤도 전이와 파장

[예제 8.1]
수소 원자가 $n=3$에서 $n=1$로 전일 할 때 방출되는 빛의 에너지와 파장은?

풀이: 방출되는 에너지는 식 (8.23)을 이용하여 계산한다.

$$\begin{aligned}
\Delta E &= E_n - E_m \\
&= (-13.6\,eV)\left(\frac{1}{n^2} - \frac{1}{m^2}\right) \\
&= (-13.6\,eV)\left(\frac{1}{3^2} - \frac{1}{1^2}\right) \\
&= (-13.6\,eV)(-0.8889) \\
&= +12.09\,eV \\
&= +12.09 \times (1.602 \times 10^{-19} J) \\
&= +1.936 \times 10^{-18} J
\end{aligned}$$

이 에너지에 해당하는 파장은

$$\begin{aligned}
\lambda &= \frac{c}{f} \\
&= \frac{c}{\Delta E/h} \\
&= \frac{2.998 \times 10^8 m/s}{(1.936 \times 10^{-18} J)/(6.206 \times 10^{-34} Js)} \\
&= 1.026 \times 10^{-7} m = 1,026\,nm
\end{aligned}$$

[예제 8.2]
한 원자가 진동수 $f = 5.60 \times 10^{14}\,Hz$의 광자를 흡수한다. 원자의 에너지는 얼마나 증가하는가?

풀이: 진동수와 에너지 관계식 $\Delta E = hf$를 이용한다.

$$\begin{aligned}
\Delta E &= hf \\
&= (6.626 \times 10^{-34} Js)(5.60 \times 10^{14} s^{-1}) \\
&= 3.71 \times 10^{-19} J
\end{aligned}$$

요약

8.2 스펙트럼

스펙트럼: 연속 스펙트럼, 선 스펙트럼, 흡수 선스펙트럼

백열광원: 연속(띠) 스펙트럼

형광등, 나트륨등: 선 스펙트럼

프라운호퍼선: 태양 빛의 흡수 스펙트럼

레이저: 선 스펙트럼

8.3 원자 구조

돌턴: 딱딱한 공

톰슨: 전자 발견, 푸딩 모델

러더퍼드: 핵 발견, 핵과 핵 주위를 공전하는 전자로 구성된 원자 모델

보어: 궤도 이론과 안정된 원자

궤도 전이에 따른 에너지 흡수와 방출

8.4 열전달

전도: 물질 입자 간의 직접적인 접촉을 통한 열에너지의 전달 방식

대류: 유체(액체 또는 기체)의 움직임을 통한 열에너지 전달 방식

복사: 복사선 방출을 통한 에너지 전달 방식

슈테판-볼쯔만 법칙: $E = \gamma T^4$ $(erg/cm^2\,\sec)$

에너지 세기 최대치 파장: $\lambda_{\max} T = 0.2898\,cm\,K$

8.5 태양의 온도

태양 상수: $I = 1.93\,cal/cm^2\min\,(erg/cm^2\,\sec)$

지구에 도달하는 태양 에너지: $E = 4\pi R^2 I$

태양 온도: $T = \left(\frac{R}{r}\right)^{1/2}\left(\frac{I}{\gamma}\right)^{1/4} \approx 5{,}700\,K$

8.6 수소 원자의 스펙트럼

보어 가설: 전자의 안정된 궤도의 운동량은 플랑크 상수의 정수배

드브로이 물질파: 전자 궤도의 원주는 전자 파장의 정수배

전자 궤도 반지름: $r_n = \frac{h^2}{4\pi^2 mkq^2} n^2$

전자 에너지: $E_n = -\frac{1}{2}\frac{4\pi^2 m(kq^2)^2}{h^2}\frac{1}{n^2}$

$= -13.6\frac{1}{n^2}\ (eV)$

라이먼 계열은 전자가 높은 에너지 준위($n \geq 2$)에서 바닥 상태($n = 1$)로 전이
자외선

발머 계열은 높은 에너지 준위($n \geq 3$)에서 두 번째 준위($n = 2$)로의 전이
자외선과 가시광선

파센 계열은 높은 에너지 준위($n \geq 4$)에서 세 번째 준위($n = 3$)로의 전이
적위선

연습문제

[8.1] 수소 원자의 궤도 전이, $n=3$에서 $n=2$로 떨어질 때 방출되는 빛의 진동수와 파장은?

답] $f=4.567\times10^{-14}\,Hz$, $\lambda=656.5\,nm$

[8.2] 보어의 수소 원자 모형에서 발머 계열($n\rightarrow2$)에서 가시광선($400\sim700\,nm$)이 방출되는 경우, 궤도 번호와 최소 파장은?

답] 궤도 번호 $n=6$, 파장 $\lambda=405\,nm$

Appendix

A. 벡터
B. 유용한 수학
C. 빛의 속도 측정 역사
D. 맥스웰 방정식
E. 종파의 세기
F. 음계의 주파수
G. 간섭 조건

Appendix A 벡터

물리량이란 물리학에서 다루는 대상 중 단위를 붙여 수치로 나타낼 수 있는 것이다. 예를 들어 길이, 시간, 속도, 온도, 에너지 등 물리량은 매우 다양하다. 반면 '아름다움', '친절함' 등은 정확히 수치로 표현할 수 없는 것으로 물리량이 될 수 없다.

세상에 존재하는 물리량은 스칼라와 벡터로 구분할 수 있다. 스칼라는 크기만으로 정의할 수 있는 물리량으로 질량, 속력, 에너지, 일률, 온도 등이 있다. 벡터는 크기와 방향 두 가지 정보 모두 주어져야만 정의할 수 있는 물리량이다. 속도, 가속도, 힘, 운동량, 각운동량, 돌림힘 등이 있다.

A.1 단위

물리량은 단위를 동반해야만 의미를 부여할 수 있다. 단위는 기본 단위와 유도 단위로 구분할 수 있다. 기본 단위는 시간, 길이, 질량, 전류, 온도, 광도, 물질량의 7가지가 있고, 나머지 유도 단위는 기본 단위의 조합으로 표현된다. 국제단위계(國際單位系, 프랑스어: Système international d'unités, 영어: International System Units 약칭 SI)는 기본 단위에 대하여 전 세계적으로 표준화된 도량형으로, MKS 단위계(Meter-Kilogramm-Second)이라고도 불린다.

기본 단위 7가지의 명칭 및 표기는 아래 표 (A.1)와 같다.

기본 단위		
물리량	**단위 명칭**	**표기**
길이	미터	m
질량	킬로그램	kg
시간	초	s
전류	암페어	A
온도	켈빈	K
물질량	몰	mol
광도	칸델라	cd

표 A.1 기본 단위

유도 단위의 몇 가지 예는 아래 표(A.2)와 같다.

유도 단위		
물리량	**단위 명칭**	**표기**
넓이	제곱미터	m^2
속도, 속력	미터 매 초	m/s
가속도	미터 매 제곱 초	m/s^2
밀도	킬로그램 매 세제곱미터	kg/m^3
운동량	킬로그램 미터 매 초	$kg\,m/s$
힘	킬로그램 미터 매 제곱초, 뉴턴	$kg\,m/s^2$, N
에너지	킬로그램 제곱미터 매 제곱초, 주울	$kg\,m^2/s^2$, J

표 A.2 유도 단위

A.2 물리량의 차원

일반적으로 말하는 차원은 공간의 차원으로 1차원(선), 2차원(면), 3차원(공간) 등을 의미한다. 물리량의 차원은 3가지로 질량 (M), 시간 (T), 길이(L)이다. 물리량의 차원은 물리 공식의 적절성, 물리량들 사이 관계 분석에 매우 유용하게 사용할 수 있다.

속도와 가속의 차원은 각각

$$[\text{속도}] = \left[\frac{\text{거리}}{\text{시간}}\right] = LT^{-1}$$

$$[\text{가속도}] = \left[\frac{\text{속도}}{\text{시간}}\right] = LT^{-2}$$

이다. 1차원 등가속 운동방정식은

$$x = x_0 + v_0 t + \frac{1}{2}at^2$$

으로 모든 항의 차원은 L이다. 모든 공식에서 합과 차로 표현할 수 있으려면 차원이 같아야 한다. 물론 차원이 다른 양들 사이에 곱은 가능하다.

A.3 벡터의 표시

벡터량을 스칼라량과 구분하기 위하여 문자로 표기할 때는 화살표를 붙인다. 예를 들어 어떤 물리량을

$A, \vec{A}$

으로 표가 하였다면, 앞에 있는 A는 스칼라량을 의미하고, 뒤에 있는 $\vec{A}$는 벡터량이다. 따라서 $\vec{A}$는 '벡터 A'라고 읽는다.

벡터의 도식적인 표기는 화살표를 사용한다. 화살표 표기에서 벡터는 시작점(작용점)과 끝점이 있다. 벡터의 크기는 화살표의 길이로 표현하고, 화살표의 방향이 벡터의 방향이다. 벡터 $\vec{A}$의 크기는 화살표 없이 A 또는 절대값 $|\vec{A}|$로 표기한다.

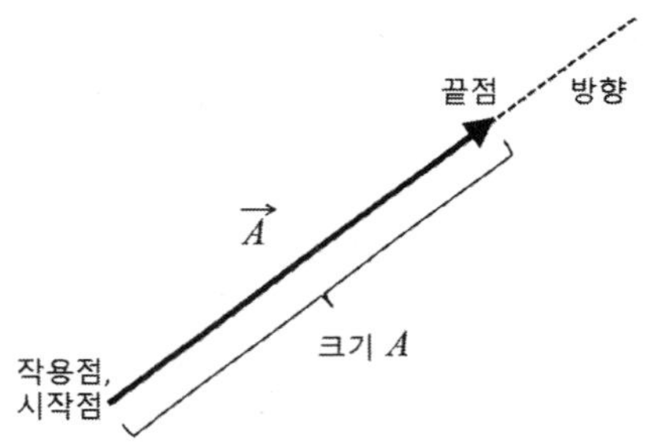

벡터는 회전 없이 평행 이동하여도 여전히 같은 벡터이다. 다만 아주 조금이라도 회전하면 다른 벡터로 취급한다.

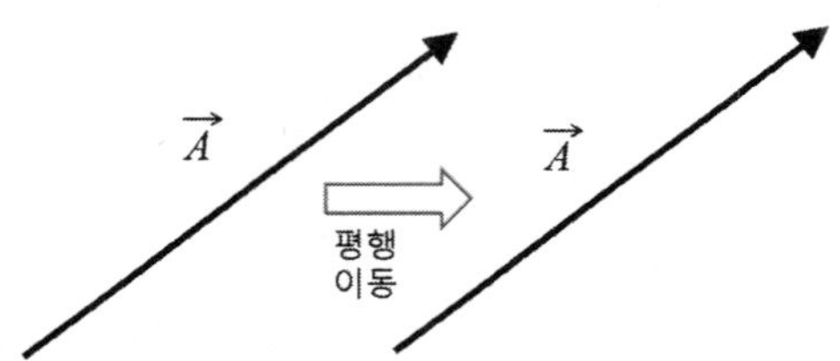

A.4 벡터의 합과 차

벡터의 합과 차는 도식적으로 나타낼 수 있다. 아래 그림과 같이 크기와 방향이 다른 두 벡터 $\vec{A}$와 $\vec{B}$가 있다.

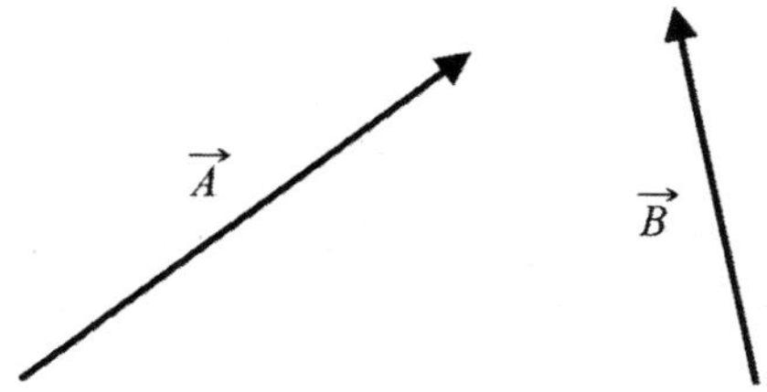

두 벡터의 합은 $\vec{A}+\vec{B}$은 벡터 $\vec{A}$의 끝점에 벡터 $\vec{B}$의 시작점을 일치시킨다. 합 벡터는 벡터 $\vec{A}$의 시작점에서 벡터 $\vec{B}$의 끝점을 잇는 화살표이다. 벡터의 덧셈에 대한 교환법칙이 성립한다, 즉

$$\vec{A}+\vec{B}=\vec{B}+\vec{A}$$

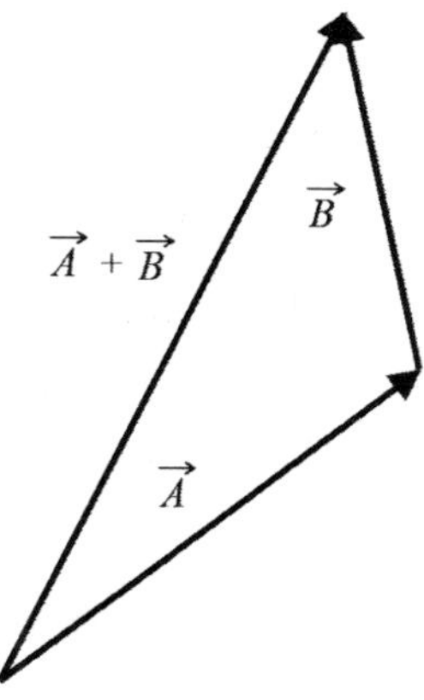

두 벡터의 차 $\vec{A}-\vec{B}$는 $\vec{A}+(-\vec{B})$으로 쓸 수 있어서, 벡터 $\vec{A}$의 끝점에 벡터 $-\vec{B}$의 시작점을 일치시킨다. 벡터는 빼셈에 대하여 교환법칙이 성립하지 않는다.

$\overrightarrow{A} - \overrightarrow{B} \neq \overrightarrow{B} - \overrightarrow{A}$

$\overrightarrow{A} - \overrightarrow{B} =- (\overrightarrow{B} - \overrightarrow{A})$

이므로 $(\overrightarrow{B} - \overrightarrow{A})$는 $(\overrightarrow{A} - \overrightarrow{B})$와 반대방향이고 크기는 같다.

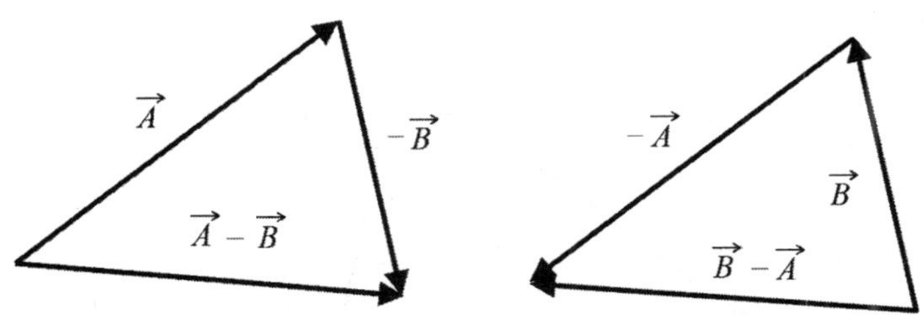

A.5 벡터의 성분 표시

벡터를 합성할 수 있듯이 분해할 수도 있다. 다만 분해는 직각 좌표계의 축 (x, y, z) 벡터로 분해한다. 아래 그림은 벡터 $\overrightarrow{A}$를 2차원 평면에서 x 방향 벡터 $\overrightarrow{A}_x$와 y 방향 벡터 $\overrightarrow{A}_y$로 분해한 것이다.

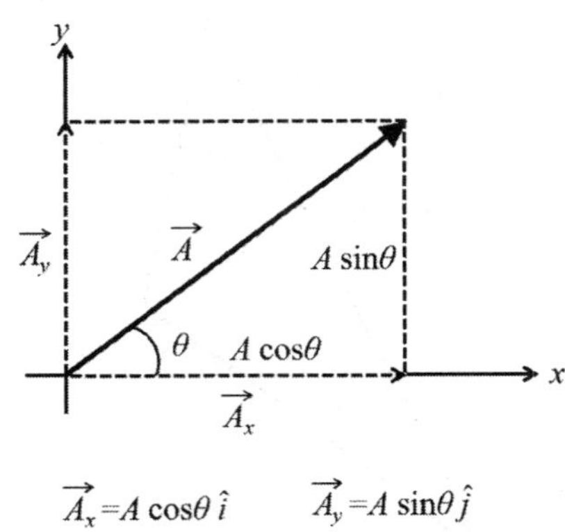

$\overrightarrow{A_x} = A\cos\theta\,\hat{i}$ $\overrightarrow{A_y} = A\sin\theta\,\hat{j}$

각 방향 벡터는

$$\overrightarrow{A}_x = A_x\,\hat{i}\,,\quad \overrightarrow{A}_y = A_y\,\hat{j}$$

로 표기한다. 여기서 $\hat{i}$와 $\hat{j}$는 각각 크기가 1인 x방향과 y방향의 단위벡터이다. 각 방향의 벡터의 크기는 수평축에 대한 각 θ로 나타낼 수 있다.

$$|\overrightarrow{A}_x| = A_x = A\cos\theta$$

$$|\overrightarrow{A}_y| = A_y = A\sin\theta$$

각 방향 벡터의 크기를 성분이라고 한다. 즉 A_x는 벡터 $\overrightarrow{A}$의 x방향 성분이라고 한다. 마찬가지로 A_y는 벡터 $\overrightarrow{A}$의 y방향 성분이다. 벡터 $\overrightarrow{A}$를 성분으로 표시하면

$$\begin{aligned}\overrightarrow{A} &= \overrightarrow{A}_x + \overrightarrow{A}_y \\ &= A_x\hat{i} + A_y\hat{j} \\ &= A\cos\theta\,\hat{i} + A\sin\theta\,\hat{j}\end{aligned}$$

성분으로 표시된 벡터 A의 크기를 성분으로 나타내면

$$A = \sqrt{A_x^2 + A_x^2}$$

이다. 각으로 표시하면

$$A = \sqrt{(A\cos\theta)^2 + (A\sin\theta)^2}$$

$$= A\sqrt{\cos\theta^2 + \sin\theta^2}$$

$$= A$$

이 됨을 알 수 있다.

벡터의 합과 차도 성분으로 표시할 수 있다. 벡터 $\vec{A}$와 벡터 $\vec{B}$의 합벡터 $\vec{A}+\vec{B}$의 성분은 두 벡터 성분의 합이다. 즉

$$|\vec{A}+\vec{B}|_x = A_x + B_x = A\cos\theta_A + B\cos\theta_B$$

$$|\vec{A}+\vec{B}|_y = A_y + B_y = A\sin\theta_A + B\sin\theta_B$$

이다. 합 벡터의 x성분은 두 벡터의 x성분의 합이고, y성분은 두 벡터의 y성분의 합이다. 따라서 합 벡터, 또는 차 벡터의 성분은 두 벡터의 같은 성분의 합 또는 차와 같다. 이는 직각 좌표계를 사용했기 때문에 축들은 서로 수직하므로, 다른 축 성분에 영향을 주지 않기 때문이다.

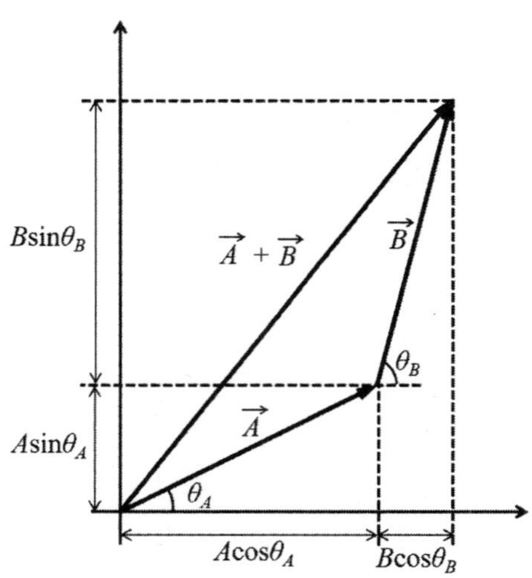

A.6 벡터의 곱

두 가지 종류의 벡터의 곱이 있다. 두 벡터를 곱한 결과가 스칼라가 되는 스칼라 곱(Scalar product, Inner product), 결과가 벡터가 되는 벡터 곱(Vector product, Outer product)이 있다.

두 벡터 $\vec{A}$와 $\vec{B}$의 스칼라 곱은

$$\vec{A} \cdot \vec{B} = AB\cos\theta$$

이다. A와 B는 곱해지는 두 벡터의 크기이고, θ는 두 벡터가 이루는 사잇각이다. 벡터의 스칼라 곱에 대하여 교환법칙이 성립한다. 즉 두 벡터 $\vec{A}$와 $\vec{B}$의 순서를 바꿔 스칼라 곱해도 결과는 같다.

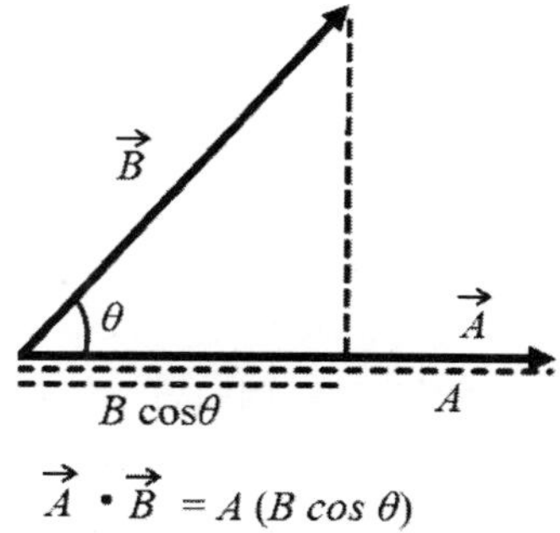

$\vec{A} \cdot \vec{B} = A\,(B\cos\theta)$

두 벡터 $\vec{A}$와 $\vec{B}$를 성분으로 분해하여 스칼라 곱을 표시하면

$$\vec{A} = A_x\hat{i} + A_y\hat{j} + A_z\hat{k}$$

$$\vec{B} = B_x\hat{i} + B_y\hat{j} + B_z\hat{k}$$

$$\vec{A} \cdot \vec{B} = A_xB_x + A_yB_y + A_zB_z$$

이다. 여기서 단위 벡터들 사이 스칼라 곱은

$$\hat{i} \cdot \hat{i} = \hat{j} \cdot \hat{j} = \hat{k} \cdot \hat{k} = 1$$

$$\hat{i} \cdot \hat{j} = \hat{j} \cdot \hat{k} = \hat{k} \cdot \hat{i} = 0$$

이다. 같은 단위 벡터들 사잇각은 0도이고, 다른 단위 벡터들 사잇각은 90도이어서 $\cos 0^\circ = 1$, $\cos 90^\circ = 0$이기 때문이다.

두 벡터 $\vec{A}$와 $\vec{B}$의 벡터 곱의 결과는 새로운 벡터 $\vec{C}$가 된다.

$$\vec{A} \times \vec{B} = \vec{C} = A\,B\,\sin\theta\,\hat{n}$$

새로운 벡터 $\vec{C}$의 크기는

$$C = A\,B\,\sin\theta$$

이고, 벡터 $\vec{C}$ 단위벡터 $\hat{n}$은 곱해지는 두 벡터와 수직 방향이다.

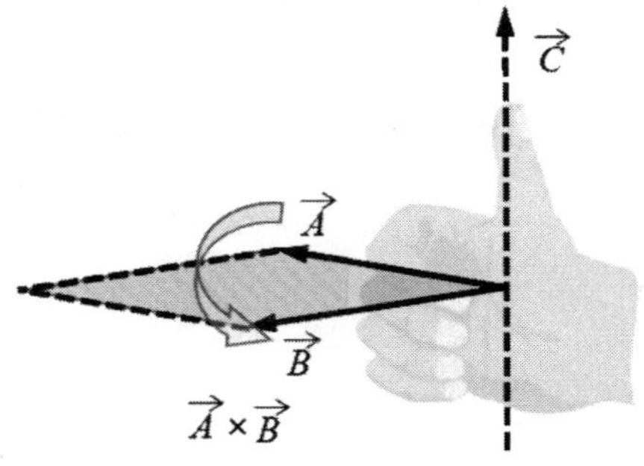

새로운 벡터의 방향은 종종 오른손 법칙으로 설명한다. 곱해지는 두 벡터의 순서대로, 즉 벡터 $\overrightarrow{A}$에서 벡터 $\overrightarrow{B}$ 방향으로 펴져 있던 오른손 손가락을 감싸듯이 구부릴 때, 세워진 엄지손가락 방향이 새로운 벡터 $\overrightarrow{C}$ 또는 단위벡터 $\hat{n}$의 방향이다.

벡터 곱을 성분으로 표시하면

$$\overrightarrow{A} = A_x\hat{i} + A_y\hat{j} + A_z\hat{k}$$

$$\overrightarrow{B} = B_x\hat{i} + B_y\hat{j} + B_z\hat{k}$$

$$\overrightarrow{A} \times \overrightarrow{B} = (A_yB_z - A_zB_y)\hat{i} + (A_zB_x - A_xB_z)\hat{j} + (A_xB_y - A_yB_x)\hat{k}$$

이다. 여기서 단위벡터의 곱은

$$\hat{i}\times\hat{i} = \hat{j}\times\hat{j} = \hat{k}\times\hat{k} = 0$$

$$\hat{i}\times\hat{j} = \hat{k},\ \hat{j}\times\hat{k} = \hat{i},\ \hat{k}\times\hat{i} = \hat{j}$$

Appendix B 유용한 수학 공식

B.1 호도법

호도법은 호의 길이, 중심각, 반경 사이 관계식을 나타내는 것이다. 원의 둘레는 반지름의 2π배이고, 부채꼴 호의 길이는 중심각에 비례한다.

원 위의 한 점이 원 궤도를 따라 반지름만큼 이동할 때, 원의 중심과 두 점이 이루는 각을 1 라디안 (rad; radian)이라고 정의한다. 따라서 원주를 한 바퀴 이동하면 이에 대한 각은 2π라디안이다.

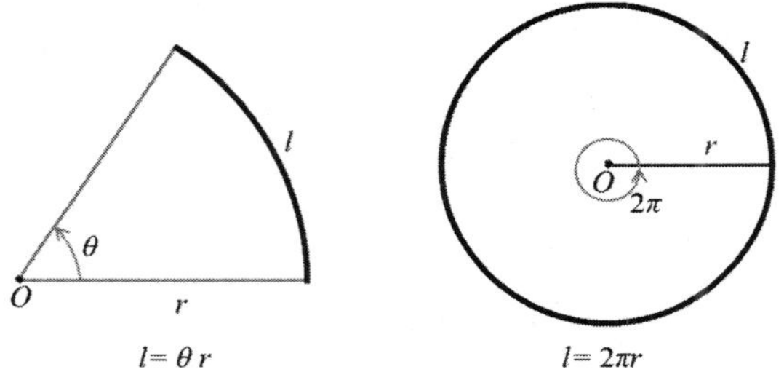

부채꼴의 중심각이 ϕ이고 반지름이 r이면, 호의 길이 l을 비례식으로 나타내면

$$360^\circ : \phi = 2\pi r : l$$

$$l = (2\pi r)\frac{\phi}{360^\circ}$$

각도 ϕ의 단위는 도(°)이므로, 라디안(rad)로 바꾸면

$$\begin{aligned} l &= r\frac{2\pi}{360^\circ}\phi \\ &= r\left(\frac{\pi}{180^\circ}\phi\right) \\ &= r\theta \end{aligned}$$

이다. 각 θ는 부채꼴의 중심 각으로 단위는 라디안이다.

도(°)로 표현된 각 ϕ를 라디안(rad) 각 θ로 변환하는 식은

$$\theta\ rad = \frac{\pi\ rad}{180\,^{\circ}}\phi\,^{\circ}$$

이다. 역으로 라디안으로 표현된 각 θ를 도(°)로 표현된 각 ϕ로 변환하는 식은

$$\phi\,^{\circ} = \frac{180\,^{\circ}}{\pi\ rad}\theta\ rad$$

B.2 삼각 함수

1] 삼각함수 정의

원점 O와 원주 위이 점 P를 연결하는 선의 길이는 r이고, x축의 양의 방향과 이루는 각이 θ(rad)이면

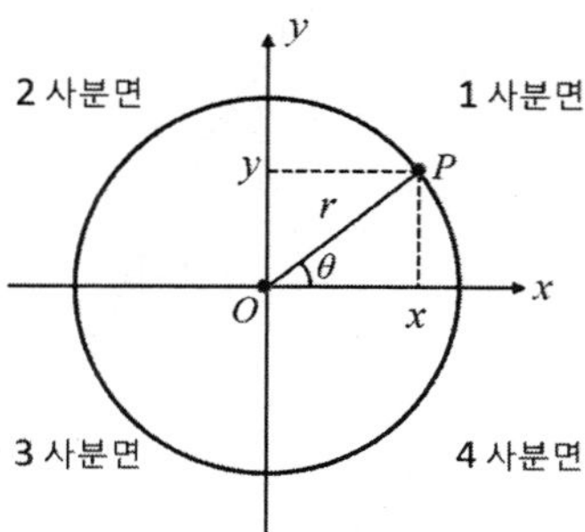

$$\sin\theta = \frac{x}{r}, \qquad \cos\theta = \frac{y}{r}, \qquad \tan\theta = \frac{y}{x}$$

으로 정의한다.

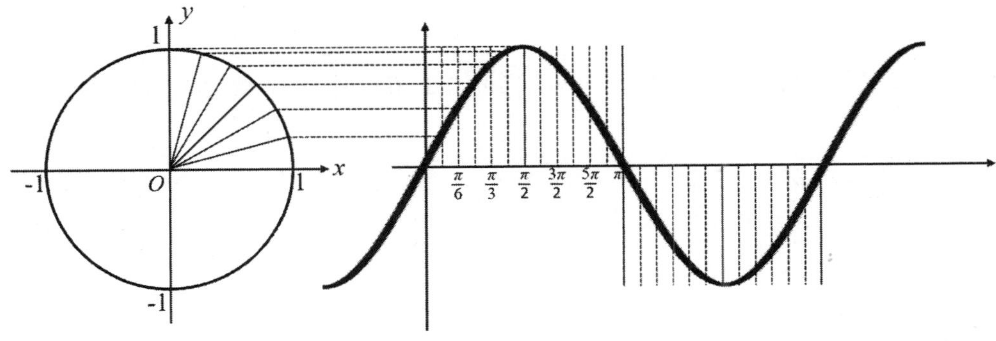
y
1
x
-1
O
1
-1
$\frac{\pi}{6}$ $\frac{\pi}{3}$ $\frac{\pi}{2}$ $\frac{3\pi}{2}$ $\frac{5\pi}{2}$ π

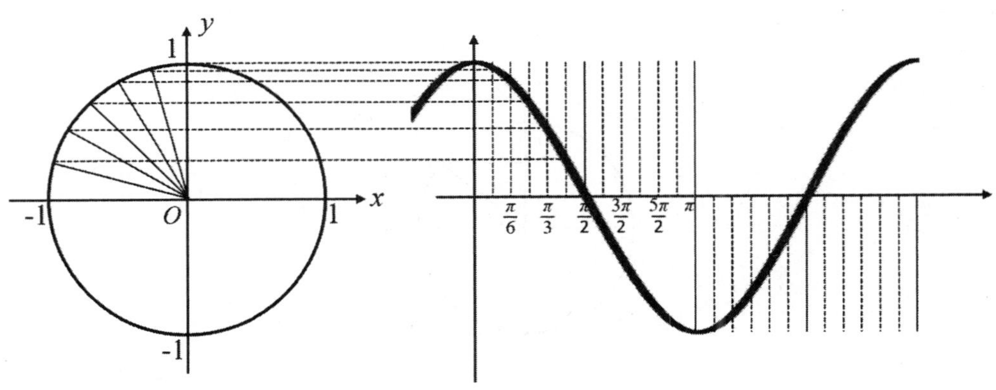
y
1
x
-1
O
1
-1
$\frac{\pi}{6}$ $\frac{\pi}{3}$ $\frac{\pi}{2}$ $\frac{3\pi}{2}$ $\frac{5\pi}{2}$ π

2] 삼각함수 성질

$2n\pi+\theta$	$\sin(2n\pi+\theta)=\sin\theta$	주기 $2n\pi$
	$\cos(2n\pi+\theta)=\cos\theta$	
	$\tan(2n\pi+\theta)=\tan\theta$	주기 $n\pi$
$-\theta$	$\sin(-\theta)=-\sin\theta$	기함수(원점 대칭)
	$\cos(-\theta)=\cos\theta$	우함수(y축 대칭)
	$\tan(-\theta)=-\tan\theta$	기함수(원점 대칭)
$\pi+\theta$	$\sin(\pi+\theta)=-\sin\theta$	
	$\cos(\pi+\theta)=-\cos\theta$	
	$\tan(\pi+\theta)=\tan\theta$	
$\pi-\theta$	$\sin(\pi-\theta)=\sin\theta$	2사분면 값 (+)
	$\cos(\pi-\theta)=-\cos\theta$	2사분면 값 (-)
	$\tan(\pi-\theta)=-\tan\theta$	2사분면 값 (-)
$\frac{\pi}{2}+\theta$	$\sin(\frac{\pi}{2}+\theta)=\cos\theta$	
	$\cos(\frac{\pi}{2}+\theta)=-\sin\theta$	
	$\tan(\frac{\pi}{2}+\theta)=-\frac{1}{\tan\theta}$	
$\frac{\pi}{2}+\theta$	$\sin(\frac{\pi}{2}-\theta)=\cos\theta$	
	$\cos(\frac{\pi}{2}-\theta)=\sin\theta$	
	$\tan(\frac{\pi}{2}-\theta)=\frac{1}{\tan\theta}$	
각 θ은 둔각으로 취급		

3] 삼각함수 사이의 관계

$$\sin^2\theta+\cos^2\theta=1$$

$$\tan\theta=\frac{\sin\theta}{\cos\theta}$$

$\tan^2\theta + 1 = \sec^2\theta$

$\cot^2\theta + 1 = \operatorname{cosec}^2\theta$

$\operatorname{cosec}\theta = \dfrac{1}{\sin\theta}$, $\sec\theta = \dfrac{1}{\cos\theta}$, $\cot\theta = \dfrac{1}{\tan\theta}$

4] 사인 법칙

삼각형 ΔABC에 대하여 세 각 $\theta_A, \theta_B, \theta_C$와 이에 대응하는 세 변 a, b, c 그리고 외접원의 반지름 R사이에 사인 법칙이 성립한다.

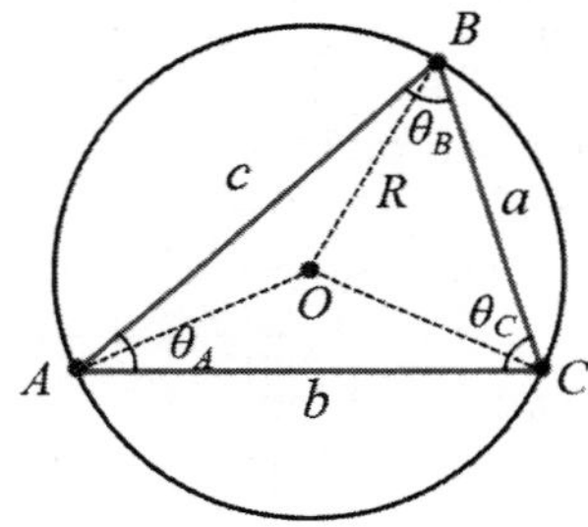

$$\frac{a}{\sin\theta_A} = \frac{b}{\sin\theta_B} = \frac{c}{\sin\theta_C} = 2R$$

5] 제1 코사인 법칙

삼각형 ΔABC에 대하여 세 각 A, B, C와 이에 대응하는 세 변 a, b, c에 대하여 제1 코사인 법칙이 성립한다.

$a = b\cos\theta_C + c\cos\theta_B$

$b = c\cos\theta_A + a\cos\theta_C$

$c = a\cos\theta_B + b\cos\theta_A$

6] 제2 코사인 법칙

삼각형 ΔABC에 대하여 세 각 A, B, C와 이에 대응하는 세 변 a, b, c에 대하여 제1 코사인 법칙이 성립한다.

$a^2 = b^2 + c^2 - 2bc\cos\theta_A$

$b^2 = c^2 + a^2 - 2ca\cos\theta_B$

$c^2 = a^2 + b^2 - 2ab\cos\theta_C$

7] 삼각함수의 덧셈정리

$\sin(\alpha+\beta) = \sin\alpha\cos\beta + \cos\alpha\sin\beta$

$\sin(\alpha-\beta) = \sin\alpha\cos\beta - \cos\alpha\sin\beta$

$\cos(\alpha+\beta) = \cos\alpha\cos\beta - \sin\alpha\sin\beta$

$\cos(\alpha-\beta) = \cos\alpha\cos\beta + \sin\alpha\sin\beta$

$\tan(\alpha+\beta) = \dfrac{\tan\alpha + \tan\beta}{1 - \tan\alpha\tan\beta}$

$\tan(\alpha-\beta) = \dfrac{\tan\alpha - \tan\beta}{1 + \tan\alpha\tan\beta}$

8] 배각 공식

$$\sin 2\alpha = 2\sin\alpha\cos\alpha$$

$$\cos 2\alpha = 2\cos^2\alpha - 1 = 1 - 2\sin^2\alpha$$

$$\tan 2\alpha = \frac{2\tan\alpha}{1-\tan^2\alpha}$$

9] 반각 공식

$$\sin^2\frac{\alpha}{2} = \frac{1-\cos\alpha}{2}$$

$$\cos^2\frac{\alpha}{2} = \frac{1+\cos\alpha}{2}$$

$$\tan^2\frac{\alpha}{2} = \frac{1-\cos\alpha}{1+\cos\alpha}$$

10] 곱을 합,차로 변화

$$\sin\alpha\cos\beta = \frac{1}{2}[\sin(\alpha+\beta)+\sin(\alpha-\beta)]$$

$$\cos\alpha\sin\beta = \frac{1}{2}[\sin(\alpha+\beta)-\sin(\alpha-\beta)]$$

$$\cos\alpha\cos\beta = \frac{1}{2}[\cos(\alpha+\beta)+\cos(\alpha-\beta)]$$

$$\sin\alpha\sin\beta = -\frac{1}{2}[\cos(\alpha+\beta)-\cos(\alpha-\beta)]$$

10] 합,차를 곱으로 변화

$$\sin\alpha + \sin\beta = 2\sin\frac{\alpha+\beta}{2}\cos\frac{\alpha-\beta}{2}$$

$$\sin\alpha - \sin\beta = 2\cos\frac{\alpha+\beta}{2}\sin\frac{\alpha-\beta}{2}$$

$$\cos\alpha + \cos\beta = 2\cos\frac{\alpha+\beta}{2}\cos\frac{\alpha-\beta}{2}$$

$$\cos\alpha - \cos\beta = -2\sin\frac{\alpha+\beta}{2}\sin\frac{\alpha-\beta}{2}$$

B.3 미분과 적분

$$\frac{d}{dx}x = 1, \qquad \int dx = x + C$$

$$\frac{d}{dx}x^{n+1} = (n+1)x^n, \qquad \int x^n\,dx = \frac{x^{n+1}}{n+1} + C$$

$$\frac{d}{dx}\cos x = -\sin x, \qquad \int \sin x\,dx = -\cos x + C$$

$$\frac{d}{dx}\sin x = \cos x, \qquad \int \cos x\,dx = \sin x + C$$

$$\frac{d}{dx}\tan x = \frac{1}{\cos^2 x}, \qquad \int \frac{1}{\cos^2 x}\,dx = \tan x + C$$

$$\frac{d}{dx}\arcsin x = \frac{1}{\sqrt{1-x^2}}, \qquad \int \frac{1}{\sqrt{1-x^2}}\,dx = \arcsin x + C$$

$$\frac{d}{dx}\arccos x = -\frac{1}{\sqrt{1-x^2}}, \qquad \int \left(-\frac{1}{\sqrt{1-x^2}}\right)dx = -\arcsin x + C$$

$$\frac{d}{dx}\arctan x = \frac{1}{1+x^2}, \qquad \int \frac{1}{1+x^2}\,dx = \arctan x + C$$

Appendix C 빛의 속도 측정 역사

년도	연구자	방법	속도(m/s)
1667	갈릴레오 갈릴레이	덮개를 씌운 랜턴	333.5
1676	올레 뢰머	목성의 위성	220,000
1726	제임스 브래들리	항성 광행차	301,000
1834	찰스 휘트스톤	회전 거울	402,336
1838	프랑수아 아라고	회전 거울	-
1849	아르망 피조	회전 바퀴	315,000
1862	레옹 푸코	회전 거울	298,000
1868	제임스 클러크 맥스웰	이론적 계산	284,000
1875	마리 알프레드 코르누	회전 거울	299,990
1879	알베르트 마이컬슨	회전 거울	299,910
1888	하인리히 루돌프 헤르츠	전자기 방사선	300,000
1889	에드워드 베넷 로자	전기 측정	300,000
1890년대	헨리 롤런드	분광학	301,800
1907	에드워드 베넷 로자와 노아 도시	전기 측정	299,788
1923	앙드레 메르시에	전기 측정	299,795
1926	알베르트 마이컬슨	회전 거울(간섭계)	299,798
1928	아우구스트 카롤루스와 오토 미텔슈테트	커 셀 셔터	299,778
1932~1935	마이컬슨과 피즈	회전 거울(간섭계)	299,774
1947	루이스 에센	공동공명기	299,792
1949	칼 I. 아슬락손	쇼랜 레이더	299,792.4
1951	키스 데이비 프룸	전파 간섭계	299,792.75
1973	케네스 M. 이벤슨	레이저	299,792.457
1978	피터 우즈와 동료들	레이저	299,792.4588

출처: 올림푸스 생명과학

Appendix D 맥스웰 방정식

맥스웰 방정식(Maxwell's equations)은 전기와 자기의 발생, 전기장과 자기장, 전하 밀도와 전류 밀도의 관계를 나타내는 4개의 편미분 방정식이다. 미분 방정식은 적분 형태로 표현할 수 있다. 맥스웰 방정식으로부터 빛 역시 전자기파의 일부임을 알 수 있다. 각각의 방정식은 가우스 법칙, 가우스 자기 법칙, 패러데이 전자기 유도 법칙, 앙페르 회로 법칙으로 불린다. 각각의 방정식을 맥스웰이 종합한 이후 맥스웰 방정식으로 불리게 되었다.

D.1 맥스웰 방정식

맥스웰의 방정식은 네 개의 법칙을 모아 체계화한 것이다. 맥스웰의 방정식으로 빛을 포함하는 전자기파의 특성을 이해할 수 있다. 4개의 방정식을 간략하게 설명하면 다음과 같다.

가우스 법칙은 전하에 의해 발생된 전기장의 크기를 설명한다. 가우스 법칙은 본질적으로 쿨롱 법칙과 같은 의미를 지닌다. 다만, 쿨롱 법칙이 공간에 놓인 두 점 전하 사이에서 발생하는 힘을 설명하고, 가우스 법칙은 하나의 전하로부터 발생하는 전기장의 세기가 거리에 따라 반감되는 이유를 설명한다.

가우스 자기 법칙에 따르면, 폐곡면의 총 자기 선속은 0이다. 전기와 달리 자기는 홀 극이 없고, N극과 S극이 언제나 함께 존재한다. 이러한 자기의 성질 때문에 일정한 공간으로 들어오는 자기력선과 나가는 자기력선의 크기는 언제나 같다. 따라서 서로 정반대의 방향으로 작용하는 같은 크기의 힘의 합계는 언제나 0이다.

패러데이 전자기 유도 법칙은 자기 선속이 변화하면 그 주변에 전기장이 발생한다는 것이다. 고리 모양으로 만들어진 전선 가운데서 자석을 위 또는 아래로 움직이면 전류가 발생하는 것을 예로 들 수 있다. 발전소는 이러한 원리를 이용하여 교류 전류를 만들어 낸다.

앙페르 법칙은 전류가 흐르는 전선에 따라 자기장이 발생한다는 것이다. 맥스웰은 전기장의 강도가 변화하면 자기장이 발생하는 것으로 앙페르 법칙을 확장하였다.

전류 변화로 자기장이 발생하는 것을 이용한 예로 전자석, 전동기를 들 수 있다.

명칭	식		의미
	미분형	적분형	
가우스 법칙	$\overrightarrow{\nabla} \cdot \overrightarrow{D} = \rho$	$\oint \overrightarrow{E} \cdot d\overrightarrow{A} = \frac{1}{\epsilon_0}\int \rho\, dV$	전하가 있으면 전기장이 존재한다
가우스 자기법칙	$\overrightarrow{\nabla} \cdot \overrightarrow{B} = 0$	$\oint \overrightarrow{B} \cdot d\overrightarrow{A} = 0$	자기 홀극은 존재하지 않는다
패러데이 전자기 유도법칙	$\overrightarrow{\nabla} \times \overrightarrow{E} = -\frac{\partial \overrightarrow{B}}{\partial t}$	$\oint \overrightarrow{E} \cdot d\overrightarrow{l}$ $= -\frac{d}{dt}\int \overrightarrow{B} \cdot d\overrightarrow{A}$	시간에 따른 자기장의 변화는 전기장을 유발한다
암페르-맥스웰 법칙	$\overrightarrow{\nabla} \times \overrightarrow{H} = \overrightarrow{J} + \frac{\partial \overrightarrow{D}}{\partial t}$	$\oint \overrightarrow{B} \cdot d\overrightarrow{l}$ $= \mu_0 (I + \epsilon_0 \frac{d}{dt}\int \overrightarrow{E} \cdot d\overrightarrow{A})$	시간에 따른 전기장의 변화는 자기장을 유발한다

D.2 전자파의 파동 방정식

모든 파동은 파동 방정식

$$\frac{\partial^2 \psi}{\partial x^2} = \frac{1}{v^2}\frac{\partial^2 \psi}{\partial t^2}$$

을 만족해야 한다. 여기서 v은 파동 ψ의 전파 속도이다. 맥스웰 방정식 중 패러데이 법칙과 암페르-맥스웰 법칙으로부터 전기장과 자기장의 파동 방정식을 유도하면

$$\nabla^2 B = \epsilon_0 \mu_0 \frac{\partial^2 E}{\partial t^2}$$

$$\nabla^2 E = \epsilon_0 \mu_0 \frac{\partial^2 B}{\partial t^2}$$

이다. 여기서 벡터 표시 (화살표)는 생략하였다. 상수 ϵ_0와 μ_0는 각각 진공의 유전율과 투자율로

$$\mu_0 = 4\pi \times 10^{-7}\, H/m$$

$$\epsilon_0 = \frac{1}{c^2 \mu_0}\, F/m$$

이다. 전기장과 자기장의 파동 방정식에서

$$\frac{1}{v^2} = \mu_0 \epsilon_0$$

$$v = \frac{1}{\sqrt{\mu_0 \epsilon_0}} = c$$

로 전기장의 자기장의 전파 속도는 정확히 빛의 속력과 같다. 이 결과로 빛(가시광선)도 전자기파의 일부임을 알게되었다.

Appendix E 종파의 세기

종파의 밀도 분포의 두께 dx, 면적 A,그리고 질량 dm인 공기 입자의 진동을 고려 하자. 음파의 진동은

$$s(x,t) = s_m \cos(kx - \omega t)$$

으로 표현된다. 공기 입자의 운동 에너지 dK는

$$dK = \frac{1}{2} dm\, v_s^2$$

여기서 v_s는 공기 입자의 진동 속력이다.

$$v_s = \frac{\partial s}{\partial t} = \omega\, s_m \sin(kx - \omega t)$$

미소 질량은 밀도와 면적의 곱 $dm = \rho A$이므로

$$dK = \frac{1}{2}(\rho A\, dx)(\omega s_m)^2 \sin^2(kx - \omega t)$$

위 식을 dt로 나누면 운동 에너지 전달률이 된다.

$$\frac{dK}{dt} = \frac{1}{2}(\rho A \frac{dx}{dt})(\omega s_m)^2 \sin^2(kx - \omega t)$$

$$= \frac{1}{2}(\rho A v)(\omega s_m)^2 \sin^2(kx - \omega t)$$

평균 에너지 전달률은

$$\left(\frac{dK}{dt}\right)_{avg} = \frac{1}{2}(\rho A \frac{dx}{dt})(\omega s_m)^2 \sin^2(kx - \omega t)$$

$$= \frac{1}{4}\rho A v \omega^2 s_m^2$$

이다. 퍼텐셜 에너지도 운동 에너지와 같기 때문에 전체 에너지 전달률은 운동 에너지 전달률의 2배이다.

$$I = \frac{2(dK/dt)_{avg}}{A}$$

$$= \frac{1}{2}\rho v \omega^2 s_m^2$$

이다.

Appendix F 음계의 주파수

공기 중에서 일어나는 진동으로 인한 현상인 소리는 진동의 주파수에 따라 다양한 종류의 소리가 발생한다. 사람이 들을 수 있는 가청 주파수의 범위는 대략 $20 \sim 20{,}000\ Hz$이다.

소리의 주파수에 따라 음을 구분한다.

12 음계	**7 음계**	**주파수(Hz)**
C	도	261.63
C#		277.18
D	레	293.66
D#		311.13
E	미	329.63
F	파	349.23
F#		369.99
G	솔	392.00
G#		415.30
A	라	440.00
A#		446.16
B	시	493.88

Appendix G 간섭 조건

본문에서 다뤘던 간섭 조건을 정리한 것이다. 각각의 경우, 보강 조건과 상쇄 조건을 비교하였다.

간섭	경로차	보강 조건	상쇄 조건	비고
이중 슬릿	$d\sin\theta$	$m\lambda$	$(m+1/2)\lambda$	d: 슬릿 간격 θ: 중앙선으로부터 각
Lioyd 거울	$\lvert d_2 - d_1 \rvert$	$(m+1/2)\lambda$	$m\lambda$	d_1: 직접 경로 d_2: 반사 경로
박막	$2nd$	$(m+1/2)\lambda$	$m\lambda$	n: 박막 굴절률 d: 박막 두께
코팅	$2nd$	$m\lambda$	$(m+1/2)\lambda$	n: 코팅막 굴절률 d: 코팅막 두께
뉴턴 원무늬	$2d$	$(m+1/2)\lambda$	$m\lambda$	d: 공기층 두께

연습문제 풀이 및 해답

Chapter 1

[1.1]

진동은 에너지 전달이 없고, 파동은 에너지를 전달 한다.

[1.2]

매질의 교란

외부에서 전달된 에너지가 역학적 매질에 힘을 가하면 매질을 구성하는 입자의 간격 등 변화로 매질의 변형이 발생한다. 이 매질의 변형 교란이라고 한다.

[1.3]

매질의 탄성

매질의 탄성은 매질에 변형(모양이나 크기의 변화)이 발생하면 원래의 상태로 돌아가려는 성질이 탄성이다. 탄성은 각 매질의 특성으로 매질의 구성원 사이의 상호작용으로 인한 것이다.

매질의 탄성의 한계치가 있는데, 이를 탄성 한계라고 한다. 교란으로 인하여 매질의 변형이 탄성 한계를 넘으면, 물체는 원래의 상태로 돌아갈 수 없다. 예를 들어 스프링의 길이가 약간 변하면 원래 길이로 돌아간다. 하지만 무리하게 늘려 놓으면 원래 상태로 돌아갈 수없다. 이미 탄성 한계를 넘어섰기 때문이다.

[1.4]

전자기파를 구성하는 전기장과 자기장의 상호작용

맥스웰의 방정식으로부터 시간에 따른 전기장의 변화는 자기장을 유발하고, 역으로

자기장의 변화는 전기장을 유발한다. 전기장과 자기장은 끊임없이 변하기 때문에 전기장과 자기장은 계속 존속할 수 있다. 이 변화는 매질이 필요 없다. 따라서 전자기파는 진공인 공간으로 전파할 수 있다. 물론 물과 유리 등의 광학적으로 투명한 물체를 통과할 수 있다.

[1.5]

매질 또는 에너지를 전달하는 입 등의 진동 방향이 파동의 전파 방향과 일치하면 종파이고, 횡파는 수직하다.

매질이 기체와 액체라면 매질의 구성 입자는 자유롭게 공간을 이동할 수 있다. 그럼에도 입자들을 끊임없이 상호 작용한다. 이로써 부분적으로 밀도와 같은 물리량의 큰 값을 가질 수 있고 작은 값일 수 있다. 물리량이 주기적인 변화로 인하여 파동이 전파되는데, 매질을 구성하는 입자들의 운동이 파동의 전파 방향과 일치할 수도 있고 수직 방향일 수도 있다.

[1.6]

에너지

모든 파동은 에너지를 갖는다. 역학적인 파동은 매질을 구성하는 입자들의 움직임으로 인한 운동 에너지와 입자들 사이 상호 작용에 대한 퍼텐셜 에너지를 갖는다. 전자기파의 경우 전기장과 자기장 자체가 에너지와 관계가 있다. 따라서 파동이 전파하면 주변으로의 에너지가 전달되는 것을 의미한다.

[1.7]

수직

파동들의 전파 방향은 서로 교차하기도 하고, 가까워지거나 멀어질 수 있다. 하지만 파동들의 위상을 연결한 것이 파면인데, 파면들은 절대로 서로 교차할 수 없다. 파면은 지도의 등고선을 떠올리면 된다. 지도에 그려진 등고선은 높이가 같은 점들을 이어놓은 것이다. 파면은 위상이 같은 점들을 이어놓은 것이다. 등고선처럼 파면 사이 간격이 작거나 클 수 있다. 하지만 절대로 교차할 수 없고, 파동은 전파 방향과 항상 수직 방향이다.

Chapter 2

[2.1]

풀이: 줄 1에 $400\,N$이 작용하고, 두 줄은 서로 묶여 있으므로 장력의 크기는 같다. 즉 $T_1 = T_2 = T = 400\ N$이다.

각 줄에서의 파동 전파 속력 v_1과 v_2는 각각

$$v_1 = \sqrt{\frac{F}{\mu_1}}$$

$$= \sqrt{\frac{400\,N}{1.50 \times 10^{-4}\ kg/m}}$$

$$= 1632.99\ m/s$$

$$v_2 = \sqrt{\frac{400\,N}{2.80 \times 10^{-4}\ kg/m}}$$

$$= 11195.23\ m/s$$

시간을 계산하면

$$t_1 = \frac{L_1}{v_1}$$

$$= \frac{3.00\ m}{1623.99\ m/s}$$

$$= 0.00184\,s = 1.84\ ms$$

$$t_2 = \frac{L_2}{v_2}$$

$$= \frac{2.00\ m}{1195.23\ m/s}$$

$$= 0.00167\,s = 1.67\ ms$$

따라서 줄 2를 따라 오른쪽 기둥에 근소하게 먼저 도달한다.

[2-2]

풀이: 데시벨의 정의식을 이용하여 계산한다.

$$\beta_f = (10\,dB)\log\frac{I_f}{I_0}, \qquad \beta_i = (10\,dB)\log\frac{I_i}{I_0}$$

$$\beta_f - \beta_i = (10\,dB)\left(\log\frac{I_f}{I_0} - \log\frac{I_i}{I_0}\right)$$

$$= (10\,dB)\left(\log\frac{I_f I_0}{I_0 I_i}\right)$$

$$= (10\,dB)\left(\log\frac{I_f}{I_i}\right) = -\,20\,dB$$

$$(10\,dB)\left(\log\frac{I_f}{I_i}\right) = -\,20\,dB$$

$$\log\frac{I_f}{I_i} = -\,2.0$$

$$\frac{I_f}{I_i} = \exp(-\,2.0) = 0.135$$

[2-3]

풀이; $\lambda = \dfrac{v}{f}$

$$= \frac{340\,m\,s^{-1}}{280\,s^{-1}} = 1.21\,m$$

[2-4]

풀이: 빛은 매우 빨라서 번개 빛이 관측자까지 도달 시간은 무시할 수 있다. 따라서 천둥이 치는 위치로부터 관측자까지의 거리는 천둥의 전파 속력과 시간 간격(번개와 천둥 사이 시간 간격)의 곱이다. 따라서

$$s = v_T \Delta t$$

$= (340\ m/s) \times 7\ s$

$= 2,380\ m$

실제로 2380 미터는 빛이 도달하는 시간은 0.00000079 초에 불과하다.

[2.5]

풀이: 음파의 도플러 식

$$f' = f\frac{v \pm v_o}{v \mp v_s}$$

을 이용한다. 여기서 승객이 정지해 있으므로 $v_o = 0$이다. 또 기차가 음원이고, 승객에게 다가오고 있기 때문에 도플러 식은

$$f' = f\frac{v}{v - v_s}$$

이 된다. 음원인 기차의 속력 v_s로 정리하면

$$v_s = v(1 - \frac{f}{f'})$$

$$= (340\ ms^{-1})\left(1 - \frac{392.0\ s^{-1}}{397.5 s^{-1}}\right)$$

$$= 2.58\ m/s$$

[2.6] 초음파 발생기에서 혈소판으로 발사된 파의 경우, 초음파 발생기가 음원이고 혈소판은 관측자와 같다. 반대로 되돌아오는 파의 경우, 혈소판이 음원이고 초음파 발생기가 관측자와 같다. 따라서 도플러 효과에 의해 변화된 주파수는 음원과 관측자가 모두 속력 $v_C \sin\theta$로 서로 다가가는 상황에 해당한다. 즉

$$f' = f_0\frac{v + v_C \sin\theta}{v - v_C \sin\theta}$$

맥놀이 주파수

$$\begin{aligned}
\Delta f &= |f_0 - f'| \\
&= \left| f_0 - f_0 \left(\frac{v + v_C \sin\theta}{v - v_C \sin\theta} \right) \right| \\
&= f_0 \frac{2 v_C \sin\theta}{v - v_C \sin\theta} \\
&\approx f_0 \frac{2 v_C \sin\theta}{v} \quad \text{(여기서 } v \gg v_C \text{ 근사를 적용)} \\
&= (2 \times 10^6\, Hz) \frac{2 \times (0.3\, m/s) \sin(12^\circ)}{1500\, m/c} \\
&= 166.3\, Hz
\end{aligned}$$

문제에서 혈류 속도가 제시되어 맥놀이 진동수를 계산하였다. 만일 맥놀이 주파수를 측정하면 거꾸로 혈류의 속도를 측정할 수 있다. 자동차 속도를 측정하는 감시 카메라도 같은 원리로 작동한다.

Chapter 3

[3-1]

(a) (파장) $\lambda = \frac{L}{2} = \frac{0.12\ m}{2} = 0.06\ m$

(b) (차수) $n = 4$

(c) (진동수) $f_4 = 4\frac{v}{2L}$

전파 속력은

$$v = \sqrt{\frac{F}{\mu}} = \sqrt{\frac{F}{m/L}} = \sqrt{\frac{200\ N}{(2.5 \times 10^{-3}\ kg)/0.12\ m}} = 97.98\ m/s$$

이므로, 기본 진동수는

$$f_4 = 4\frac{97.98\ m/s}{2 \times 0.12\ m} = 1632.99\ Hz$$

다른 방법으로 계산하면

$$f_4 = \frac{v}{\lambda} = \frac{97.98\ m/s}{0.06\ m} = 1632.99\ Hz$$

기본 진동수는 $f_1 = \frac{f_4}{4} = 408.25\ Hz$

[3.2]

풀이: 맥놀이 주파수는

$f_{beat} = |f_1 - f_2|$

이다. 따라서 맥놀이 주파수가 $2\ Hz$이므로, 기타 줄이 내는 음의 진동수는 $438\ Hz$ 또는 $442\ Hz$이다.

[3.3]

풀이: 맥놀이 주파수는 두 주파수의 차이기 때문에, 미지의 소리굽쇠 진동수는 $380\,Hz$ 또는 $388\,Hz$이다. 스티커를 붙이면 진동수가 줄어들어 맥놀이가 사라졌기 때문에 미지의 소리굽쇠 진동수는 $388\,Hz$이다.

[3.4]

풀이: 음파의 파장 λ는

$$\lambda = \frac{v}{f}$$

$$= \frac{340\ ms^{-1}}{500\,s^{-1}}$$

$$= 0.68\ m\ =\ 68\ cm$$

한 파장을 위상으로 바꾸면 $2\pi\ rad$이므로 거리 차와 파장의 비율로 위상차 ϕ를 계산하면

$$68\ cm\ :\ 2\pi\ rad\ =\ 20\ cm\ :\ \phi$$

$$\phi = \frac{20\ cm}{68\ cm}(2\pi\ rad)$$

$$= 1.848\ rad\ =\ 105.9\,^{\circ}$$

[3.5]

풀이:

음원 1과 관측자 사이 거리는

$$d_1\ =\ \sqrt{d^2 + d_2^2}$$

$$=\ \sqrt{1.4^2 + 4.8^2}$$

$$= 5.0\,m$$

이다.

(a) 상쇄 간섭 조건으로부터

$$\Delta d = d_1 - d_2 = \frac{1}{2}\lambda_{\min}$$

$$\lambda_{\min} = 2(d_1 - d_2)$$

$$= 2 \times 5.0\,m = 10.0\,m$$

$$f_{\min} = \frac{v}{\lambda_{\min}}$$

$$= \frac{340\,m/s}{10.0\,m}$$

$$= 34\,Hz$$

(b) 보강 간섭 조건으로부터

$$\Delta d = d_1 - d_2 = 1\,\lambda_{\max}$$

$$\lambda_{\max} = d_1 - d_2$$

$$= 1 \times 5.0\,m = 5.0\,m$$

$$f_{\max} = \frac{v}{\lambda_{\max}}$$

$$= \frac{340\,m/s}{5.0\,m}$$

$$= 68\,Hz$$

Chapter 4

[4.1]

풀이: 진공 중 거리 d안에 들어가는 파수는

$$k=\frac{d}{\lambda}$$

이고, 굴절률 n인 매질 내 거리d안에 들어가는 파수는

$$k'=\frac{d}{\lambda'}=\frac{d}{\lambda/n}=n\frac{d}{\lambda}$$

이므로, 두 값으 차이는

$$\Delta k=n\frac{d}{\lambda}-\frac{d}{\lambda}$$

$$=(n-1)\frac{d}{\lambda}$$

[4.2]

풀이: $R_{\parallel}=|r_{\parallel}|^2=\left(\frac{n_2\cos\theta_1-n_1\cos\theta_2}{n_1\cos\theta_2+n_2\cos\theta_1}\right)^2$

이다. 브루스터 법칙은 $\theta_1+\theta_2=90^\circ$ 일 때, 반사 빛이 편광, 반사 빛이 수직 방향으로 편광 (수평 성분이 0) 된다는 것이다. 여기에 스넬의 법칙 $n_1\sin\theta_1=n_2\sin\theta_2$ 으로부터 θ_2로 정리하면

$$\theta_2=\sin^{-1}[(n_1/n_2)\sin\theta_1]$$

이 결과를 위 식에 적용하면

$$R_{\parallel}=\left(\frac{n_2\cos\theta_1-n_1\cos\cos\left[\sin^{-1}[\frac{n_1}{n_2}\sin[\theta_1]\right]}{n_1\cos\left[\sin^{-1}[\frac{n_1}{n_2}\sin[\theta_1]\right]+n_2\cos\theta_1}\right)^2=0$$

위 식에 $n_1 = 1.00, n_2 = 1.62$을 적용하면 $R_\parallel = 0$을 만족하는 각이 $58.3°$ 이다.

[4.3]

풀이: (1) 고니로 렌즈 없는 경우, $n_1 = 1.376,\ n_2 = 1.000$을 적용하면

$$\theta_C = \sin^{-1}(\frac{n_2}{n_1})$$

$$= \sin^{-1}(\frac{1.000}{1.376})$$

$$= 46.6°$$

(2) 고니로 렌즈 있는 경우, $n_1 = 1.336,\ n_2 = 1.000$을 적용하면

$$\theta_C = \sin^{-1}(\frac{n_2}{n_1})$$

$$= \sin^{-1}(\frac{1.000}{1.376})$$

$$= 48.6°$$

임계각보다 작은 각으로 각막 바깥면으로 입사하는 광선들은 빠져나올 수 있기 때문에 렌즈를 사용하면 더 많은 빛이 관측된다.

[4.4]

풀이: 매질 2와 매질 3의 경계면에 전반사 조건은

$$n_2 \sin\theta_C = n_3 \sin 90°$$

$$\theta_C = \sin^{-1}\left(\frac{n_3}{n_2}\right)$$

$$= 63.6°$$

매질 1와 매질 2의 경계면에서의 굴절각 θ'는

$$\theta' = 90.0° - 63.6° = 26.4°$$

스넬의 법칙으로 입사각 θ를 계산한면

$$n_1 \sin\theta = n_2 \sin\theta'$$

$$\theta = \sin^{-1}\left(\frac{n_2}{n_1}\sin\theta'\right)$$

$$= \sin^{-1}\left(\frac{1.72}{1.49}\sin 26.4^\circ\right)$$

$$= 30.9^\circ$$

[4.5]

풀이: 굴절각이 90° 일 때, 입사각을 임계각 θ_C이라한다. 임계각보다 입사각이 크면 내부 전반사가 일어난다. 임계각은

$$n_1 \sin\theta_C = n_2 \sin 90^\circ$$

$$\theta_C = \sin^{-1}\left(\frac{n_2}{n_1}\right)$$

$$= \sin^{-1}\left(\frac{1.49}{1.54}\right)$$

$$= 75.4^\circ$$

굴절각 θ'는

$$\theta' = 90.0^\circ - 75.4^\circ = 14.6^\circ$$

입사각 θ는

$$1\sin\theta = n_1 \sin\theta'$$

$$\theta = \sin^{-1}(n_1 \sin(14.6^\circ))$$

$$= 22.8^\circ$$

이다. 따라서 22.8° 보다 작은 각도로 광섬유에 입사된 모든 광선은 손실없이 내부 전반사되어 광섬유 끝단까지 전달된다.

Chapter 5

[5.1]

풀이: $\frac{d\,y_m}{L} = (m + \frac{1}{2})\lambda$

$$\frac{(0.20 \times 10^{-3} m)(25.0 \times 10^{-3} m)}{1.8 m} = (3 + \frac{1}{2})\lambda$$

$\lambda = 6.80 \times 10^{-7} m = 680 nm$

[5.2] 간섭무늬 간격 식

$\Delta y = \frac{L\lambda}{d}$를 이용하여 계산한다. 슬릿 간격 d와 스릿-스크린 거리 L이 주어지지 않아도 비례식을 새로운 단색광의 파장을 계산할 수 있다.

$$\Delta y : \frac{L\lambda}{d} = \Delta y' : \frac{L\lambda'}{d}$$

$$\frac{\Delta y'}{\Delta y} = \frac{L\lambda'/d}{L\lambda/d} = \frac{\lambda'}{\lambda}$$

$$\lambda' = \frac{\Delta y'}{\Delta y}\lambda$$

$$= \frac{7.4 mm}{6.4 mm}(480 \times 10^{-9} m)$$

$$= 555 \times 10^{-9} m = 555 nm$$

[5.3]

풀이: 각이 작다는 가정 $\sin\theta \approx \tan\theta = \frac{y_m}{L}$을 사용하여

$$d\sin\theta \approx \frac{dy_m}{L} = (m+\frac{1}{2})\lambda$$

$$\lambda = \frac{dy_m}{(m+1/2)L}$$

$$= \frac{(0.24\times 10^{-3}m)(23.40\times 10^{-3}m)}{(5+1/2)(1.60m)}$$

$$= 6.75\times 10^{-7}m = 675\ nm$$

[5.4]

풀이: 첫 번째 빛이 만든 5번째 밝은 무늬 위치는

$$\frac{dy_5}{L} = 5\lambda_1$$

$$y_5 = \frac{5\lambda_1 L}{d}$$

이고 두 번째 빛이 만든 3번째 어두운 무늬 위치는

$$\frac{dy_3}{L} = (3+\frac{1}{2})\lambda_2$$

$$y_3 = \frac{(3+1/2)\lambda_2 L}{d}$$

두 위치가 같으므로

$$\frac{5\lambda_1 L}{d} = \frac{(3+1/2)\lambda_2 L}{d}$$

$$\lambda_2 = \frac{5}{3.5}\lambda_1$$

$$= \frac{5}{3.5}(480\times 10^{-9}\ m)$$

$$= 6.86\times 10^{-7}\ m = 686\ nm$$

[5.5]

풀이: 상쇄 간섭으로 어두운 무늬 조건은

$2nL = m\lambda$

$L = m\dfrac{\lambda}{2n}$

첫 번째와 여섯 번째 어두운 무늬 조건을 이용하면 간격 차를 계산하면

$\Delta L = L_R - L_L$

$= (6-1)\dfrac{\lambda}{2n} = 5\dfrac{\lambda}{2n}$

$= 5\dfrac{632.8\ nm}{2 \times 1.00}$

$= 1{,}582\ nm$

간섭무늬를 이용하여 매우 좁은 틈의 간격을 측정할 수 있다.

[5.6]

풀이: 투과 빛이 간섭은 윗면과 아랫면을 투과하는 광선과 아랫면에서 반사된 빛이 다시 윗면에서 반사되어 최종적으로 아래 방향으로 투과되는 두 빛의 간섭이다. 이 경우, 두 빛 모두 반사에 의한 위상 변화는 없다. 따라서 보강 간섭 조건

$2nd = m\lambda$

를 이용하여 두께 변화를 계산한다. 즉,

$d = \dfrac{1\lambda}{2n},\quad d' = \dfrac{10\lambda}{2n}$

$\Delta d = d' - d$

$= (10-1)\dfrac{\lambda}{2n}$

$= \dfrac{9 \times (630\ nm)}{2 \times 1.49}$

$= 1{,}902\ nm$

[5.7]

풀이: 렌즈의 굴절력은 렌즈 제작자의 공식

$$F = (n-1)\left(\frac{1}{R_1} - \frac{1}{R_2}\right)$$

여기서 평볼록 렌즈이므로 $R_2 = 0$이므로

$$F = (n-1)\left(\frac{1}{R_1} - \frac{1}{\infty}\right)$$
$$= \frac{(n-1)}{R_1}$$

이 된다. 이제 R_1은 첨자를 생략하고, 렌즈의 반경을 R이라 하자.

$$+2.50\,D = \frac{(1.523-1)}{R}$$
$$R = \frac{0.523}{2.50\,D} = 0.209\,m$$

뉴턴의 원 무늬 상쇄 조건

$$2d = \frac{r^2}{R} = m\lambda,\ (m = 0, 1, 2, \cdots)$$

을 이용하여, 다섯 번째 $(m = 5)$ 원 무늬 반경 r을 계산하면

$$\frac{r^2}{R} = 5\lambda$$
$$r = \sqrt{5\lambda R}$$
$$= \sqrt{5 \times (589.3 \times 10^{-9}\,m)(0.209\,m)}$$
$$= 0.785 \times 10^{-3}\,m = 0.785\,mm$$

Chapter 6

[6.1]

풀이: 단일 슬릿 상쇄 간섭 조건을 이용한다.

$$a\sin\theta = m\lambda$$

첫 번째 극소 이므로 $m = 1$이다.

$$a = 1 \times \frac{\lambda}{\sin\theta}$$

$$= \frac{650 \times 10^{-9}\,m}{\sin(15^{\circ})}$$

$$= 2.511 \times 10^{-6}\,m = 2.511\,\mu m$$

[6.2]

풀이: 단일 슬릿 회절에서 극대 조건식을 사용하여 계산한다.

$$a\sin\theta = (m + \frac{1}{2})\lambda'$$

첫 번째 극대이므로 $m = 1$이다.

$$a\sin\theta = (m + \frac{1}{2})\lambda'$$

$$\lambda' = \frac{a\sin\theta}{1.5}$$

$$= \frac{(2.511\times10^{-6}m)\sin(15)}{1.5}$$

$$= 4.333\times10^{-7}m = 433.3nm$$

이다.

이 결과는 간단한 비례관례로 얻을 수 있다.

즉, 파장 λ인 빛의 첫 번째 극소 조건식

$$a\sin\theta = m\lambda$$

과 파장 λ'인 첫 번때 극대 조건식

$$a\sin\theta = (m+\frac{1}{2})\lambda'$$

에서 좌변이 일치하므로

$$m\lambda = (m+\frac{1}{2})\lambda',\ (m=1)$$

$$1\lambda = (3/2)\lambda'$$

$$\lambda' = \frac{2}{3}\lambda$$

$$= \frac{2}{3}\times(650nm)$$

$$= 433.3nm$$

[6.3]
풀이: $d = 4.00 \times 10^{-3}\, m$, $\lambda = 520\, nm$을 이용하여 각 분해능 θ_R을 계산한다.

$$\theta_R = 1.22 \frac{\lambda}{d}$$

물체를 잇는 선 사이 각 θ는

$$\theta \geq \theta_R$$

이어야 하므로, 최소 각은

$$\begin{aligned} \theta = \theta_R &= 1.22 \frac{\lambda}{d} \\ &= 1.22 \frac{520 \times 10^{-9}\, m}{4.00 \times 10^{-3}\, m} \\ &= 0.0001586\, rad \end{aligned}$$

최소 거리 L은

$$\begin{aligned} L &= \frac{D/2}{\tan(\theta/2)} \\ &= \frac{(1.5/2)\, mm}{\tan(0.0001586\, rad/2)} \\ &= 9.45\, m \end{aligned}$$

[6.4]
풀이:분해능 식

$$\sin\theta \sim \theta = \frac{1.22\,\lambda}{D}$$

을 이용한다. 각 θ는 두 지점 사이 거리 s와 지구-달 사이 거리 L의 관계로부터 계산할 수 있다.

$$\theta = \frac{s}{L}$$
$$= \frac{1.20 \times 10^5 m}{3.85 \times 10^8 m}$$
$$= 0.0003117\, rad = 0.01786\,°$$

분해능 식에 대입하면

$$\theta = \frac{1.22\lambda}{D}$$
$$D = \frac{1.22\lambda}{\theta}$$
$$= \frac{1.22 \times (520 \times 10^{-9} m)}{0.0003117\, rad}$$
$$= 0.002035\, m = 2.035\, mm$$

[6.5]
풀이: (a)

$$\theta_i = 1.22\frac{\lambda}{d}$$
$$= 1.22\frac{550 \times 10^{-9} m}{32.0 \times 10^{-3} m}$$
$$= 0.00002096\, rad$$

(b) $\theta_o = \theta_i$이고 각이 작다고 가정하면

$$\Delta x = f\theta_i$$
$$= (24.0 \times 10^{-2}\, m) \times (0.00002096\, rad)$$
$$= 5.0325 \times 10^{-6}\, m = 5.0325\, \mu m$$

Chapter 7

[7.1]

풀이: 스넬의 법칙과 브루스터 조건으로부터 굴절률을 구한다.

$$n_i \sin\theta_i = n_t \sin\theta_t$$

$$n_i \sin\theta_i = n_t \sin(90-\theta_i) = n_t \cos\theta_i$$

$$n_t = n_i \frac{\sin\theta_i}{\cos\theta_i}$$

$$= n_i \tan\theta_i$$

$$= 1.00 \tan(58.0^\circ) = 1.60$$

[7.2]

풀이: 스넬의 법칙과 브루스터 조건으로부터 굴절률을 구한다.

$$n_i \sin\theta_i = n_t \sin\theta_t$$

$$n_i \sin(90-\theta_t) = n_i \cos\theta_t = n_t \sin\theta_t$$

$$\frac{\sin\theta_t}{\cos\theta_t} = \tan\theta_t = \frac{n_i}{n_t}$$

$$\theta_t = \tan^{-1}\left(\frac{n_i}{n_t}\right)$$

$$= \tan^{-1}\left(\frac{1.00}{1.49}\right)$$

$$= 33.87^\circ$$

[7.3]
풀이: 평판에 의한 편광과 식을 이용하여 계산한다.

$$P = \frac{m}{m + \left(\frac{2n}{1-n^2}\right)^2}$$

편광도 P가 90% 이상일 조건은

$$\frac{m}{m + \left(\frac{2n}{1-n^2}\right)^2} \geq 0.9$$

$$\frac{m}{m + \left(\frac{2 \times 1.50}{1-1.50^2}\right)^2} \geq 0.9$$

$$\frac{m}{m+5.76} \geq 0.9$$

$$(1-0.9)m \geq 0.9 \times 5.76$$

$$m \geq \frac{0.9 \times 5.76}{0.1} = 51.87$$

52 개

[7.4]
풀이: 자연 편광 조건은

$$\theta_i + \theta_t = 90^\circ$$

이다. 또 입사각 θ_i와 굴절각 θ_t는 스넬의 법칙을 만족한다.

$$n_i \sin\theta_i = n_t \sin\theta_t$$
$$n_i \sin\theta_i = n_t \sin(90^\circ - \theta_i) = n_t \cos\theta_i$$

$$\frac{\sin\theta_i}{\cos\theta_i} = \tan\theta_i = \frac{n_t}{n_i}$$

$$\theta_i = \tan^{-1}\left(\frac{n_t}{n_i}\right)$$
$$= \tan^{-1}\left(\frac{1.49}{1.00}\right) = 56.13°$$

$$\theta_t = 90° - \theta_i = 33.87°$$

$$R = \sin^2(\theta_i - \theta_t)$$
$$= \sin^2(22.26°) = 14.36\%$$

[7.5]
풀이: 1/2-파장 판

식
$$t_{1/2} = \frac{(m+1/2)\lambda}{n_o - n_2},\ (m=0)$$
을 이용한다.

$$t_{1/2} = \frac{\lambda/2}{n_o - n_2}$$
$$= \frac{680\,nm/2}{(1.5532 - 1.5440)}$$
$$= 36956.5\,nm = 36.96\,\mu m$$

1/4-파장 판

식
$$t_{1/2} = \frac{(m+1/4)\lambda}{n_o - n_2},\ (m=0)$$
을 이용한다.

$$t_{1/4} = \frac{\lambda/4}{n_o - n_2}$$
$$= \frac{680\,nm/4}{(1.5532 - 1.5440)}$$
$$= 18478.3\,nm = 18.49\,\mu m$$

[7.5]

(a) 풀이: 전기장의 지면에 대한 수평 성분 $E_\parallel$은 수직 성분 $E_\perp$의 1.4배이므로

$$E_\parallel = 1.4\,E_\perp$$

세기는 전기장의 제곱이므로, 세기 비는

$$|E_\parallel|^2 = 1.4^2\,|E_\perp|^2$$

$$I_\parallel = 1.4^2\,I_\perp = 2.96 I_\perp$$

선글라스를 착용하면 지면의 수직 성분은 흡수되고, 수평 성분만 통과하여 눈에 들어온다. 따라서 착용하기 전에 비해 눈에 들어오는 비율은

$$\frac{I_\perp}{I_\parallel + I_\perp} = \frac{1.00}{1.00 + 2.96}$$

$$= 0.338 = 33.8\%$$

(b) 풀이: 옆으로 누우면 선글라스를 통과하는 방향은 지면에 수평 방향이 된다. 따라서 눈에 들어오는 비율은

$$\frac{I_\parallel}{I_\parallel + I_\perp} = \frac{2.96}{1.00 + 2.96}$$

$$= 0.662 = 66.2\%$$

Chapter 8

[8.1]

풀이: 식 (8.23)을 이용하여 계산한다.

$$\begin{aligned}\Delta E &= E_n - E_m \\ &= (-13.6\,eV)\left(\frac{1}{n^2}-\frac{1}{m^2}\right) \\ &= (-13.6\,eV)\left(\frac{1}{3^2}-\frac{1}{2^2}\right) \\ &= (-13.6\,eV)(-0.1389) \\ &= +1.889\,eV \\ &= +1.889\times(1.602\times10^{-19}J) \\ &= +3.026\times10^{-19}J\end{aligned}$$

$$\begin{aligned}f &= \frac{\Delta E}{h} \\ &= \frac{3.026\times10^{-19}j}{6.206\times10^{-34}js} \\ &= 4.567\times10^{-14}\,Hz\end{aligned}$$

$$\begin{aligned}\lambda &= \frac{c}{f} \\ &= \frac{c}{\Delta E/h} \\ &= \frac{2.998\times10^{8}\,m/s}{(3.026\times10^{-19}J)/(6.206\times10^{-34}Js)} \\ &= 6.565\times10^{-7}m = 656.5\,nm\end{aligned}$$

[8.2]

풀이: 수소 원자 궤도 에너지 관계식을 이용한다.

$$\Delta E = (-13.6\,eV)\left(\frac{1}{n^2}-\frac{1}{m^2}\right)$$

발머계열이므로 $m=2$이다.

$$\Delta E=(-13.6\,eV)\left(\frac{1}{n^2}-\frac{1}{2^2}\right)$$
$$=(-13.6\,eV)(1.602\times10^{-19}\,J/eV)\left(\frac{1}{n^2}-\frac{1}{2^2}\right)$$

진동수와 파장은

$$f=\frac{\Delta E}{h}$$
$$\lambda=\frac{c}{f}=\frac{c}{\Delta E/h}$$

를 이용하여 계산하면, $n=6$일 때, 파장은 $\lambda=405\,nm$로 보라색 계열의 빛이 방출된다.

Index

안경사를 위한 물리광학

초판 1쇄 인쇄 | 2023년 8월 20일
초판 1쇄 발행 | 2023년 8월 25일

지은이 | 김 영 철
펴낸이 | 조 승 식
펴낸곳 | (주)도서출판 북스힐

등 록 | 1998년 7월 28일 제22-457호
주 소 | 서울시 강북구 한천로 153길 17
전 화 | (02) 994-0071
팩 스 | (02) 994-0073

홈페이지 | www.bookshill.com
이메일 | bookshill@bookshill.com

정가 25,000원

ISBN 979-11-5971-526-6

Published by bookshill, Inc. Printed in Korea.